X線・中性子による構造解析

大橋 裕二 編著

植草秀裕・大原高志・小島優子・根本 隆 著

東京化学同人

は じ め に

　前著の「X線結晶構造解析」(裳華房) を 2005 年に刊行してからちょうど 10 年になる．X線結晶構造解析は化学や材料工学などのあらゆる分野で使われるようになり，その基本的な原理を簡単に知りたいという要望に応えて，なるべく平易に理解できることを主眼として書いたものである．それから 10 年が経過した現在，X線構造解析は筆者の予想をはるかに超えて，物質の性質を研究する学生や研究者の間では最も基本的で不可欠の研究手段となった．そのことは喜ぶべきことであるが，逆に教科書が現状のままでは不十分だと感じるようになった．その理由の一つは，X線構造解析が単結晶に限らず，粉末を使った構造解析が普通に使われるようになったことである．「良好な単結晶ができないので，X線構造解析はできませんでした」という言訳は通じなくなった．さらに，有機薄膜をさまざまなデバイスとして利用する材料開発が近年飛躍的に進歩したことで，薄膜内の構造をX線解析することが必須の条件になったことである．また回折現象を利用する構造解析もX線だけでなく，中性子を使う方法も発展したことである．茨城県東海村に設置された大強度陽子加速器施設 (J-PARC) で強力なパルス中性子源が利用できることになったことも大きい．今や「構造解析」といっても，「X線」か「中性子」なのか，「単結晶」か「粉末」か「薄膜」なのかを区別しないと通じなくなったのである．

　一方，通常の単結晶構造解析も解析プログラムが自動化されて誰でも容易に使えるようになったのは非常に便利であるが，逆にコンピューターの中でどのような解析を行っているかがわかりにくくなってきた．その結果，本来は適当でない方法で構造解析が行われた結果が論文投稿されるようになった．このような不正確な論文を区別するために，論文受理の際はデータ測定や解析の妥当性を自動判別するチェックプログラムを通すことが義務づけられた．その結果，初心者はなぜ妥当でないかを理解できないまま論文も受付けてもらえないという閉鎖的な状況をつくり出してしまっている．

　これらの新たな状況に対応するため，X線構造解析の原理をもっと詳しく記述した教科書が必要となった．近年，教科書は売れ行きを考えて平易さが重要視され，「原理は簡単に，ノウハウを詳しく」ということが当たり前の記述になったように見受けられる．しかしいずれの分野でも，簡単な原理を知るだけ

では自力で実行するのは不可能で，特に研究者にとっては致命的である．「必要な原理は根本から学び，使い方は原理の基づいて詳しく説明する」とすべきであろう．しかしこれを実行するのは大変困難である．昔から二兎を追うものは一兎をも得ずと言われている．しかし私はこの無理をどうしても通したいと思案した結果，一人で二兎は追えないが，多数で追えば，二兎どころか何兎でも追えるのではないかと思いついた．しかしバラバラに追いかけたのではやはり一兎も得られないので，協同して追いかけることが必須の条件となる．そこで，以前に大学院生や助手として私の研究室で，「X線を使って化学反応過程で変化する構造のその場観察」を一緒に研究し，現在それぞれの分野で最先端の研究を行っている方々のご協力を仰いで本書を執筆することにした．

X線構造解析は原理的には，無機物，有機物，生体高分子などのあらゆる物質に適用できて，実際に画期的な成果が挙げられているが，その具体的な手法はそれぞれ異なっており，すべての方法を詳細に説明すると膨大な内容になるので，本書では主として有機物の構造解析を扱っているが，共通する原理から出発しているので無機物や生体高分子に適用するのはそれほど困難ではないと思う．

本書は12章からなり，第1章から第7章までは単結晶X線構造解析の原理を述べている．その中で特に新たに重点的に記述した点は3点ある．第1点は，第1章で結晶学の歴史からX線の回折現象発見と結晶構造解析の誕生までの歴史を詳しく記述したことである．2014年は現代X線結晶学の誕生から100年目にあたり，国際結晶学連合（International Union of Crystallography, IUCr）が提案し，国際連合のユネスコと総会で承認された「世界結晶年」であった．この100年の間にX線結晶学が果たしてきた役割を世界各地で称える企画が催された．本書の刊行もその一環である．第2点は結晶の対称性を区別する空間群は230種存在する．数学的に証明されたのが19世紀末であるが，結晶構造解析が普及するにつれて，なぜ230種なのか，という素朴な疑問を説明する教科書は少なくなった．そこで本書では難解な数学の群論を使わないで説明することを試みている．第3点は直接法の解説である．実験で得られる回折線の強度はその回折線の振幅の二乗であり，その振幅の位相は求められない．結晶構造を求めるには何らかの方法でその位相を推定することが不可欠であり，直接法は最も一般的で有力な方法である．しかし直接法はその数学的な展開

が難解で，その理論の開発者のカールとハウプトマンにノーベル化学賞が授与された（1985年）が，なぜ数学的に位相が推定できるのかという直接法の原理はこれまでどの教科書でも丁寧に説明されてこなかった．本書ではできるだけ数式を簡略化して直接法が成り立つ根拠とその限界について説明を試みている．

引き続いて第8章では，広く使われているプログラムSHELXやSIRなどを使って構造解析の実例を説明している．回折強度データから妥当な構造モデルをつくり出し，その構造モデルを精密化する方法の詳細である．プログラムに入力すべき個々のデータの意味や計算で得られた個々の結果について具体的に説明している．また精密化がうまく進んでいないことがあればその主要な理由も解説している．初めて結晶構造解析に挑戦される方には是非読んで欲しいところである．第9章では，解析された結果の整理の仕方について説明している．特に，さまざまな構造の正しさをチェックする方法について詳細に述べている．講演での質問，雑誌に投稿したときの審査員や編集者からのコメントに対応するためには必須の知識である．

第10章から第12章では，新たに登場した構造解析の方法論と，その具体的な実例について解説している．第10章はX線の代わりに中性子を使った単結晶構造解析について述べている．第11章は，粉末状の微結晶から測定される一次元の回折データからどのように三次元のデータに復元して，三次元の結晶構造を解析するかという粉末構造解析について述べている．X線だけでなく，中性子を使った粉末構造解析の研究も最近報告されるようになった．第12章は，薄膜の構造解析について述べている．薄膜のX線回折像を調べることで，平面的な膜の内部に部分的に生成している分子の周期的な配列を明らかにすることができる．また分子が膜内で集合組織をつくる場合には，その集合組織の形を推定する方法を具体例も含めて述べている．

本書で使われている用語で，結晶系の一種「斜方晶系」は「直方晶系」としている．これは2014年の日本結晶学会総会での決定に沿ったものである．また長さの単位オングストローム（$1\text{Å} = 0.1\,\text{nm} = 100\,\text{pm}$）はすべてSI単位のnmあるいはpmに統一した．オングストロームは19世紀のスウェーデンの分光学者で，今ではその名を知る人も少なく，分光学の世界でも波長はSI単位が使われる場合が多い．原子間の結合距離はÅ単位であるので便利ではあるが，有効数字を考えれば，nmやpmと桁数がそれほど異なるわけではないの

で，結晶学の世界でÅを拘泥する必然性はないと思うからである．ただし，汎用的に使用されているソフトウェアがÅ単位でデータの入出力が行われる場合があるので（特に第 8, 11 章），その解説の部分では，混乱をさけるためにそのまま Å 単位が使われている．

　本書の第 1 章から第 6 章は大橋裕二が担当した．第 6 章の最後の 6・5 節と，第 7 章から第 9 章の 3 章は京都大学の根本隆が担当した．国内の有機化学者に広く使われている解析支援ソフトウェア「Yadokari」の責任者の一人である．第 10 章の中性子回折は，日本原子力研究開発機構の大原高志が担当した．J-PARC に設置された生物・有機結晶用の単結晶回折装置「iBIX」の装置開発者の一人であり，現在は極端条件での単結晶回折装置「SENJU」の装置責任者である．第 11 章の粉末構造解析は，東京工業大学の植草秀裕が担当した．日本化学会有機結晶部会の有機粉末結晶構造解析サブグループの代表である．第 12 章は（株）三菱化学科学技術研究センター分析部門の小島優子が担当した．彼女は，自社だけでなく，SPring-8 や J-PARC などの大型共用施設での実験も担当している．これらの執筆者はすべて 17, 8 年前には筆者の研究室に助手・大学院生として在籍していて，研究室のセミナーで議論を戦わせていたメンバーである．共同作業の結果，いくらかでも所期の目標に近い内容になっていると評価していただけたらと願っている．

　なお第 11 章の執筆では，東京工業大学博士課程の院生の佐近彩さんに作図と実例解析で協力いただき，東京工業大学助教の藤井孝太郎博士には内容について有益なご意見をいただいた．

　また本書の発行にあたっては，東京化学同人の杉本夏穂子さんに企画段階から協力していただいたが，実は杉本さんも同時期に私の研究室に大学院生として在籍していたメンバーであり，そのため各執筆者の原稿を細かい内容に至るまで修正していただいた．今回このような形で教科書としてまとめることができたのは，杉本さんの努力のお陰である．また企画段階では東京化学同人の高林ふじ子さんに本書の構成に関して有益な助言をいただいた．本書の発行にご協力いただいたこれらの方々に執筆者を代表して心からお礼を申し上げる．

2015 年 10 月

執筆者を代表して

大　橋　裕　二

目　次

第1章　結晶の周期性とX線 … 1
1・1　近代結晶学の誕生 … 1
1・2　X線の発見と回折現象 … 3
1・3　回折と干渉 … 4
1・4　ラウエの発見 —— X線の正体と結晶の周期性 … 6
1・5　ブラッグの実験 —— NaClの結晶構造 … 8
1・6　X線の性質 … 12
1・7　新しいX線の誕生 —— 放射光 … 15

第2章　結晶とその対称性 … 18
2・1　対称の要素 —— 回転軸と回反軸 … 18
2・2　対称要素の組合わせと点群 … 21
2・3　結晶格子と格子点 … 25
2・4　七つの晶系 … 26
2・5　14の空間格子（ブラベ格子） … 29
2・6　結晶面 … 31
2・7　晶帯と晶帯軸 … 33
2・8　点空間群 —— 点群と空間格子の組合わせ … 34
2・9　周期構造の対称 … 35
2・10　230の空間群 … 40
2・11　空間群の表現とその実例 —— 空間群 $P2_1/c$ の例 … 43

第 3 章　X 線の回折と電子密度 ……………………………………47

- 3・1　電磁波の性質とその表現………………………………47
- 3・2　波の回折と干渉…………………………………………47
- 3・3　1 個の電子による X 線の散乱…………………………48
- 3・4　n 個の電子による散乱波の干渉………………………50
- 3・5　原子による X 線の散乱…………………………………53
- 3・6　分子による X 線の散乱…………………………………55
- 3・7　単位胞からの散乱………………………………………56
- 3・8　結晶からの散乱…………………………………………56
- 3・9　ブラッグの結晶面からの反射の考え方………………58
- 3・10　ラウエ法とブラッグ法…………………………………60
- 3・11　逆格子の考え方…………………………………………61
- 3・12　逆格子と実格子の関係…………………………………63
- 3・13　ブラッグの条件…………………………………………65
- 3・14　回折の条件 ── エワルドの回折球……………………65
- 3・15　フーリエ変換と電子密度………………………………67

第 4 章　回折強度の対称性と消滅則：空間群の判定 ……………69

- 4・1　フリーデル則……………………………………………69
- 4・2　ラウエ対称………………………………………………70
- 4・3　空間格子（ブラベ格子）の判定………………………72
- 4・4　らせん軸と映進面の判定………………………………73
- 4・5　対称心の有無の判定……………………………………75
- 4・6　空間群の判定……………………………………………76
- 4・7　間違いやすい空間群の判定……………………………77

第 5 章　回折強度と構造因子 ………………………………………79

- 5・1　温度因子…………………………………………………79
- 5・2　ウィルソン統計と尺度因子……………………………81
- 5・3　異方性熱振動……………………………………………82
- 5・4　多重度と占有率…………………………………………84
- 5・5　積分強度…………………………………………………85
- 5・6　消衰効果…………………………………………………86

- 5・7 二重散乱（レニンガー効果）……………………88
- 5・8 熱散漫散乱……………………………………89
- 5・9 長周期構造……………………………………90
- 5・10 異常散乱と絶対構造…………………………91

第 6 章 構造因子の位相の決定……………………96
- 6・1 直接法…………………………………………96
- 6・2 パターソン法…………………………………117
- 6・3 同形置換法……………………………………122
- 6・4 多波長異常散乱法……………………………124
- 6・5 デュアルスペース法…………………………125

第 7 章 構造の精密化………………………………127
- 7・1 精密化の前提条件……………………………128
- 7・2 最小二乗法による精密化……………………129
- 7・3 精密化に関する用語…………………………132

第 8 章 実際の構造解析：解析ソフトウェアの取扱いと CIF ファイル………140
- 8・1 データ測定とデータ処理……………………141
- 8・2 初期構造の決定………………………………143
- 8・3 構造の精密化 I ── 分子骨格の決定………158
- 8・4 構造の精密化 II ── 熱振動の解析…………167
- 8・5 構造の精密化 III ── 水素原子の座標決定…170
- 8・6 束縛条件をつけた精密化……………………172
- 8・7 乱れた構造の解析……………………………173
- 8・8 解析結果のチェック…………………………180
- 8・9 解析結果の CIF ファイルへの出力…………183

第 9 章 解析結果の整理……………………………192
- 9・1 結晶構造解析結果に必要な情報……………192
- 9・2 構造解析結果の解釈…………………………196

第 10 章　中性子構造解析 ………………………………………198
10・1　中性子の特徴 …………………………………………198
10・2　中性子の発生 …………………………………………204
10・3　中性子回折装置 ………………………………………206
10・4　中性子構造解析による構造決定 ……………………215
10・5　単結晶中性子構造解析を用いた研究例 ……………219
10・6　中性子回折測定を行う前に …………………………223

第 11 章　粉末構造解析 …………………………………………225
11・1　粉末構造解析の発展 …………………………………225
11・2　粉末構造解析が必要な理由 …………………………227
11・3　粉末結晶からの X 線回折像とその特徴 ……………227
11・4　粉末未知構造解析の手順 ……………………………229
11・5　解析の実例 ……………………………………………239
11・6　代表的なソフトウェア ………………………………247

第 12 章　薄膜の構造解析 ………………………………………250
12・1　有機薄膜デバイスと薄膜構造解析 …………………250
12・2　微小角入射 X 線回折法 ………………………………252
12・3　微小角入射小角 X 線散乱法 …………………………263
12・4　X 線反射率法 …………………………………………270

付　録　おもな元素における核種の存在比率と
　　　　中性子散乱に関するパラメーター ……………………275
参考図書 …………………………………………………………………284
和文索引／欧文索引 ……………………………………………………285

結晶の周期性と X 線

　結晶は外形の美しい固体である．その結晶を研究する結晶学の歴史はギリシャ時代のアリストテレス（Aristotle）までさかのぼり，19 世紀末には，結晶の規則的な外形の観察から，その内部構造まで推測されるようになった．一方，錬金術から脱却して物質の性質を解明する化学は 18 世紀に急速に発展し，19 世紀には元素の周期律が明らかになり，原子間の結合の様子も推測されるようになった．しかし，原子や分子の大きさや形を測るためにはレンズで拡大して見ることが必須であるが，レンズで拡大するには限度があり，可視光で見る限り約 $0.1\,\mu m$（$\mu m = 10^{-6}\,m$）以下の大きさは見ることができない．物質の内部構造を決める原子や分子の大きさは $0.1\,\mu m$ よりはるかに小さいことはアボガドロ数から推定されていたので，何らかの手段を開発して，原子や分子の大きさや形を解明することは，物質科学の進歩には必須の課題になっていた．X 線結晶構造解析の発見は，19 世紀までの近代科学の限界を打ち破って，原子・分子を基礎にした現代科学の誕生という 20 世紀の新しい扉を開いたのである．

1・1　近代結晶学の誕生

　「crystal ＝ 結晶」という名前はもともと氷を意味していたが，水晶や岩塩なども結晶とよんだのはギリシャ人だといわれている．その源をたどると，紀元前 4 世紀ころに**アリストテレス**が，「結晶は氷のようにアルプスの寒い地方で得られることが多いので，水が凍結するように結晶ができる」と言ったことにさかのぼる．その後，**ケプラー**（J. Kepler）は雪片がきれいな六角の形を示すことの理由を考える過程で，雪片は小さなれんが状の細片あるいは球が幾何学的に規則正しく並んだものからできているのではないかと考えた．そして球形の最密充塡構造は面心立方構造だと推論した（1611 年）．そのため，この推論は長い間「ケプラーの推論」といわれていた．
　ステノ（N. Steno）は，最初のうちは雪片の結晶成長に興味をもっていたが，水

晶の外形に興味をもち，それぞれの結晶面の大きさは結晶化の条件で異なるために，さまざまな外形を研究した．そして，水晶のさまざまな外形を表示した論文中の図説明の中で，「外形はいろいろだけど，外形をつくる面の間の角は一定だ」という「**面角一定の法則**」(law of constancy of interfacial angles) という大発見を述べている (1669 年)．しかしその説明が簡単過ぎたために，彼の指摘した法則は直感的に感じただけなのか，何らかの実験の結果なのかは不明であった．それから約 100 年後，**ロメ・ド・リール** (J-B. L. Romé de l'Isle) は，面角を測定するための測角器を開発し，多くの鉱物結晶の面角を測定した結果から，「面角一定の法則」は水晶だけでなく結晶固有の法則であることを実験的に証明した (1783 年)．この研究をさらに進めて，二つの結晶の裏表の関係にある結晶面を貼り合わせた形の双晶の存在も初めて報告している．

これまでは結晶の外形の観察であったが，外形から内部の構造を考察し，周期的な格子の概念を提案したのは**アウイ** (R. J. Haüy) である．その著書「鉱物学概論」の中で，「結晶が図 1・1 (a) のような美しい面でつくられているのは，図 1・1 (b) で示すように同一の微小な平行六面体から成り立っているからである」という「**周期的な微小単位の配列**」の仮説 (law of decrements) を提案した (1801 年)．この仮説はまさに単位格子の周期的な三次元配列である空間格子の概念であり，近代結晶学の誕生に大きな役割を果たした．

アウイの空間格子の考え方は 19 世紀前半の結晶学に大きな進歩をもたらすことになった．ロジウム元素やパラジウム元素の発見者である**ウラストン** (W. H. Wollaston) は，結晶の内部が球体で詰まっていると隙間なく空間を埋めることができることを提案したが，これは面心立方最密構造と同じである．さらに，白と黒の 2 種類の球体の場合は，白黒が一つおきに詰まった構造となることも提案した (1813 年)．これは後に**バーロー** (W. Barlow) によって提案された構造と同じで，2 種類の面心立方格子が入れ子になった構造である (1886 年)．この推定構造は後に X 線解析で証明された**塩化ナトリウム** (**NaCl**) 構造そのものであった．

さらに，**ワイス** (C. S. Weiss) は空間格子の周期単位の形を分類して，**結晶系** (crystal system, 晶系ともいう) という概念を導入した (1815 年)．結晶の外形と周期単位との関係を考えて，八つの結晶系を提案した．このうちの七つは現在の七つの晶系と同じである．八つになったのは，単斜晶系を二つに分類したためである．**フランケンハイム** (M. L. Frankenheim) は結晶の外形の対称性から 32 の**晶族** (crystal class) に分類した (1826 年)．

この考えをさらに発展させたのが**ブラベ**（A. Bravais）である（1848 年）．対称性を考慮して，複合格子の概念を導入したことによって，七つの晶系が 14 種の**空間格子**（space lattice）に分類されることになった．この 14 種の空間格子は**ブラベ格子**（Bravais lattice）とよばれるが，次章で詳しく述べる．

結晶面を三つの結晶軸に対する比で表すと，その比は有理数で表されるという「**有理指数の法則**」（law of rational indices）はアウイ以来から知られていたが，ミラー（W. H. Miller）はそれを簡素化して三つの整数 h, k, l で表すことを提案した（1839 年）．これは**ミラー指数**（Miller indices）とよばれ，現在も使われており，次章で詳しく述べる．

これらの結晶の外形の対称性と空間格子の対称性から，三次元の周期構造をもつ結晶に存在する対称要素の組合わせが検討された．そして，**フェドロフ**（E. S. Fedorov, 1891 年），**シェーンフリース**（A. M. Schönflies, 1891 年），**バーロー**（1894 年）が 230 の**空間群**（space group）の存在を独立に発表した．

 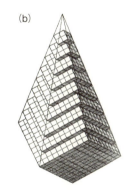

図 1・1　結晶の外形と内部構造　(a) 規則正しい結晶面をもつ巨大な水晶（SiO_2）の結晶，(b) アウイの考えた同一の微小平行六面体による結晶の成り立ち [a: 国立科学博物館に展示，筆者撮影．b:「鉱物学概論」（アウイ，1801 年）]．

1・2　X 線の発見と回折現象

19 世紀も終わりに近づいた 1895 年，**レントゲン**（W. C. Röntgen）が X 線を発見した．当時多くの物理学者は，図 1・2 のような内部を真空にしたガラス製の放電管（クルックス管）の中で，陽極と陰極の間に 2000 V 程度の高電圧をかけ，陰極を加熱すると，陰極から陽極に向けて緑色の線（**陰極線**）が観測され，その正体を

明らかにする研究を進めていた．この研究の過程でレントゲンは，もう一方の陽極からは目に見えない光線が生じていて，① この光線は直進する性質があり，② 机の引き出しの中のフィルムを感光させ，③ 木製の机やドアは貫通するが，金属板で遮蔽されることを発見した．レントゲンはこの光線を電磁波の一種ではないかと考えたが，波の性質を示さないことから，性質の不明な電磁波ということでX線と名付けた．X線の性質を印象付けるために，夫人の手を透過した写真を撮影した（図1・3）．指の骨や指輪がはっきりと写っている．X線による手の透視写真が発表されたことで，発見当時は医学の分野で非常に大きな反響が起こり，「**レントゲン線**」という名前が提案され，現在でも医療分野ではこの言葉が残っている．

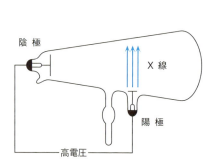

図1・2 19世紀の終わりころ陰極線の研究で使われていたクルックス管

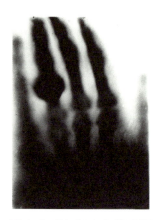

図1・3 最初のレントゲン写真
レントゲン夫人ベルタの手
（1895年）

なお，X線発見の研究のきっかけとなった陰極線の正体は，電場や磁場で湾曲することから，直後の1897年に**トムソン**（J. J. Thomson）によって電子の流れであることを明らかにされた．

1・3 回折と干渉

X線が物質を透過する性質をもつことから医療で画期的な成果をもたらしたことによって，レントゲンには創設されたばかりの第1回ノーベル物理学賞が授与された（1901年）．しかしその本質の解明は困難であった．その理由は，X線が電磁波の一種であるためには，波の性質を定義する「**回折と干渉**」という現象を観測する

1・3 回折と干渉

ことが必須の条件であったからである．しかし当時の実験装置では，X線が種々の物体を透過して直進する性質しか観測できなかった．

回折（diffraction）現象とは，図 1・4 (a) に示すように，波が狭い隙間を通抜けると，隙間の前方だけでなく，その周辺にも広がる性質である．水面の波は石の隙間を通抜けた後に大きく広がることや，太陽の光に照らされた家の裏側でも光がまわりこんでいくらか明るいことなどから，波の回折現象は日常どこにでも見られる現象である．さらに，図 1・4 (b) に示すように，隙間を広げると，隙間を通抜けた光が互いに影響し合って，明るいところが縮小すると同時に，明暗のしま模様が生じる．この理由は，第 3 章で詳しく述べるが，隙間の両端を通抜けた波の山同士が混じり合うところは強い波になり，山と谷が混じり合うところは打消し合って弱い波になるからである．これが**干渉**（interference）現象である．さらに隙間を広げると，図 1・4 (c) のように，両端の光は干渉しにくくなり，明るい場所も明暗の差も少なくなる．さらに広げると，干渉が起こりにくくなり，隙間の前方に隙間と同程度の大きさの明るい部分が生じるだけである．この干渉現象をさらに明確に見るには，図 1・4 (d) に示すように，縦横に等間隔に小さな穴を開け，レーザーポインターの光を通すと，別々の穴から出た光の波の山同士が混じり合うところに明るい点が現れる．点の数が多くなるにつれて明暗の差がはっきりする．これが波の回折と干渉現象の結果である．

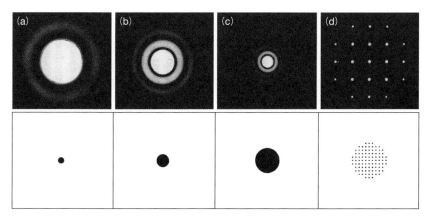

図 1・4　隙間（穴，下段）に光を通したときの，光の回折と干渉の像（上段）(a)〜(c) は徐々に穴を広げ，(d) は小さい穴を縦横に等間隔に並べた板を置いた ［C. Hammond ed., "The Basics of Crystallography and Diffraction", p. 107, Oxford University Press (1997)］．

ところで，進行する波の山と山の間の距離をその波の**波長**（wavelength）というが，干渉するかどうかは二つの波の山の間隔で決まるのだから，図 1・4 (d) で穴の間隔と波の波長の関係が同程度の距離であることが干渉するかどうかを決める条件である．当時の工作精度では 1 μm 程度の隙間をつくることが限界であったので，波長が 0.4〜0.7 μm の可視光の干渉現象は実験で試すことはできたが，さらに短い波長をもつ波の干渉現象は観測する手段がなかった．X 線は波長の短い電磁波ではないかという推測はできても，それを証明する手段がなかったのである．

1・4　ラウエの発見——X 線の正体と結晶の周期性

レントゲンは X 線発見の後，名門のミュンヘン大学物理学科の実験物理担当教授に招かれた．その隣の理論物理担当の教授に**ゾンマーフェルト**（A. J. W. Sommerfeld）が招かれ，X 線の本質を解明することが期待された．ゾンマーフェルトの研究室の講師として，**ラウエ**（M. T. F. von Laue）が着任した（1909 年）．ある日，ラウエは大学院生の**エワルド**（P. P. Ewald）と結晶中での光の屈折現象について議論していた．1・1 節で述べたように，結晶中では物体あるいは粒子が三次元に周期的に配列していることは知られていたが，そのときラウエはエワルドに結晶の中の粒子はどの程度の間隔で並んでいるか逆に質問した．この議論の内容は明確でないが，当時の知見を総動員して考えると，次のような議論がなされたと考えてもおかしくないであろう．すなわち，その当時ようやく**アボガドロの法則**が認知されて，アボガドロ数 6×10^{23} が実際に測定されたころなので，たとえばダイヤモンド結晶の 1 モル（mol）が気体分子と同じ 6×10^{23} 個の炭素原子を含んでいると考えると，その密度は $3.5 \text{ g} \cdot \text{cm}^{-3}$ だから，炭素 1 mol の 12 g は $12/3.5 = 3.4 \text{ cm}^3$ の体積をもつことになる．この体積中に 6×10^{23} 個の炭素があるから，1 個の炭素の体積は $3.4/(6 \times 10^{23}) \fallingdotseq 6 \times 10^{-24} \text{ cm}^3$ となる．ダイヤモンドが立方体でつくられている仮定すると，周期単位の立方体の 1 辺は，$\sqrt[3]{6 \times 10^{-24}} = 1.8 \times 10^{-8} \text{ cm} = 0.18 \text{ nm}$（$\text{nm} = 10^{-9} \text{ m}$）程度なると結論される．ここで得られた 0.1 nm 程度という長さにラウエはショックを受けたはずである．

当時，X 線が短波長の電磁波だと仮定して，1 μm 程度の穴を通過した後に若干見られる回折現象から，その波長は 0.012〜0.27 nm 程度になると推定した論文が出されていた．この論文の推論が正しいなら，この X 線の波長が上で計算した結晶中の原子の周期と同程度の長さであることにラウエは気付いたのである．それなら，結晶に X 線を照射すると，結晶中で周期的に並んだ原子によって，X 線が回折

1・4 ラウエの発見——X線の正体と結晶の周期性

と干渉現象を示すはずであると確信した．ラウエはこの推論をミュンヘン大学の物理学科のセミナーで説明したところ，若手の研究者たちはその推論に賛成し，レントゲンの研究室の助手の**フリードリッヒ**（W. Friedrich）と大学院生の**クニッピング**（P. Knipping）がその実験に協力しようと提案して，ラウエの推論を証明する実験が始まった．1912年2月ころのことである．

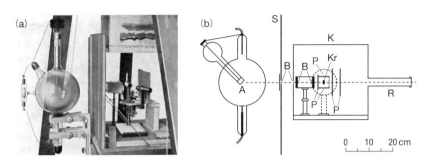

図 1・5 最初の X 線の回折実験 (a) フリードリッヒとクニッピングが組立てた X 線回折装置，(b) その模式図．A: 陽極板，B: 鉛のスリット，P: フィルム，Kr: 結晶，K: 鉛製の遮蔽箱，R: 結晶やスリットの位置を調整するためのカセトメーター，S: スクリーン ［a: © 1962, 1999, IUCr, P. P. Ewald ed., "Fifty Years of X-Ray Diffraction"］

図1・5(a)に当時の実験装置を示している．写真では見にくいので，図1・5(b)に模式図を示している．**X線管球**の陽極板 A から出た X 線は点線に沿って進み，スクリーン（S）の前の鉛板のスリット（B）から鉛箱（K）内のスリット（B）を通抜けて，結晶（Kr）に照射される．結晶で回折した X 線を直前直後や両脇に置かれたフィルム（P）で測定する．R のカセトメーターは入射 X 線やスリット，結晶の位置を調整するためのものである．**硫酸銅・五水和物（$CuSO_4 \cdot 5H_2O$）結晶**から測定された最初の X 線回折写真を図1・6(a)に示す．しかし当初，この写真は回折写真ではなく，単に結晶が動いただけの結晶の影ではないかと疑問が提起された．そこで，彼らはスリットや結晶の大きさを調整した結果，より鮮明な回折写真〔図1・6(b)〕を得た．当時の結晶学では硫酸銅・五水和物結晶は三斜晶系で対称も低いことが知られていたので，対称の高い結晶として立方晶系に属する**閃亜鉛鉱（ZnS）結晶**でも回折写真を得た（第3章参照）．これらの写真から，X 線の照射によって結晶全体から回折現象が起こっていることは明白であり，ラウエの主張したとおり，X 線は非常に波長の短い電磁波であり，結晶は X 線の波長と同程度の周期

構造をもった固体であることが初めて証明された．人類が原子の実在を認識した瞬間であった（1912 年）．

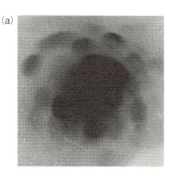
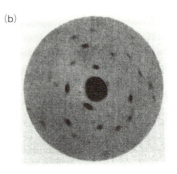

図 1・6 最初の X 線の回折写真 (a) 硫酸銅・五水和物結晶からの最初の X 線回折写真，(b) 調整後の回折写真 ［W. Friedrich ほか，*Sitzungsberichte der Kgl. Bayer. Akad. der Wiss.*, 302 (1912)］．

1・5 ブラッグの実験——NaCl の結晶構造

ラウエの実験結果を論文で知った**ヘンリー**と**ローレンスのブラッグ父子**（W. H. Bragg & W. L. Bragg）は早速自分たちでも実験を開始した．この実験を始めるときに息子のローレンスは結晶学と数学を勉強してケンブリッジ大学を卒業したばかりであったので，1・1 節に述べたような NaCl 結晶の推定構造は当然知っていた．そのため，X 線の回折写真からこれまでの推定構造が実験的に証明され，原子間の距離も求めることができると考えた．ローレンスは，ラウエの実験から，X 線の回折は結晶内に周期的に並んだいろいろな**結晶面**から，光が鏡で反射されるように**反射**されており，各結晶面から反射された X 線波の山と山が強め合う回折条件を満たした角度方向に回折線が見られると推論した．図 1・7 に示すように，周期的に並ぶ一つの結晶面 (hkl) の面間距離を d，X 線の入射と反射の方向（回折角）を θ，X 線の波長を λ とすると，最初の面に入射した X 線 (A_1) と次の面に入射した X 線 (A_2) は，A_1 の反射点 O_1 から A_2 に下ろした二つの垂線を O_1-M，O_1-N とすると，$(M-O_2)+(O_2-N)$ だけ X 線の行路が長いので，この行路差が波長の整数倍になると，X 線波の山と山が強め合う回折条件を満たすことになる．結晶面は平行に無数にあるから，すべての回折線が強め合って測定できることになる．すなわち回折条件は次式を満足する．

$$2d\sin\theta = n\lambda \tag{1・1}$$

この式から波長 λ を一定とすると，面間距離 d の大きいものは低角側に現れるはずである．

父のヘンリーはその実験のために，図 1・8 (a) の回折装置を製作した．図 1・8 (b) にその模式図を示している．これは現在使われている粉末 X 線回折装置と原理的に同じものであるが，結晶面からの反射を見やすくするために単結晶の回折実験に使った．図 1・8 (b) の結晶の位置には，NaCl 単結晶の単純な結晶面を立てて，結晶を θ まわすと，検出器は 2θ 連動してまわるように設定した．

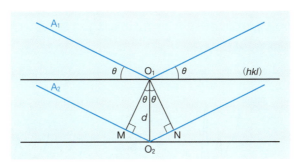

図 1・7　ブラッグの提案した結晶面 (hkl) からの回折の条件

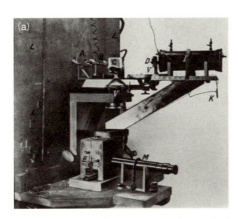
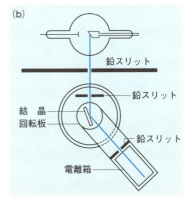

図 1・8　ブラッグ父子の実験した回折装置　(a) その実物写真，(b) 模式図
["X Rays and Crystal Structure"（ブラッグ父子，1915 年）].

結晶面 (100) と (111) を立て，白金を陽極板に使った X 線を用いて，検出器でその強度分布を調べた回折図形（回折パターン）が図 1・9 である．第 4 章の「回折強度の対称性と消滅則」で説明するが，面心立方格子では結晶面 (100) からの奇

数次の反射は消滅して測定できない.一方,結晶面(111)は立方体の体対角線に垂直な面の集まりであり,図1・10の点線で示された面に平行な面の集合である.提案したNaClの結晶は,図1・10のように,Na原子とCl原子がそれぞれ立方体の頂点と六つの面の中心を占める面心立方構造をつくり,その二つの面心立方格子が半周期ずれて入れ子になった構造で,回折線が矛盾なく説明できた.結晶面(111)にはNa原子のみからなる面とCl原子のみからなる面が交互に並んでいる.そのため,一次の反射強度はNa原子とCl原子の散乱への寄与の差になり,強度は弱くなるが,その代わり二次の反射は両原子の寄与が和となって大きな強度となることで図1・10の構造の正しさが説明できた.これは1・1節で述べたウラストンやバーローの推定構造と同じである.

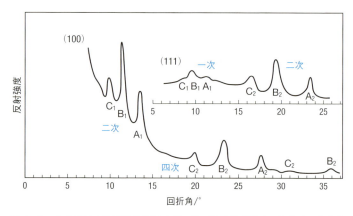

図1・9 白金の三つの特性X線による,NaClの結晶面(100)と(111)から得られるX線回折パターン

図1・10の構造をNaCl結晶の周期単位とすると,この周期単位の中にNa原子とCl原子がそれぞれ4個ずつ存在する.結晶の密度をρ,アボガドロ数をN_A,NaClの分子量をM,周期単位の一辺をa(単位はnm)とすると,次式が成り立つので,一辺の長さ(周期単位)も求められた.

$$a^3 \times 10^{-21} = 4M/(\rho \times N_A) \qquad (1・2)$$

実際に$\rho = 2.165\,\mathrm{g \cdot cm^{-3}}$,$M = 58.42\,\mathrm{g}$,$N_A = 6.022 \times 10^{23}$を代入すると,$a = 0.5638\,\mathrm{nm}$となる.

図1・9の回折データで,A, B, Cは白金の三つの特性X線による反射である.下部の回折パターンのA_1, B_1, C_1は結晶面(100)の二次の反射で,A_2, B_2, C_2は四次の

反射を表している．結晶面 (100) の面間距離は上で計算した 0.5638 nm であるから，(1・1) 式から波長が計算できる．A_1, B_1, C_1 を 13.2°, 11.2°, 10.0°, A_2, B_2, C_2 を 27.7°, 23.2°, 19.9° と読み取ると，A_1, B_1, C_1 から三つの波長は 0.129 nm, 0.110 nm, 0.098 nm と求められ，A_2, B_2, C_2 から 0.131 nm, 0.111 nm, 0.096 nm と求められ，平均すると，0.130 nm, 0.111 nm, 0.097 nm と求められる．また図 1・9 の (111) 面を使っても同様に三つの波長を求めることができるが，波長は (100) 面から求められたとして，(111) の面間距離を求めてみよう．図 1・9 の (111) 面からの二次の反射 B_2 は 19.3° と読み取れる．(1・1) 式から，$d = 2\lambda/2\sin\theta$ であるから，$d = 0.3358$ nm となり，幾何学的に計算した立方体の一辺の $1/\sqrt{3}$ と近似した値であり，推定した NaCl 構造をうまく説明している．このように回折線の強度分布 (特に消滅則) から入れ子型の面心立方格子が証明され，密度とアボガドロ数から立方体の一辺の長さが求められ，その長さから X 線の波長が正確に求められた．一度 X 線の波長が求められると，回折角から他の面間距離や構造未知の結晶の周期単位の長さが求められるようになった．

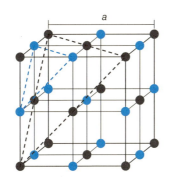

図 1・10 ブラッグの提案した NaCl の結晶構造 点線の結晶面は (111) 面のうち，原点に最も近い平面．

NaCl だけでなく，塩化カリウム (KCl), 臭化ナトリウム (NaBr), 臭化カリウム (KBr) のような一連の**ハロゲン化アルカリ**の結晶の回折パターンから，これらの結晶は同形であることが明らかになり，しかも一辺の長さが少しずつ異なることから，これらの原子の半径は結晶中でそれぞれ固有の大きさをもっていることも明らかになった．さらに KCl の結晶の回折パターンを詳しく観察すると，面心立方構造ではなく，周期が半分になった単純立方構造であることがわかった．このことから KCl 結晶は，図 1・10 の NaCl 結晶と同形であるが，K 原子の電子が 1 個 Cl 原子に移っていて K^+Cl^- のイオン構造になっていると考えると，どちらも電子数

がアルゴン（Ar）と同じ 18 個となるので，周期が半分になった単純立方構造になっていると説明でき，当時の化学で推定されていた**イオン結合**の概念まで証明された．X 線回折によって物質の構造を解析し，その性質を解明できることを示した歴史的な実験となった．

1・6 X 線の性質

　X 線の性質は陽極板の金属や高電圧を変えて研究が進められ，1908 年には，**バークラ**（C. G. Barkla）が熱電子が陰極から飛び出して高電圧で加速されて陽極（対陰極）に衝突したときに，電子のもっていたエネルギーの一部が X 線となった場合と，この X 線に照射された金属から二次的に X 線が発生する場合の 2 種類の X 線が存在することを見つけた．前者の X 線は電圧の大きさに依存して強度が異なるので**白色 X 線**（white X-rays）あるいは**連続 X 線**（continuous X-rays）と名付けられたが，後者の X 線は陽極板に依存して，加速電圧にはそれほど影響を受けないことが明らかになった．その後，後者の X 線は熱電子の衝突で直接陽極板からも発生していることが見つけられ，**特性 X 線**（characteristic X-ray）あるいは**単色 X 線**（monochromatic X-ray）と名付けられた．この結果，X 線のスペクトルは図 1・11 のように，連続 X 線と特性 X 線が混在していて，同じ波長と比べると，特性 X 線は連続 X 線の数倍～数十倍強いことがわかった．

　連続 X 線の**最短波長** λ_c は，X 線を発生させる電圧 V に反比例する．

$$\lambda_c = 1.24 \times 10^3/V \text{ (nm)} \tag{1・3}$$

一方，特性 X 線は，大きな運動エネルギーをもつ電子が陽極板の金属原子の内殻電子をたたき出した後に，外殻の電子がその空いた軌道に遷移してくるが，そのときに放出するエネルギーである．金属の内殻や外殻の電子軌道のエネルギーは金属原子の種類によって異なるので，放出された X 線の波長も陽極の金属板の種類に依存している．金属原子の電子エネルギーは図 1・12 に示すように，主量子数 n に対応して K, L, M, N 殻などがある．K ($n=1$) 殻には軌道は 1 個であるが，L ($n=2$) 殻には 3 個，M ($n=2$) 殻には 5 個，N ($n=3$) 殻には 7 個の軌道がある．狭い間隔で描かれた軌道の間にはエネルギー差がなく，縮退している．外殻の軌道から K 殻に遷移した電子が放出する X 線を **K 線**といい，同様に L 殻に遷移した電子が放出する X 線を **L 線**という．K 線や L 線のうち，エネルギーの低い方から α, β, γ, … として区別する．したがって，L 殻の軌道から遷移したときに放出される X 線は **Kα 線**とよばれ，M 殻の軌道から K 殻に遷移したときに放出される X 線

を **Kβ 線**という．L 殻の二つの軌道でエネルギー状態に差があるので，Kα$_1$, Kα$_2$ 線の二つの特性 X 線がある．この場合は強度順に 1, 2, 3 と付ける．なお，L 殻の軌道 I と II は縮退していて，K 殻へ遷移したときの X 線は 1 本で，L 殻の軌道 III から遷移したときの X 線 Kα$_1$ より強度は弱いので，Kα$_2$ となる．M 殻の電子が L 殻に遷移して放出される X 線は同様に **Lα 線**とよばれる．その他も同様である．1・5 節のブラッグの実験の A, B, C の X 線は，白金の Lα, Lβ, Lγ 線である．

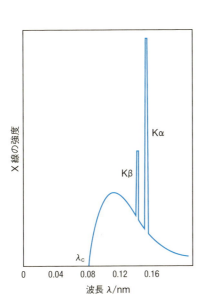

図 1・11 Cu の X 線波長分布
λ_c は連続 X 線の最短波長，Kα と Kβ は特性 X 線．

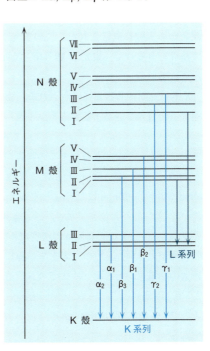

図 1・12 金属原子の電子エネルギー準位と特性 X 線の波長 I～VII はそれぞれの殻内の軌道を示し，軌道のエネルギー間隔の狭いものは二つの軌道のエネルギー準位が縮退していることを示す．青の矢印は高エネルギー準位の軌道から低エネルギー準位の空軌道に電子が遷移して X 線を放出することを示す．

現在よく使われる X 線として銅（Cu）を陽極とした X 線がある．**Cu Kα$_1$ 線**，**Cu Kα$_2$ 線**，**Cu Kβ 線**が使われるが，その波長は，$\lambda(\text{Cu K}\alpha_1) = 0.154056\,\text{nm}$, $\lambda(\text{Cu K}\alpha_2) = 0.154437\,\text{nm}$, $\lambda(\text{Cu K}\beta) = 0.13926\,\text{nm}$ である．Kα$_1$ 線と Kα$_2$ 線は 2：1

の強度比で,高角度の回折線のときのみに分離して現れるので,通常はその加重平均した波長,$\lambda(\text{Cu K}\alpha) = 0.154183$ nm が使われている.

これらの特性 X 線は金属に高速の熱電子を衝突させなくても,エネルギーの高い X 線を照射しても放出される.この X 線を**蛍光 X 線**(fluorescent X-rays)とよぶ.入射 X 線より波長の長い(低エネルギーの)X 線が放出される.異なる元素の互いに対応する X 線(たとえば $\text{K}\alpha_1$ 線)を調べると,原子番号に従って変化するので,元素の同定に利用できる.当時,周期律表で空欄の元素はその特性 X 線の波長から実際に同定された.この蛍光 X 線を使うと試料が微量で,しかも非破壊で検査できるので,**蛍光 X 線分析**(X-ray fluorescence analysis)として広範に利用されている.

X 線はあらゆる物質に吸収される.物質に照射される X 線の強度を I_0,X 線が透過する物質の長さを x とすると,透過した X 線の強度 I は指数関数で減少して,

$$I = I_0 \exp(-\mu x) \qquad (1 \cdot 4)$$

と表される.このときの μ をこの物質の**線吸収係数**(linear absorption coefficient)という.各元素で線吸収係数は異なるので,各元素の**質量吸収係数**(mass absorption coefficient)を μ_M とすると,

$$\mu_\text{M} = \mu/\rho_\text{M} \qquad (1 \cdot 5)$$

と定義する.ρ_M は元素単体の密度である.一般に原子番号の大きい元素は質量吸収係数が大きい.n 種の元素を含む物質の線吸収係数は,含まれる元素の質量吸収係数の加重平均として,次式で表される.

$$\mu = \rho \sum_i w_i \mu_{\text{M}i} \qquad (1 \cdot 6)$$

ここで,ρ は物質の密度であり,w_i と $\mu_{\text{M}i}$ は i 番目の元素の存在比と質量吸収係数である.

吸収係数の波長依存性は,波長が長くなるにつれて吸収が増加する傾向があり,近似的に $\lambda^{2.5}$ に比例する.しかし内殻の電子を励起するのに必要なエネルギー近辺で吸収は大きくなり,励起エネルギーより少ないエネルギーの波長のところで急激に吸収が減少する.図 1・13 にニッケル(Ni)金属の吸収係数の波長依存性を示すが,波長が 0.14886 nm までは $\lambda^{2.5}$ に比例して増加するが,0.14886 nm のところで急激に減少する.この波長までは Ni の K 殻の電子が入射 X 線のエネルギーを吸収して L 殻に励起されて効率よく吸収されてきたが,この波長より長くなると,もはや L 殻に励起するエネルギーがなくなるので,吸収が急激に減ることになる.この波長を**吸収端**(absorption edge)という.

吸収端を利用すると，特性 X 線の単色化（Kβ 線を除いて Kα 線だけにする）に適用できる．たとえば，Cu 原子の Kα 線は 0.154183 nm，Kβ 線は 0.13926 nm であるから，Cu の X 線を薄い Ni 板を通すと，Ni の吸収端波長の 0.14886 nm より短波長の Cu Kβ 線は効率よく吸収されるが，長波長の Cu Kα 線は吸収の程度が少ない．このため，Kα 線の回折線が効率よく測定できる．このようにして単一波長を使う方法を**フィルター法**（filter method）とよんでいる．

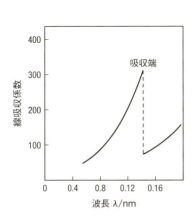

図 1・13　Ni 金属の吸収係数の波長依存性

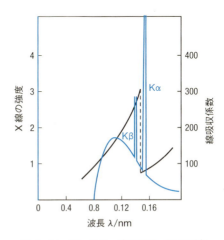

図 1・14　フィルター法の原理　Ni の吸収端を利用して Cu の特性 X 線のうち Kα 線のみを取出す方法．

また吸収端波長は回折実験で使用する X 線の波長の選択に重要である．たとえば鉄原子の K 吸収端波長は 0.17433 nm であるので，入射 X 線として Cu Kα 線を使うと，効率よく吸収されてしまう．回折線の強度が減少するばかりでなく，吸収された X 線が回折線のバックグランドを高めることになって，実験精度を低下させることになるからである．各元素の吸収の波長依存は，国際結晶学連合（International Union of Crystallography, IUCr）の発行するデータ集「International Tables for Crystallography」に記載されている．

1・7　新しい X 線の誕生——放射光

1950 年に米国のゼネラル・エレクトリック社の研究者が新しい X 線源を見つけた．高速で電子を走らせて，その電子の近くに強力な磁場をかけると，電子は磁場

で曲げられるが，そのとき曲がった電子の接線方向に電磁波を放出する．これが**放射光**（synchrotron radiation, SR）とよばれるもので，電子のもつエネルギーと磁場の強さに応じてラジオ波からX線までの幅広い電磁波が得られる．レントゲン以来のX線の発生とは異なる機構で発生したX線である．

電子は放射光を放出した分のエネルギーを失うので，連続的にX線を放出するには，次々と高エネルギーをもつ電子を入射し続ける必要がある．そのため図1・15のように，**蓄積リング**（storage ring）とよばれる直径1mm程度の真空の管で円環状のリングをつくり，その管の周囲に強力な電磁石を並べて，**線形加速器**（linear accelerator）とよばれる装置から発生した電子を，管内で高速に走らせて円環の接線方向に放射光を取出す方式に改良して，実用的な強力X線を取出す装置が建設された．わが国ではつくばの**高エネルギー物理学研究所**（現 **高エネルギー加速器研究機構**）に1周が100mの蓄積リングがつくられて放射光の利用が開始された（1985年）．世界各地でも同様な施設がつくられ，**第二世代**の**放射光**施設といわれ，現在も広く利用されている．

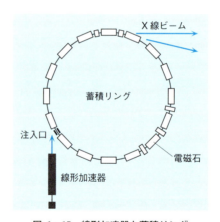

図 1・15　線形加速器と蓄積リング

この放射光のX線が従来のX線管球などのX線と異なる点は，X線が蓄積リングの平面内にほぼ完全に**偏光**（polarization）していることである．X線の進行方向をxとし，リング面内方向をyとし，リング面に垂直方向をzとすると，X線管球からのX線のy方向とz方向の偏光はモノクロメーターなどで散乱させていない限り等しいが，放射光のX線はz方向の偏光はほぼゼロに近い．このため散乱強

度は異なってくる.

　さらに強力なX線源を得ようとすると,直径の大きな蓄積リングが必要とされた.兵庫県西部に1周が1.4 kmの高速・高エネルギーの蓄積リングがつくられた.8ギガ電子ボルト(GeV)の高エネルギーの電磁波(フォトン)が得られるリングという意味で,**SPring-8**(Super Photon ring-8 GeV)とよばれている.これまでの蓄積リングでは放射光の放出につれて徐々にX線の強度が減少するので,1日のうちに何回か新たに高エネルギーの電子をリングに送り込む必要があり,そのためにX線の強度は一定でなく,時間変化があり,新たな電子を入射する前後では2倍程度の強度変化があった.この強度変化を測定中に常に補正する必要があった.しかし最近 SPring-8 では,1分程度の時間間隔で電子を入射することで,ほとんどX線の強度変化のない定常的なX線を放出することが可能になった.さらにリング内に電子の流れを細かくコントロールする**インサーション・デバイス**(insertion device)とよばれる装置〔**ウィグラー**(wiggler)や**アンジュレーター**(undulator)〕を組込むことで,さらにX線の強度が増加された.同様な性能をもつ蓄積リングは米国のシカゴに設置された**APS**(Advanced Photon Source),欧州18カ国での共同利用のためにフランスのグルノーブルに設置された**ESRF**(European Synchrotron Radiation Facility)があり,国際的な共同研究が行われ,**第三世代の放射光**施設といわれている.

　これらの第三世代の放射光実験施設では,従来のX線管球に比べて,10^5〜10^6倍以上の強度が得られており,無機結晶では 0.1 μm 以下,有機結晶でも 1 μm,タンパク質結晶でも 10 μm 程度の大きさの結晶でも充分単結晶として解析できるようになった.しかも測定時間は1時間以内,タンパク質結晶でも数時間以内に測定できるようになっている.

結晶とその対称性

結晶中の原子や分子は周期的に並んでいるだけでなく，周期単位の中で回転軸などの対称性をもっている．この対称性を利用すると，結晶内の原子配列を決めるときに非常に簡単になる．結晶の対称性は無限に存在するわけではなく，230種の対称要素の組合わせ——空間群で決められているので，この空間群を知ることが必須である．空間群の理論は，X線による構造解析が発見される直前の19世紀末に，対称要素の三次元的な組合わせとして数学的に確立された．

2・1 対称の要素——回転軸と回反軸

物体にある操作をほどこした結果がもとの状態と見分けができなくなったとき**同位**（indistinguishable state）したといい，同じ操作を何回か繰返すともとの状態に戻るとき，その操作を**対称操作**（symmetry operation）という．このような対称操作のうち，よく見られるのは**回転操作**（rotation operation）である．回転操作とは，物体をある軸のまわりで $2\pi/n$ ラジアン（$360/n$）° ずつ回転させて，1回転の間に n 回同位したとき，この対称を **n 回回転軸**（n-fold rotation axis）**対称**という．そして n 回回転軸は**対称要素**（symmetry element）の一種である．

この定義だけからは，回転軸対称は無限に存在するが，1点のまわりの空間を隙間なく埋めるという条件を付加すると，回転軸対称の数は限られる．まず何も回転しない，あるいは360°回転を意味する1回回転軸（$n=1$）や，180°の回転を意味する2回回転軸（$n=2$）は必ず隙間なく埋めることが可能である．次に，中心に n 回回転軸の対称を示す正 n 角形が平面を埋める場合を考えてみよう．図2・1に正六角形が1点Pのまわりで3個集まると隙間なく埋めることができるが，これは正六角形の外角が240°で，正六角形の内角120°の整数倍になっているからである．そこで，一般の正 n 角形の場合を考えてみよう．図2・1の上部の正六角形のように，正 n 角形の中心から各頂点に線を引くと，n 個の二等辺三角形ができる．n 個の二等辺三角形の内角の和は $n\pi$ となる．中心にできた n 個の三角形の頂角の

2・1 対称の要素——回転軸と回反軸

和は 2π だから，正 n 角形の内角の和は $(n-2)\pi$ となる．したがって，正 n 角形の 1 個の内角は，$(n-2)\pi/n = (1-2/n)\pi$，外角は $(1+2/n)\pi$ となる．したがって，正 n 角形の内角と外角は，正三角形（$n=3$）では 60°と 300°，正四角形（$n=4$）では 90°と 270°，正五角形（$n=5$）では $(3/5)\pi = 108$°と 252°，正六角形（$n=6$）では 120°と 240°となる．したがって，正三角形，正四角形，正六角形の場合は，1 点のまわりでそれぞれ 6 個，4 個，3 個の正三角形，正四角形，正六角形を隙間なく並べることができるが，正五角形では $360/108 = 3.333\cdots$ となって，隙間なく並べることができない．ところで，n が無限に大きくなると $(2/n)$ はゼロになるから，内角も外角も 180°に近づくことになる．これは直線の対称を表す 2 回回転軸となる．このことから，正 n 角形で $n \geqq 7$ の場合は，内角が 120°から 180°の間にあり，いずれの正 n 角形も 1 点のまわりでは，3 個と 2 個の間にあるので，隙間なく並べることができない．したがって，1 点のまわりを隙間なく埋めることが可能な回転軸は，1 回，2 回，3 回，4 回，6 回の 5 種類に限られる．

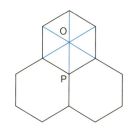

図 2・1　1 点 P のまわりの対称性
正六角形の場合は上部の正六角形の中心 O と各辺とを線で結ぶと 6 個の二等辺三角形ができる．

　回転軸を表す記号は，図 2・2 に示す．紙面は大円で表し，回転軸は紙面に垂直である．1 回回転軸の記号は何も描かないが，その他の回転軸は記号で表す．物体を白丸で表すが，その隣の＋の記号は物体が紙面上方にあることを意味している．それぞれの回転軸対称に応じて，白丸は n 回回転した場所に移る．対称で移った場所を**等価点**（equivalent position）という．等価点の数は n 回回転軸に対応して，n 個存在する．

　回転軸に似た対称要素として**回反軸**（rotatory-inversion axis）がある．その定義は，紙面に垂直に $(2\pi/n)$ 回転した後に回転軸上の 1 点に関して反転させる対称である．5 種の回転軸に応じて，5 種の回反軸がある．回反軸の表記は回転軸の数字の上にバーをつけた $\bar{n}$ である．回反軸の反転中心である**回反心**（rotatory-inversion center）は紙面に垂直な回反軸が紙面と交わる点である．それぞれの回反軸対称で移る等価点を図 2・3 に示す．

2. 結晶とその対称性

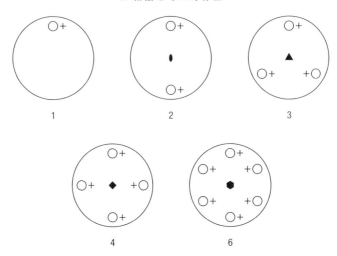

図 2・2 5種の回転軸とその記号　大円は紙面を表し, 白丸は物体を表す. 回転軸は紙面に垂直であり, ＋は物体が紙面上方にあることを示している.

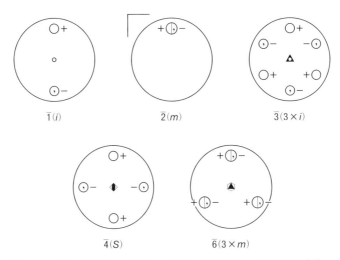

図 2・3 5種の回反軸とその記号　大円は紙面を表す. 紙面上方の物体は＋の白丸で表し, 紙面下方の物体は－の白丸で描かれるが, もとの物体と鏡像関係にあるものは白丸の中にコンマがつけられている. 白丸の中に縦線で仕切られ, 右半分にコンマのつけられた記号は, 物体が紙面の上方と下方の同じ位置に鏡像の関係で二つの物体が存在することを表わしている. 対称心 $\bar{1}$ は小白丸で紙面にあり, $\bar{2}$ の鏡面は大円の左上方のかぎ形で示し, 鏡面が紙面にあることを表している. $\bar{3}, \bar{4}, \bar{6}$ の回反軸は紙面に垂直である.

回反軸 $\bar{1}$ はこの回反心で反転させた等価点が表れる．反転させた等価点の物体は紙面の下方にあるので，−が付けられる．また物体はもとの物体と鏡像関係にあるので，白丸の中にコンマを付けて区別する．$\bar{1}$ は対称心とよばれ，inversion（反転）の頭文字から，i とも表す．回反軸 $\bar{2}$ は物体を 180° 回転して，さらに反転すると，もとの物体の紙面の真下になる．物体も上下反転しているので，コンマ付きの白丸になる．そこで，白丸を半分に分けて，＋は紙面上方の物体で，−は紙面下方の物体を表すことにする．この対称は紙面を鏡とした鏡像の関係にあるので，左上部にかぎ形で鏡面を示す．かぎ形に数字が付けられていないものは紙面からの高さがゼロである．$\bar{2}$ を mirror（鏡面）の頭文字 m と表す．

回反軸 $\bar{3}$ は 120° 右回転して反転すると，60° 左の位置にコンマ付きで−の白丸が表れ，それを 120° 右回転して反転すると，左 120° の位置に＋の白丸が表れ，その白丸を 120° 右回転して反転すると，180° の位置にコンマ付きで−の白丸が表れる．それを 120° 右回転して反転すると，右 120° の位置に＋の白丸が表れ，それを 120° 右回転して反転すると，右 60° の位置にコンマ付きで−の白丸が表れ，それを 120° 右回転して反転すると，最初の白丸に戻る．これで 6 個の等価点がすべて表された．この対称をよく見ると，＋の白丸 3 個の 3 回回転軸 3 と対称心 i で反転させる対称を組合わせたものと同じである．したがって，$(3 \times i)$ の対称となり独立な対称要素ではない．

回反軸 $\bar{4}$ と $\bar{6}$ も同様にして，90° あるいは 60° 右回転して反転する操作を続けると，4 回目あるいは 6 回目でもとの白丸に戻る．$\bar{4}$ の 4 個の等価点の対称は正四面体の四つの頂点の対称を表しており，S と表される．また，$\bar{6}$ の 6 個の等価点は 3 回回転軸 3 と鏡面 m を組合わせた対称であり，$\bar{6}$ は $(3 \times m)$ と表される．したがって，回反軸対称は $\bar{1}(i)$，$\bar{2}(m)$，$\bar{4}(S)$ の 3 種が独立な対称要素であり，5 種の回転軸と併せて 8 種の対称要素がある．

2・2 対称要素の組合わせと点群

3 回と 6 回の回反軸は独立ではなく，他の 8 種の回転軸と回反軸の対称の組合わせで表されるのと同様に，8 種の独立な回転軸と回反軸の対称の組合わせでつくられる対称を考えてみよう．1 回軸対称の組合わせはない．

■ **2 回軸対称の組合わせ**　2 回軸が 1 方向のみの場合と 3 方向すべてに存在する場合がある．1 方向にだけ 2 回軸のある場合は，2 回回転軸 2 のみと，2 回回反軸 $\bar{2}$

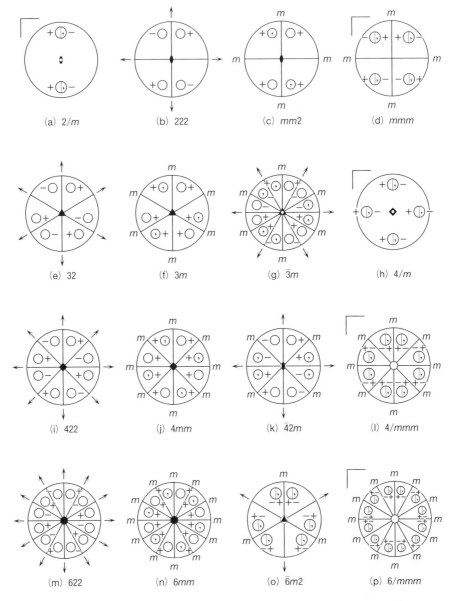

図 2・4 1点のまわりの対称要素の組合わせ　大円，対称軸の記号，物体を表す記号は図2・2や図2・3と同じである．線の両端に矢印があるときは2回回転軸を示し，mがあるときは鏡面が紙面に垂直であることを示している．

のみと，2回回転軸の方向に垂直な鏡面 m を組合わせた $2/m$ の，3種の対称がある．$2/m$ の対称は，図2・4(a)に示すように，紙面に垂直な2回回転軸と紙面に平行な鏡面が直交しており，紙面の上下に鏡像関係にある二つの物体が重なっており，四つの等価点をもっている．

2回軸が3軸方向に存在するときは，3軸方向に2回回転軸をもつ 222 と，2方向に垂直に鏡面と1方向に2回回転軸をもつ $mm2$ と，3方向すべてに垂直な鏡面をもつ場合 mmm の3種がある．図2・4(b)～(d)に三つの対称の組合わせを示している．

■ **3回軸対称の組合わせ** 3回回転軸3と3回回反軸 $\bar{3}$ ($3 \times i$) の他に，図2・4(e)～(g)に示すように，3回回転軸に垂直に2回回転軸の組合わせ32，3回回転軸に鏡面の組合わせ $3m$，3回回反軸に鏡面の組合わせ $\bar{3}m$ の3種がある．$\bar{3}m$ の場合は，鏡面の間に2回軸が自動的に存在する．

■ **4回軸対称の組合わせ** 4回回転軸4と4回回反軸 $\bar{4}$ の他に，4回回転軸に垂直に鏡面のある $4/m$ と4回軸に垂直に2回回転軸をもつ場合と4回軸を含む鏡面をもつ場合がある．$4/m$ は4回回転軸対称を4回軸に垂直な鏡面で映したもので，図2・4(h)に示す．紙面の上下に鏡像関係にある二つの物体が重なっている．4回回転軸に垂直に2回回転軸をもつ場合は，図2・4(i)に示すように，互いに直交する2本の2回回転軸が存在するが，この図をよく見ると，45°回転した位置にも自動的に2本の2回回転軸が表れる．この対称を 422 と表すが，4回軸に垂直に2種の2回回転軸のうち最初の2回回転軸に意味があり，2本目は自動的に表れるものである．

図2・4(j)に示すように，$4mm$ も同様に4回回転軸を含む鏡面2枚が直交した2種があり，互いに45°回転している．最初の m に意味があり，2番目の m は自動的に存在することを意味している．$\bar{4}2m$ も同様で，図2・4(k)に示すように，$\bar{4}$ に垂直に2回回転軸をもつと，90°回転した位置にあるが，自動的に45°回転した位置に4回回反軸に平行に鏡面の対称が表れる．図2・4(l)に示す $4/mmm$ は最初に4回回転軸とそれに垂直な鏡面対称 $4/m$ が存在し，さらに4回回転軸を含む2種の直交する鏡面があることを示している．$4mm$ と同様に，3番目の m は自動的に表れるものである．

6回軸対称の組合わせ

4回軸対称と同様で，6回回転軸 6，6回回反軸 $\bar{6}$ (3/m)，6/m の3種の他に，6回回転軸に垂直に2回軸をもつ 622 と，6回回転軸を含んで鏡面をもつ 6mm がある．さらに $\bar{6}$ を含んで鏡面 m をもつ $\bar{6}m2$ がある．図 2・4 (m)〜(o) に示すように，622 と 6mm と $\bar{6}m2$ の場合も m の次の対称は自動的に表れる．なお，$\bar{6}m2$ の 2 は鏡面に含まれる．さらに図 2・4 (p) に示すように，6回回転軸に垂直に鏡面をもつ 6/m の6回回転軸を含む鏡面 m があるものがあり，6/mmm と表される．この場合も3番目の m は自動的に表れる．

四面体対称の組合わせ

これまでの対称要素は，回転軸や回反軸が他の回転軸や回反軸と平行か垂直に交わる場合に限られていた．しかし図 2・5 (a) に示すように，正三角形 4 面でつくられる正四面体は，頂点から相対する三角形の重心に向けて 3 回回転軸があり，相対する辺の中点を結ぶと，2 回回転軸がある．この場合，3 回軸と 2 回軸は平行でも垂直でもない角度で交わる．2 回回転軸と 3 回回転軸の組合わせでできる対称 23 と，3 回回転軸の代わりに 3 回回反軸と，青色の三角形が示す鏡面の組合わせでできる対称 $m\bar{3}$ の 2 種がある．

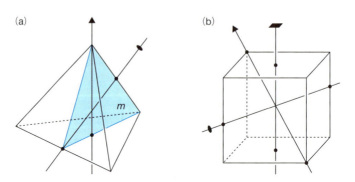

図 2・5 (a) 四面体の対称要素の組合わせ：23 と $m\bar{3}$．
(b) 立方体の対称要素の組合わせ：432．

立方体対称の組合わせ

正方形 6 面でつくられる立方体の対称は，図 2・5 (b) に示すように，正方形の相対する面の中心を結ぶ方向に 4 回軸があり，体対角方向に 3 回軸があり，相対する二つの稜の中点を結ぶ方向に 2 回軸がある．それぞれの対称軸が 4 回回転軸，3 回回転軸，2 回回転軸でできている対称は 432 である．その他に $\bar{4}$ と 3 と m でできている対称は $\bar{4}3m$ であり，4/m と $\bar{3}$ と 2/m でできて

いる対称は $4/m\bar{3}2/m$ であり，3 種存在する．最後の対称は $m\bar{3}m$ と省略するが，4 回軸と 3 回回反軸と 2 回軸を組み合わせた立方対称の最も高い対称である．

　これで回転軸 5 種と回反軸 3 種の対称の組合わせはすべてであり，これ以上はない．このような組合わせを「群をつくる」という．この場合は 1 点のまわりで対称要素を組合わせたので，**点群**（point group）とよばれている．点群は 1 回軸対称 2 種，1 本の 2 回軸対称 3 種，3 本の直交する 2 回軸対称 3 種，3 回軸対称 5 種，4 回軸対称 7 種，6 回軸対称 7 種，四面体対称 2 種，立方体対称 3 種で合計 32 種となる．結晶の外形の対称は，その種類を調べて 32 種あることから，32 の**晶族**として知られていたが，結晶面は結晶の対称を包含しているので，1 点のまわりで考えると点群対称と同じであり，32 の晶族は 32 の点群対称と同等であることは容易に理解できるであろう．

　点群対称の記号として，ここでは結晶の対称との比較が容易な**ヘルマン-モーガン（H-M）の記号**（Hermann-Mauguin symbol）を使って説明したが，分光学では**シェーンフリース（S）の記号**（Schönflies symbol）が使われている．両方の表記法を表 2・1 に対照して示す．

表 2・1　32 種の点群対称とその表記法　ヘルマン-モーガン（H-M）の記号とシェーンフリース（S）の記号．

H-M	S	H-M	S	H-M	S	H-M	S
1	C_1	4	C_4	$\bar{3}$	C_{3i}	$6mmm$	C_{6v}
$\bar{1}$	C_i	$\bar{4}$	S_4	32	D_3	$\bar{6}m2$	D_{3h}
2	C_2	$4/m$	C_{4h}	$3m$	C_{3v}	$6/mmm$	D_{6h}
m	C_S	422	D_4	$\bar{3}m$	D_{3d}	23	T
$2/m$	C_{2h}	$4mmm$	C_{4v}	6	C_6	$m\bar{3}$	T_h
222	D_2	$\bar{4}2m$	D_{2d}	$\bar{6}$	C_{3h}	432	O
$mm2$	C_{2v}	$4/mmm$	D_{4h}	$6/m$	C_{6h}	$\bar{4}3m$	T_d
mmm	D_{2h}	3	C_3	622	D_6	$m\bar{3}m$	O_h

2・3　結晶格子と格子点

　物質をゆっくり冷却するか，溶媒中に溶かして徐々に溶解度を下げると，三次元の周期構造をもつ結晶が得られる．溶解度を下げるには，溶媒をとばす方法や溶解しにくい貧溶媒を溶かす方法がある．図 2・6 に示すように，三次元に周期的に並

んだ物体の同じ点を結ぶと，三次元に等間隔に並んだ格子をつくる．ここでは簡単のために二次元の格子が描かれている．この格子を**結晶格子**（crystal lattice）といい，格子の交わる点を**格子点**（lattice point）という．また，結晶格子の周期単位を**単位格子**（unit lattice）という．格子点は図2・6のように，物体の先端でなくて物体内の対応する点でもいい．そうすると実線の格子が，たとえば点線の格子になる．あるいは，物体外でも同じように対応する点でも構わない．いずれにしても単位格子の形は変わらない．

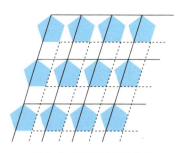

図 2・6 周期的な結晶格子

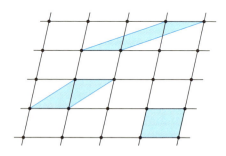

図 2・7 単位格子のいろいろな選び方

隣り合う物体の格子点を**格子線**（crystal line）で結ぶ場合に，どの方向の隣り合う物体を選ぶかによって，図2・7に示すように，単位格子の形は異なることになる．しかし，格子点は単位格子の頂点だけに存在するという条件を付けると，単位格子の体積は常に同じである．単位格子は結晶の周期構造の形を表す概念であって単位格子の中身の構造は問題としないが，のちに登場する**単位胞**（unit cell）は周期単位の中身の構造を表す概念であるので，区別して考える必要がある．

2・4 七つの晶系

結晶内の物体は対称的に配列されるが，その対称的な配列は単位格子の対称性にも反映される．まずどのような回転対称が存在できるか考えてみよう．2・1節の説明と基本的には同じであるが，格子の概念を導入して説明しよう．図2・8に示すように，隣り合う格子点 A と A′ があり，A–A′ の距離を周期単位 a とする．A 点で紙面に垂直に n 回回転軸が存在すると，結晶の周期性から A′ 点にも紙面に垂直に n 回回転軸が存在する．A′ 点にある n 回回転軸は A 点にある n 回回転操作で B 点に移る．このとき角度 α だけ回転する．A 点にある n 回回転軸は A′ 点にある

2・4 七つの晶系

n 回回転操作で,同様に角度 α だけ回転して,B′ 点に移る.周期構造だから,A,A′, B, B′ はすべて格子点である.B−B′ 間の距離を b とすると,B, B′ はともに格子点であるから,格子点間の距離 a の m(整数)倍になるはずである.

$$b = ma = a - 2a\cos\alpha \qquad (2・1)$$

と表される.両辺を整理して,

$$m = 1 - 2\cos\alpha \qquad (2・2)$$

となる.$\cos\alpha$ は -1 から $+1$ の間にあるから,m は -1 から $+3$ の間にある.m は整数だから,$-1, 0, +1, +2, +3$ の五つの値をとりうる.m のそれぞれの値に関して計算すると,表2・2になる.ここから,n 回回転軸で結晶の周期性を満足する回転操作は,1, 2, 3, 4, 6 の 5 種の回転操作だけである.これは 2・1 節の点群対称と同様である.

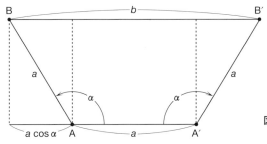

図 2・8 周期構造を満足する回転軸の求め方

表 2・2 5種の回転対称と回転角度

m	-1	0	1	2	3
$\cos\alpha$	1	$\dfrac{1}{2}$	0	$-\dfrac{1}{2}$	-1
α	$0°$	$60°$	$90°$	$120°$	$180°$
n	1	6	4	3	2

結晶の単位格子を表すパラメーターを図2・9のように,3 軸の長さ a, b, c と,b 軸と c 軸の間の角度 α,c 軸と a 軸の間の角度 β,a 軸と b 軸の間の角度 γ の,六つのパラメーターで表せる.なお,a 軸と交わり b 軸と c 軸がつくる面,b 軸が交わり c 軸と a 軸がつくる面,c 軸と交わり a 軸と b 軸がつくる面をそれぞれ,単位格子の A 面,B 面,C 面という.

5 種の回転軸を結晶の周期構造に当てはめると,次の七つに分類されるので,七

表 2・3 七つの晶系の単位格子の形と対称性

晶 系	単位格子の形	単位格子の対称性
三 斜	$a \neq b \neq c$, $\alpha \neq \beta \neq \gamma \neq 90°$ ($c < a < b$)	$\bar{1}$
単 斜	$a \neq b \neq c$, $\alpha = \gamma = 90°$ $\beta \neq 90°$ ($c < a$, $\beta \geqq 90°$)	$2/m$
直 方	$a \neq b \neq c$, $\alpha = \beta = \gamma = 90°$ ($c < a < b$)	$2/m\,2/m\,2/m$
正 方	$a = b \neq c$, $\alpha = \beta = \gamma = 90°$	$4/m\,2/m\,2/m$
三方(菱面体) 　(六 方)	$a = b = c$, $\alpha = \beta = \gamma \neq 90°$ $a = b \neq c$, $\alpha = \beta = 90°$ $\gamma = 120°$	$\bar{3}\,2/m\,1$ $\bar{3}\,2/m\,1$
六 方	$a = b \neq c$, $\alpha = \beta = 90°$ $\gamma = 120°$	$6/m\,2/m\,2/m$
立 方	$a = b = c$, $\alpha = \beta = \gamma = 90°$	$4/m\,\bar{3}\,2/m$

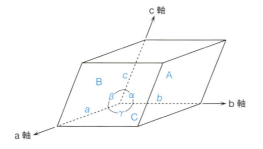

図 2・9　単位格子を表すパラメーター

つの晶系という．① **三斜晶系**は，単位格子の3軸方向に1回回転軸しかなく，3軸の長さはどれも等しくなく，三つの角度は 90°と異なる平行六面体である．② **単斜晶系**は，1軸が2回軸対称をもち，他の2軸に直交する．この軸を通常b軸にとる．③ **直方晶系**は，長さの異なる3軸方向に2回軸対称をもち，3軸がそれぞれ直交している．以前は斜方晶系といわれていたが，直方晶系に訂正された[†]．④ **正方晶系**は，c軸に4回軸対称をもち，a軸，b軸は長さが等しく互いに直交し，c軸にも直交する．⑤ **三方晶系**は，二つのタイプがあり，立方体を体対角軸方向に引伸ばした**菱面体型**と，c軸方向に3回対称軸をもつ**六方型**がある．後者は六方晶系と同じ単位格子にとる．⑥ **六方晶系**は，c軸に6回軸対称をもつ．a軸とb軸は長さが等しく 120°で交わり，c軸と直交する．⑦ **立方晶系**は，長さも等しい3軸方向に4回軸対称をもち，互いに直交する．それぞれの晶系の単位格子の特徴を表2・

---

†　2014年の日本結晶学会総会で決定．

3 にまとめてある．なお，三斜晶系と直方晶系の三つの軸は**右手系**であればどのように割り当ててもよいが，括弧内の順序で割り当てることが推奨されている．しかし最近は，直方晶系では空間群記号に合うように a, b, c 軸を割り当てることが多い．

2・5　14 の空間格子（ブラベ格子）

　単位格子のとり方は，前節の七つの晶系のいずれかであるが，このようなとり方をすると都合の悪い場合がある．図 2・10 のように物体が配列すると，これまでは点線のような単位格子をとっていたが，そうすると，七つの晶系にみられた単位格子の対称性が軸方向では表せない．格子の対称性を見やすくするために，対称軸方向に単位格子の軸を合わせた方がよい．すなわち，図 2・10 の場合は実線の格子にとると軸方向と結晶の対称が一致する．そうすると，この場合には面の中心にも格子点が存在することになる．これまでの単位格子は格子点が八つの頂点にあるだけであったが，図 2・11 に示すように，相対する二つ面の中心（**底心**）や単位格子の中心（**体心**）や六つ全部の面の中心（**面心**）に格子点をもつ単位格子が表れる．八つの頂点にのみ格子点がある格子を**単純格子**（primitive lattice, P）といい，A 面，B 面，C 面の中心にも格子点をもつ**底心格子**（base-centered lattice, A, B, C）や**体心格子**（body-centered lattice, I）や**面心格子**（face-centered lattice, F）を

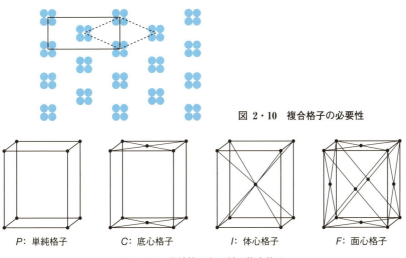

図 2・10　複合格子の必要性

P: 単純格子　　C: 底心格子　　I: 体心格子　　F: 面心格子

図 2・11　単純格子と 3 種の複合格子

複合格子（complex lattice）という．しかし，七つの晶系に必ずしもすべての複合格子を適用する必要はない．

まず，三斜晶系は対称心以外に対称要素をもたないので，単純格子だけでよい．次に，単斜晶系は 2 回軸対称をもつので，b 軸は保存されるが，a 軸と c 軸は任意にとることができる．まず底心格子であるが，a 軸と c 軸は任意にとれるので，面の中心にも格子点がある面を C 面とし，C 面と交わる軸を c 軸とすればよい．b 軸と直交する B 面の中心に格子点がある場合は，図 2・12 (a) のように，a 軸と c 軸を $a' = (a - c)/2$ と $c' = (a + c)/2$ で示す青枠の格子にとり直せば，単純格子にとり直すことができる．体心格子になった場合は，図 2・12 (b) に示すように，c 軸を $c' = (-a + c)$ で示す青枠の格子にとり直せば，C 底心格子にとり直すことができる．面心格子になった場合は，図 2・12 (c) に示すように，c 軸を $c' = (-a + c)/2$ の軸にとり直して青枠の格子にすれば，C 底心格子になる．結局，単斜晶系の場合は複合格子として C 底心格子を付け加えるだけでよい．

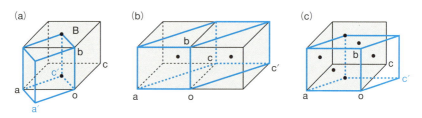

図 2・12 単斜晶系の複合格子の変換 (a) B 底心格子は単純格子に変換し，(b) 体心格子と (c) 面心格子は底心格子に変換する．

直方晶系は，3 軸方向に 2 回軸対称をもつので，軸の方向をとり直せない．そのため，底心格子，体心格子，面心格子のすべてを付け加える必要がある．正方晶系は，4 回軸が c 軸方向と一致しているので，A 底心格子や B 底心格子は対称性から存在しない．C 底心格子は a 軸と b 軸を対角方向にとり直すことで単純格子になる．面心格子も a 軸と b 軸を対角方向にとり直すことで体心格子になるので，体心格子のみ付け加えればよい．三方晶系と六方晶系は，対称性から単純格子しか存在しない．立方晶系は，対称性から底心格子は存在しないので，体心格子と面心格子を加える必要がある．

この結果，七つの晶系の代わりに，14 種の**空間格子**を考慮すれば，格子内部の対称性も考慮したことになる．この空間格子のことを提案者の名前から**ブラベ格子**ともいわれる．図 2・13 に 14 種の空間格子を示す．

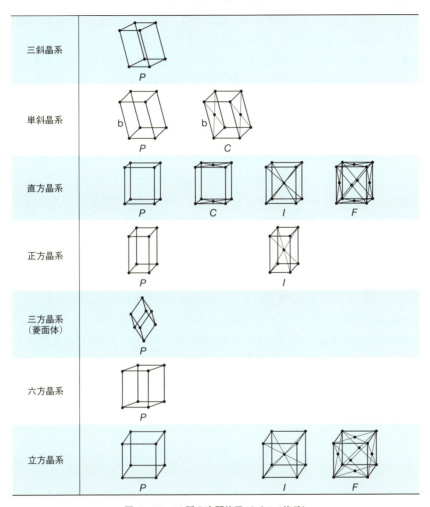

図 2・13　14 種の空間格子（ブラベ格子）

2・6 結　晶　面

　ここで結晶の外形の観察から生まれた**結晶面**（crystal plane）について述べる．すでに，1・1 節で述べたように，ミラーは結晶の外形の観察から結晶面とその面指数を次のように定義した．結晶内に原点 O を決め，a 軸，b 軸，c 軸の方向を決める．図 2・14 に示すように，ある結晶面の平行な面の集まりのうち，原点 O に

最も近い面が a, b, c 軸と OA = a/h, OB = b/k, OC = c/l で交わるとする．原点 O から面 ABC に垂線を引き，交わる点を D とする．OD の距離を d とし，OD と OA, OB, OC との間の角度を χ, ψ, ω とする．面 ABC 上の任意の点 P の a 軸方向の座標を X, b 軸方向の座標を Y, c 軸方向の座標を Z とすると，

$$d = X\cos\chi + Y\cos\psi + Z\cos\omega \quad (2\cdot 3)$$

と表される．ここで，$d = (a/h)\cos\chi = (b/k)\cos\psi = (c/l)\cos\omega$ だから，

$$d = (hX/a)d + (kY/b)d + (lZ/c)d \quad (2\cdot 4)$$

となり，この平面は

$$(hX/a) + (kY/b) + (lZ/c) = 1 \quad (2\cdot 5)$$

と表せる．X, Y, Z の座標をそれぞれの軸長単位で表した**規格化座標** $x = (X/a), y = (Y/b), z = (Z/c)$ に置き換えれば，この平面は次式で表される．

$$hx + ky + lz = 1 \quad (2\cdot 6)$$

このように表した平行な結晶面の集まりを**結晶面** (hkl) といい，h, k, l を提案者の名前から**ミラー指数**という．なお，h, k, l が負のときは軸方向を反対側の負の向きにとればよい．結晶の対称性によって等価な結晶面を集めた組はその組を代表した結晶面で $\{hkl\}$ とする．たとえば直方晶系では $(110), (\bar{1}10), (1\bar{1}0), (\bar{1}\bar{1}0)$ の四つの結晶面は等価なので，これらの等価な結晶面をまとめて表すときは $\{110\}$ と表す．対称性で等価な結晶面の組は**面型** (form) $\{hkl\}$ ともいわれる．

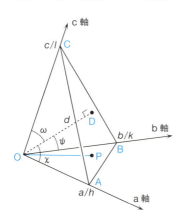

図 2・14 結晶面 (hkl) の表記法

ブラッグが指摘したように，結晶面 (hkl) からの X 線の反射は hkl の指数をもつ回折線の他に，nh, nk, nl のように指数の整数倍の高次の反射も観測される．結晶面 (hkl) の一次の反射が hkl 回折線である．高次の反射は nh, nk, nl の回折線となる．

結晶面の考え方は結晶が周期的な格子構造をもつことから考えれば当然であるが，結晶の外形の面が一定の角度をもち，その面の指数は有理数で表されるという観察から，逆に結晶が周期的な格子構造をもつはずであると推論してきた結晶学の進歩の道筋から引き出された定義なのである．

2・7 晶帯と晶帯軸

34ページの図2・15に対称性のよい結晶の外形と結晶面のミラー指数を示すが，これらの結晶面のいくつかは帯状に共通の方向をもっている．二つの結晶面のミラー指数を $(h_1k_1l_1)$，$(h_2k_2l_2)$ とする．原点を通る結晶面は結晶面の方向を表すので，この二つの結晶面の共通の軸は，原点を通る二つ結晶面の式を満足する．

$$(h_1X/a) + (k_1Y/b) + (l_1Z/c) = 0 \tag{2・7}$$

$$(h_2X/a) + (k_2Y/b) + (l_2Z/c) = 0 \tag{2・8}$$

(2・7)式に l_2 を掛け，(2・8)式に l_1 を掛けて，差し引くと，

$$(l_2h_1 - l_1h_2)(X/a) + (l_2k_1 - l_1k_2)(Y/b) = 0 \tag{2・9}$$

$$a(l_2k_1 - l_1k_2)Y = b(l_1h_2 - l_2h_1)X \tag{2・10}$$

$$\frac{X}{a(l_2k_1 - l_1k_2)} = \frac{Y}{b(l_1h_2 - l_2h_1)} \tag{2・11}$$

同様に，(2・7)式に k_2 を掛け，(2・8)式に k_1 を掛けて，差し引くと，

$$(k_2h_1 - k_1h_2)(X/a) + (k_2l_1 - k_1l_2)(Z/c) = 0 \tag{2・12}$$

$$\frac{X}{a(k_1l_2 - k_2l_1)} = \frac{Z}{c(k_2h_1 - k_1h_2)} \tag{2・13}$$

が得られ，(2・11)式と(2・13)式から，次式が得られる．

$$\frac{X}{a(k_1l_2 - k_2l_1)} = \frac{Y}{b(l_1h_2 - l_2h_1)} = \frac{Z}{c(k_2h_1 - k_1h_2)} \tag{2・14}$$

ここで，$U = (k_1l_2 - k_2l_1)$，$V = (l_1h_2 - l_2h_1)$，$W = (k_2h_1 - k_1h_2)$ とすると，

$$X/(aU) = Y/(bV) = Z/(cW) \tag{2・15}$$

と表される．このとき，二つの結晶面の共通の軸の方向は，[UVW] と [ ] で表し，この共通の軸を**晶帯軸**（zone axis）という．

図 2・15 の結晶面 (100) と (110) の共通の軸は，[001] の方向，つまり c 軸方向に平行である．他の結晶面 (hkl) も同様な**晶帯** (zone) にあれば，

$$hU + kV + lW = 0 \tag{2・16}$$

となる．たとえば，結晶面 (010) も共通の軸をもつが，

$$hU + kV + lW = 0 \times 0 + 1 \times 0 + 0 \times 1 = 0 \tag{2・17}$$

を満足する．ただし，図 2・15 の結晶面 (111) は，

$$hU + kV + lW = 1 \times 0 + 1 \times 0 + 1 \times 1 = 1 \tag{2・18}$$

となって式を満足しないので，同じ晶帯に属さない．

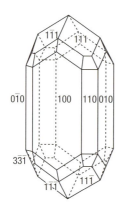

図 2・15 対称性のよい結晶の外形のミラー指数，晶帯，晶帯軸

この晶帯軸の表記は結晶内の方向を記述するときにも同様に使われる．なお，$[UVW]$ に負号がつく場合は反対方向を表している．また対称操作で同じになる $[UVW]$ の組合わせを $\langle UVW \rangle$ と表記する．たとえば，立方晶系では $[100]$, $[010]$, $[001]$ はまとめて $\langle 100 \rangle$ である．

2・8 点空間群——点群と空間格子の組合わせ

三次元に周期的な格子は 14 種の空間格子に分類できる．そして，それぞれの空間格子の各格子点は 32 種の点群対称のどれかが満足している．この組合わせをすべてつくり出せば，三次元空間を満足する対称の組合わせが導き出すことができる．

三斜晶系では，空間格子は P だけで，点群対称は 1 と $\bar{1}(i)$ であるから，$P1$ と $P\bar{1}$ の二つの空間群だけである．単斜晶系では，空間格子は P と C であり，点群対称は 2, $\bar{2}(m)$, $2/m$ があるので，$P2$, Pm, $P2/m$, $C2$, Cm, $C2/m$ の 6 種の空間

群がある．直方晶系では，空間格子は P, C, I, F すべてがあり，点群対称は 222, mm2, mmm の 3 種がある．したがって，3×4 = 12 通りが可能であるが，mm2 という点群は c 軸が 2 回軸をもち，a 軸や b 軸とは異なるので，C 底心格子と A 底心格子や B 底心格子とは別に扱う必要がある．その結果，P222, Pmm2, Pmmm, C222, Cmm2, Amm2, Cmmm, I222, Imm2, Immm, F222, Fmm2, Fmmm の 13 種の空間群が存在することになる．

このように空間格子と点群対称を組合わせるが，正方晶系では空間格子は P と I の 2 種，点群対称は 4, $\bar{4}$, 4/m, 422, 4mm, $\bar{4}2m$, 4/mmm の 7 種の組合わせで 16 種をつくり，三方晶系では，空間格子は P と R の 2 種，点群対称は 3, $\bar{3}$, 32, 3m, $\bar{3}m$ の 5 種の組合わせで 13 種をつくる．六方晶系では，空間格子は P，点群対称は 6, $\bar{6}$, 6/m, 622, 6mm, $\bar{6}m2$, 6/mmm の 7 種の組合わせで 7 種をつくり，立方晶系では，空間格子は P, I, F の 3 種，点群対称は 23, $m\bar{3}$, 432, $\bar{4}3m$, $m\bar{3}m$ の 5 種を組合わせで 15 種をつくる．その結果，合計 72 種の組合わせができあがる（表 2・6 参照）．これで群をつくる．この群を**点空間群**（point space group）と名付けている．

2・9 周期構造の対称

点空間群だけだと簡単であるが，結晶の周期構造のために新たな対称要素が生じる．回転軸や鏡面の対称の定義では，対称操作を繰返すともとの位置に戻ることになっていた．しかし，周期構造では 1 周期あるいは n 周期離れた対応する位置に戻っても，もとの位置に戻ったこととまったく区別がつかない．そのため結晶格子の周期性を考慮した対称要素も取入れなければならない．その周期性による対称要素とは，五つの回転軸に対してそれぞれ**らせん軸**（screw axis）と，鏡面対称（m）に対して**映進面**（glide plane）とである．残りの $\bar{1}$ と $\bar{4}$ の回反軸対称は 1 点のまわりの対称であるため，このような周期性に伴う対称は表れない．5 種のらせん軸対称と映進面対称を述べる．

■ **らせん軸対称** 2 回回転軸について考えよう．図 2・16 (a) に示すように，2 回回転軸があると，物体 A は 180°回転した B にも存在する．2 回回転軸方向に 1 周期進んだところに A′, B′ が存在する．ところが，図 2・16 (b) に示すように，2 回回転軸のまわりに 180°回転して，2 回回転軸方向に 1/2 周期だけ進んで B に移る対称を考えよう．この対称操作を 2 回繰返すと，物体 A は 1 周期進んだ物体 A′

となる．結晶は無限の周期構造だから，この操作によってまったくもとと見分けのつかない構造になり，結晶の対称要素を満足する．この対称要素を **2回らせん軸**（2-fold screw axis）といい，2_1の記号で表す．

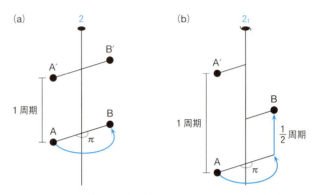

図 2・16　(a) 2回回転軸と　(b) 2回らせん軸の対称操作

　3回らせん軸は図2・17 (a) に示すように，3回回転軸のまわりに120°だけ3回回転軸の進行方向に右まわりに回転して，1/3周期だけその方向に進む対称操作である．この対称要素を **3回らせん軸**（3-fold screw axis）といい，3_1の記号で表す．この操作を3回行うと，物体Aは1周期隣りの格子の対応する位置に移り，もとの構造と区別がつかなくなって，結晶の対称要素を満足する．

　らせん軸の記号 n_q の定義は，$2\pi/n$ だけらせんの進行方向に右まわりに回転して，その方向に q/n だけ進む対称操作を意味している．そうすると，3回らせん軸対称には 3_1 のほかに，3_2 の記号で表される対称要素もある．この対称要素は図2・17 (b) に示すように，3回回転軸のまわりで120°右まわり回転して，らせん軸方向に2/3周期だけ進む対称要素である．この操作を3回繰返すと，2周期隣りの格子の対応する位置に移るので，もとの構造と区別がつかなくて，結晶の対称要素を満足する．しかし，120°右まわりして2/3周期進むという操作は，結晶の周期性から，左まわりして1/3周期進むことと同じである．図2・17 (b) では点線のらせんで示している．この対称要素 3_2 を図2・17 (a) の 3_1 と比べると，ちょうど鏡像関係にある左まわりのらせん軸対称になっている．したがって，定義では120°右まわりして2/3らせん軸方向に進むということになっているが，120°左まわりして1/3らせん軸方向に進むと覚える方が便利である．

2・9 周期構造の対称

4回らせん軸でもまったく同様である．図が複雑になるので，以後はらせん軸の真上から見た図を示す．図2・18 (a) に示すように，**4回らせん軸** (4-fold screw axis) は，4回回転軸のまわりに 90°らせん軸の進行方向に右まわりに回転して，回転軸方向に 1/4 進む対称操作である．これを4回繰返すと，1周期上の格子の対応する位置に移り，もとの周期構造と区別がつかなくなるので，結晶の対称要素を満足する．この対称要素を4回らせん軸 4_1 と表す．また，先の3回らせん軸と同様に，4_3 は左まわりの4回らせん軸である〔図2・18 (b)〕．

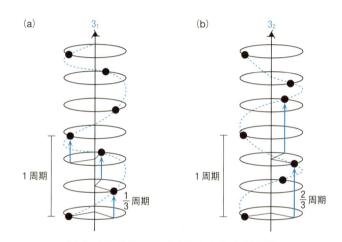

図 2・17 鏡像関係にある 3_1 と 3_2 らせん軸対称

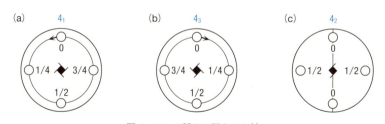

図 2・18 3種の4回らせん軸

4回らせん軸には，4_2 と表される対称要素もある．この対称操作は図2・18 (c) に示すように，物体Aを4回らせん軸のまわりに 90°右まわりに回転して，2/4 = 1/2 だけ回転軸方向に進む対称操作である．この操作を4回繰返すと，物体は2周期隣りの対応する位置に移り，もとの周期構造と区別ができなくなるので，結晶の

対称要素を満足する．周期構造だから，1周期隣りには同じものがあるはずなので，これを考慮すると，2回回転対称にある二つの物体 A–A′ が 90°回転して半周期回転軸方向に進んで B–B′ になったものと交互に回転軸方向に並んだ周期構造になるという特徴があり，4_1 や 4_3 とはまったく異なる対称操作であるが，2/4 を約分した 2_1 の対称操作ともまったく異なる対称操作である．

6回らせん軸（6-fold screw axis）の場合も 4 回らせん軸と同様に考えればよく，60°右まわり回転して，らせん軸方向に 1/6 進む対称操作が 6_1 である．6_1 と鏡像関係にあって，左まわり回転するのが，6_5 である．次に，60°右まわりに回転して，2/6 = 1/3 だけ回転軸方向に進む対称要素が 6_2 という．この操作を 6 回繰返すと，物体は 2 周期隣りの対応する位置に移り，もとの周期構造と区別がつかなくなる．この対称要素も 3_1 とは異なる対称要素である．6_4 はこの対称要素と鏡像関係にあり，左まわりである．6_3 は定義から，60°右まわりに回転して 3/6 = 1/2 だけ回転軸方向に進む対称操作である．3 回軸対称にある三つの物体 A–A′–A″ と 60°回転した三つの物体 B–B′–B″ が半周期ずつ交互に 6 回回転軸方向に積み重なった構造であり，2_1 や 4_2 とはまったく異なる対称要素である．

表 2・4 らせん軸の記号

らせん軸	軸方向	横方向[†1]		らせん軸[†2]	軸方向
2_1				6_1	
3_1				6_2	
3_2				6_3	
4_1				6_4	
4_2				6_5	
4_3					

[†1] 3 回らせん軸は立方晶系の体対角軸である．
[†2] 6 回らせん軸は軸方向のみである．

結局，らせん軸対称として，2_1，$(3_1, 3_2)$，$(4_1, 4_3)$，4_2，$(6_1, 6_5)$，$(6_2, 6_4)$，6_3 の 11 種のらせん軸が，結晶の周期性を考慮することで新たに付け加える必要がある．ただし，括弧内の二つの対称要素は互いに鏡像関係にあるので，独立に考えるときにはその一方のみを考慮して，後で鏡像関係を付け加えてもよい．その意味で括弧内を 1 種とした 7 種を考えればよい．この対称要素の記号を表 2・4 に示す．

2・9 周期構造の対称

■ **映進面対称**　図 2・19 に示すように，物体 A を鏡面で映してから，鏡面に平行な軸方向に半周期移すと B になる．この操作を 2 回繰返すと，1 周期隣りの対応する位置 A に移り，もとの周期構造と区別がつかなくなり，結晶の対称要素を満足する．この対称要素を**映進面**（glide plane）という．半周期移す方向が a 軸，b 軸，c 軸の違いによって，***a* 映進面**（*a*-glide plane），***b* 映進面**（*b*-glide plane），***c* 映進面**（*c*-glide plane）という．対角軸方向に半周期移る対称を ***n* 映進面**（*n*-glide plane）という．これらは鏡面で映した後に移動する方向が異なるだけである．複合格子の場合は，周期構造の対応する位置が 1 周期ではなく，複合格子点の対応する位置に移る場合ももとの周期構造と区別がつかないので，結晶の周期構造を満足する．たとえば，体心格子で，鏡面で映した後に，$(\boldsymbol{a}+\boldsymbol{b}+\boldsymbol{c})/4$ 移動して，体心方向の対応する位置に移る場合がある．この対称要素を**ダイヤモンド (*d*) 映進面**（diamond glide plane）という．面心格子の場合は，鏡面で映した後に，$(\boldsymbol{a}+\boldsymbol{b})/4$ や $(\boldsymbol{b}+\boldsymbol{c})/4$ や $(\boldsymbol{c}+\boldsymbol{a})/4$ 移動して，面心方向の対応する位置に移る場合もあるが，これも *d* 映進面という．表 2・5 に映進面対称の記号を示す．

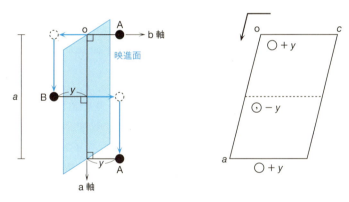

図 2・19　*a* 映進面対称

表 2・5　映進面の記号

映進面	紙面に平行	紙面に垂直	映進面	紙面に平行	紙面に垂直
a, *b*, *c*	⌐	············	*n*	⌐	—·—·—·—
	→	— — — —	*d*	⌐ 3/8 ⌐ 1/8	—·←—·←— →·—·→·—

2·10 230の空間群

周期的な結晶格子を満足する新たな対称要素であるらせん軸と映進面を加えると，どのような空間群が表れるか調べてみよう．その出発点となるのは72種の点空間群である．

三斜晶系の場合は，点空間群は $P1$ と $P\bar{1}$ の2種であり，回転軸や鏡面をもたないので，新たに加わる空間群はない．

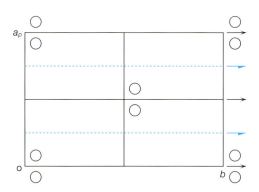

図 2·20 空間群 $C2$ の対称要素 C 底心格子では2回回転軸があると，間に2回らせん軸が自動的に発生

単斜晶系の場合は，点空間群は単純格子では $P2$, Pm, $P2/m$ の3種である．2には 2_1 が付け加わり，m には c 映進面が付け加わる．a 映進面は軸の変換で c にする．その結果，$P2$, Pm, $P2/m$ の他に，$P2_1$, Pc, $P2_1/m$, $P2/c$, $P2_1/c$ の5種が付け加わり，8種となる．C 底心格子には，点空間群として $C2$, Cm, $C2/m$ の3種がある．しかし $C2_1$ のようならせん軸対称を考える必要はない．図 2·20 に $C2$ の空間群の c 軸投影図を示すが，2回回転軸は $a = 0, 1/2, 1$ の位置に矢印で示している．C 底心格子であるから中央にも白丸があり，この白丸も2回回転軸で回転した位置にも存在する．そうすると，原点に近いもとの白丸と中央の白丸は $a = 1/4$ と $a = 3/4$ の位置にある2回らせん軸で移した関係にある．つまり $C2$ という空間群の2回らせん軸対称は独立ではなく，2回回転軸と C 底心格子から自動的に生成する対称要素である．そのため2回らせん軸の対称要素を新たに加える必要がないことになる．一方，c 映進面の対称要素は自動的に生成しないので，新たに加える必要がある．その結果，Cc と $C2/c$ の2種が付け加わり，合わせて5種となる．P と C を併せると，合計13種の空間群が生じる．

2・10　230 の空間群

直方晶系の場合は，単純格子の点空間群は $P222$ と $Pmm2$ と $Pmmm$ の 3 種である．$P222$ の 2 回軸の代わりに 2 回らせん軸があると，$P222_1$, $P2_12_12$, $P2_12_12_1$ の 3 種が付け加わって 4 種となる．$Pmm2$ には，a, b, c の映進面と 2 回らせん軸が付け加わる．a 軸と b 軸の入れ替えで済むものを除くと，$Pmc2_1$, $Pcc2$, $Pma2$, $Pca2_1$, $Pnc2$, $Pmn2_1$, $Pba2$, $Pna2_1$, $Pnn2$ の 9 種が付け加わって 10 種になる．$Pmmm$ には，$Pnnn$, $Pccm$, $Pban$, $Pmma$, $Pnna$, $Pmna$, $Pcca$, $Pbam$, $Pccn$, $Pbcm$, $Pnnm$, $Pmmn$, $Pbcn$, $Pbca$, $Pnma$ の 15 種が加わり 16 種となる．その結果，単純格子の空間群は合計 30 種となる．

複合格子として，点群 222 グループの点空間群は $C222$, $F222$, $I222$ の 3 種があるが，これらに新たに $C222_1$ と $I2_12_12_1$ が付け加わり，点群 222 グループでは合計 5 種となる．点群 $mm2$ グループの場合は，点空間群 $Cmm2$ には $Cmc2_1$, $Ccc2$ が加わり，点空間群 $Amm2$ には，$Aem2^\dagger$, $Ama2$, $Aea2^\dagger$ が加わり，点空間群 $Imm2$ には，$Iba2$ と $Ima2$ が加わり，点空間群 $Fmm2$ には，$Fdd2$ が加わって，$mm2$ の点群グループでは合計 12 種となる．点群 mmm グループの場合は，点空間群 $Cmmm$ には，$Cmcm$, $Cmce^\dagger$, $Cccm$, $Cmme$, $Ccce^\dagger$ が付け加わり，点空間群 $Immm$ には，$Ibam$, $Ibca$, $Imma$ が加わり，点空間群 $Fmmm$ には $Fddd$ が加わって，mmm の点群グループでは合計 12 種となる．したがって，複合格子の空間群は合計 29 種となり，単純格子と併せた直方晶系全体では 59 種となる．

正方晶系，三方晶系，六方晶系，立方晶系も同様にして，点空間群かららせん軸，映進面を考慮して新たな空間群を求めることができる．その結果を合計 230 種の空間群を表 2・6 に示してある．この表で太字の空間群は 72 種の点空間群であり，その他がらせん軸や映進面の対称を含む空間群である．

これらの空間群の対称要素の組合わせを正しく求めるのは非常に厄介なので，**230 種の空間群**それぞれについて，「International Tables for Crystallography」Vol. A に図と表の形で表記されている．したがって，通常は空間群がわかれば，この本を参照して対称要素の組合わせや，対称操作で映る原子や分子の座標を知ることができる．構造解析のソフトプログラムにはすべての空間群の対称がデータとして蓄えられているので，空間群の知識は自動的に解析に取入れられている．

---

† 最近，この 5 種の空間群は，三つ目の軸を b や a でなく，対角方向に軸 e をとることでこれまでの曖昧さをなくした．そのため空間群記号も変えた．「International Tables for Crystallography」Vol. A, p. 6 参照．

表 2・6 230種の空間群　点空間群を太字で示す.

晶系	点群	空間群
三斜	1	**P1**
	$\bar{1}(i)$	**P$\bar{1}$**
単斜	2	**P2**, $P2_1$, **C2**
	$\bar{2}(m)$	**Pm**, Pc, **Cm**, Cc
	$2/m$	**P2/m**, $P2_1/m$, **C2/m**, $P2/c$, $P2_1/c$, $C2/c$
直方	222	**P222**, $P222_1$, $P2_12_12$, $P2_12_12_1$, **C222**, $C222_1$, **I222**, $I2_12_12_1$, **F222**
	mm2	**Pmm2**, $Pmc2_1$, $Pcc2$, $Pma2$, $Pca2_1$, $Pnc2$, $Pmn2_1$, $Pba2$, $Pna2_1$, $Pnn2$, **Cmm2**, $Cmc2_1$, $Ccc2$, **Amm2**, $Aem2$, $Ama2$, $Aea2$, **Imm2**, $Iba2$, $Ima2$, **Fmm2**, $Fdd2$,
	mmm	**Pmmm**, $Pnnn$, $Pccm$, $Pban$, $Pmma$, $Pnna$, $Pmna$, $Pcca$, $Pbam$, $Pccn$, $Pbcm$, $Pnnm$, $Pmmn$, $Pbcn$, $Pbca$, $Pnma$, **Cmmm**, $Cmcm$, $Cmce$, $Ccсm$, $Cmme$, $Ccce$, **Immm**, $Ibam$, $Ibca$, $Imma$, **Fmmm**, $Fddd$
正方	4	**P4**, $(P4_1, P4_3)$, $P4_2$, **I4**, $I4_1$
	$\bar{4}$	**P$\bar{4}$**, **I$\bar{4}$**
	$4/m$	**P4/m**, $P4_2/m$, $P4/n$, $P4_2/n$, **I4/m**, $I4_1/a$
	422	**P422**, $P42_12$, $(P4_122, P4_322)$, $(P4_12_12, P4_32_12)$, $P4_222$, $P4_22_12$, **I422**, $I4_122$
	4mm	**P4mm**, $P4bm$, $P4_2cm$, $P4_2nm$, $P4cc$, $P4nc$, $P4_2mc$, $P4_2bc$, **I4mm**, $I4cm$, $I4_1md$, $I4_1cd$
	$\bar{4}2m$	**P$\bar{4}2m$**, $P\bar{4}2c$, $P\bar{4}2_1m$, $P\bar{4}2_1c$, **P$\bar{4}m2$**, $P\bar{4}c2$, $P\bar{4}b2$, $P\bar{4}n2$, **I$\bar{4}2m$**, $I\bar{4}m2$, $I\bar{4}c2$, $I\bar{4}2d$
	$4/mmm$	**P4/mmm**, $P4/mcc$, $P4/nbm$, $P4/nnc$, $P4/mbm$, $P4/mnc$, $P4/nmm$, $P4/ncc$, $P4_2/mmc$, $P4_2/mcm$, $P4_2/nbc$, $P4_2/nnm$, $P4_2/mbc$, $P4_2/mnm$, $P4_2/nmc$, $P4_2/ncm$, **I4/mmm**, $I4/mcm$, $I4_1/amd$, $I4_1/acd$
三方	3	**P3**, $(P3_1, P3_2)$, **R3**
	$\bar{3}$	**P$\bar{3}$**, **R$\bar{3}$**
	32	**P312**, $(P3_112, P3_212)$, **P321**, $(P3_121, P3_221)$, **R32**
	$3m$	**P3m1**, $P3c1$, **P31m**, $P31c$, **R3m**, $R3c$
	$\bar{3}m$	**P$\bar{3}$1m**, $P\bar{3}1c$, **P$\bar{3}m1$**, $P\bar{3}c1$, **R$\bar{3}m$**, $R\bar{3}c$
六方	6	**P6**, $(P6_1, P6_5)$, $(P6_2, P6_4)$, $P6_3$
	$\bar{6}$	**P$\bar{6}$**
	$6/m$	**P6/m**, $P6_3/m$
	622	**P622**, $(P6_122, P6_522)$, $(P6_222, P6_422)$, $P6_322$
	6mm	**P6mm**, $P6cc$, $P6_3cm$, $P6_3mc$
	$\bar{6}m2$	**P$\bar{6}m2$**, $P\bar{6}c2$, $P\bar{6}2m$, $P\bar{6}2c$
	$6/mmm$	**P6/mmm**, $P6/mcc$, $P6_3/mcm$, $P6_3/mmc$

表 2・6　230 種の空間群 (つづき)

晶系	点群	空間群
立方	23	$P23$, $P2_13$, $I23$, $I2_13$, $F23$
	$m\bar{3}$	$Pm\bar{3}$, $Pa\bar{3}$, $Pn\bar{3}$, $Im\bar{3}$, $Ia\bar{3}$, $Fm\bar{3}$, $Fd\bar{3}$
	432	$P432$, ($P4_132$, $P4_332$), $P4_232$, $I432$, $I4_132$, $F432$, $F4_132$
	$\bar{4}3m$	$P\bar{4}3m$, $P\bar{4}3n$, $I\bar{4}3m$, $I\bar{4}3d$, $F\bar{4}3m$, $F\bar{4}3c$
	$m\bar{3}m$	$Pm\bar{3}m$, $Pn\bar{3}n$, $Pm\bar{3}n$, $Pn\bar{3}m$, $Im\bar{3}m$, $Ia\bar{3}d$, $Fm\bar{3}m$, $Fm\bar{3}c$, $Fd\bar{3}m$, $Fd\bar{3}c$

2・11　空間群の表現とその実例 ── 空間群 $P2_1/c$ の例

　空間を埋める物体の対称性という点から考えると，数学的には 230 通りの空間群が存在するが，実際の有機結晶に表れる空間群は驚くほど少ない．解析された有機結晶の空間群を調べると，92.7 % の結晶が 18 種の空間群の中に含まれる．さらに調べると，$P\bar{1}$, $P2_1/c$, $C2/c$, $Pbca$, $P2_1$, $P2_12_12_1$ の 6 種の空間群に約 80 % も含まれる．このうち，$P\bar{1}$, $P2_1/c$, $C2/c$, $Pbca$ は対称心をもつ空間群であり，$P2_1$, $P2_12_12_1$ は対称心をもたない空間群である．対称心をもつ空間群では $P2_1/c$ が圧倒的に多く，対称心をもたない空間群では $P2_12_12_1$ が多いが，この理由はあまり明確ではない．この節では $P2_1/c$ の空間群について，「International Tables for Crystallography」Vol. A にどのように記載されているかを調べてみよう．

　図 2・21 に $P2_1/c$ の単位格子の対称要素の組合わせを示している．まず最上段の C_{2h}^5 はシェーンフリースの記号で，$2/m$ は第 4 章で述べるラウエ群を示している．次に，結晶の a, b, c 3 軸方向からの投影図を示している．まず左上の図は b 軸方向から見た対称要素の組合わせである．o に原点があり，縦方向が c 軸，横方向が a 軸を表している．a 軸，c 軸方向に 0, 1/2, 1 の座標位置の小さな丸は対称心を示している．a 軸方向に 0, 1/2, 1 の位置で，c 軸方向の 1/4 と 3/4 の位置に 2 回らせん軸があることを示している．また左上の 1/4 と書かれた折れた矢印は，b 軸方向の 1/4 と 3/4 の位置に c 映進面がある．

　右上の図は，対称要素の組合わせを a 軸方向から見た図で，b 軸方向の 1/4 と 3/4 の位置にある点線から，映進面がこの位置にあること，また c 軸方向の 1/4 と 3/4 の位置にらせん軸があることを示している．ここで，c_p と書かれた c 軸は c 軸を b 軸に垂直な面に投影した軸の意味で，長さは $c\sin\beta$ を表している．左下の図は c 軸方向から見た対称要素の組合わせを示していて，b 軸方向の 1/4 と 3/4 の位置に c 映進面があり，a 軸方向の 0 と 1/2 の位置にらせん軸があり，c 軸方向には

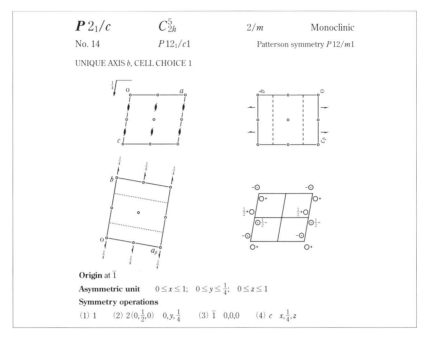

図 2・21 $P2_1/c$ の対称要素の組合わせと等価点の位置 (International Tables for Crystallography より)

1/4 と 3/4 の位置にあることを示している．a_p は $a\sin\beta$ を表している．なお，右上の図の c 映進面の点線と左下の図の c 映進面の点線は異なって描かれている．表 2・5 に示すように，いずれも映進面は紙面に垂直であるが，1/2 周期だけ移動する方向の違いを示していて，右上では点線に沿って移動し，左下では紙面に垂直に移動することを表している．

　右下の図は，この単位格子の中に物体（原子や分子）があるとき，その座標を示している．○が原子や分子で，左上の対称要素の組合わせの中での物体の位置関係を表している．これを**等価点**といい，その座標を**等価点座標**という．まず原点に近い○で，その横に＋と書かれたものは，紙面に垂直な b 軸方向の座標が $+y$ ということで，この位置の a 軸方向の座標が $+x$, c 軸方向の座標が $+z$ であるから，$(+x, +y, +z)$ の座標にある基準の物体であることを表している．その隣の○で，その横に－の物体は，原点に対して反転対称で移ったもので，$(-x, -y, -z)$ の座標を表している．横に 1/2＋ と書かれた○は 2 回らせん軸対称で移ったもので，

2・11 空間群の表現とその実例──空間群 $P2_1/c$ の例   45

$(-x, 1/2+y, 1/2-z)$ の座標を表している．横に 1/2− と書かれた ○ は基準の物体を $b=1/4$ にある c 映進面で映して，c 軸方向に 1/2 移動したもので，$(+x, 1/2-y, 1/2+z)$ の座標を表している．○の中のコンマは，この位置の物体は基準の物体を反転した構造であることを表している．すなわち，任意の座標 $(+x, +y, +z)$ に物体があれば，この空間群の対称要素の組合わせで，さらに三つの物体が存在することになり，その座標が示されている．

次の図 2・22 に，先に述べた四つの等価点座標が示されている．この単位胞の中に二つの物体しか存在しないときは，物体の重心は二つの対称心にある．この二つ

CONTINUED   No. 14 $P2_1/c$

Generators selected (1); $t(1,0,0)$; $t(0,1,0)$; $t(0,0,1)$; (2); (3)

Positions

Multiplicity,   Coordinates   Reflection conditions
Wyckoff letter,
Site symmetry   General:

4 e 1   (1) x,y,z (2) $\bar{x}, y+\frac{1}{2}, \bar{z}+\frac{1}{2}$ (3) $\bar{x}, \bar{y}, \bar{z}$ (4) $x, \bar{y}+\frac{1}{2}, z+\frac{1}{2}$
                                                            $h0l: l=2n$
                                                            $0k0: k=2n$
                                                            $00l: l=2n$

                                                            Special: as above, plus

2 d $\bar{1}$ $\frac{1}{2},0,\frac{1}{2}$ $\frac{1}{2},\frac{1}{2},0$ $hkl: k+l=2n$
2 c $\bar{1}$ $0,0,\frac{1}{2}$ $0,\frac{1}{2},0$ $hkl: k+l=2n$
2 b $\bar{1}$ $\frac{1}{2},0,0$ $\frac{1}{2},\frac{1}{2},\frac{1}{2}$ $hkl: k+l=2n$
2 a $\bar{1}$ $0,0,0$ $0,\frac{1}{2},\frac{1}{2}$ $hkl: k+l=2n$

Symmetry of special projections

Along [001] $p2gm$ Along [100] $p2gg$ Along [010] $p2$
a′ = a_p b′ = b   a′ = b   b′ = c_p a′ = $\frac{1}{2}$c   b′ = a
Origin at $0,0,z$ Origin at $x,0,0$ Origin at $0,y,0$

Maximal non-isomorphic subgroups
I   [2] $P1c1$ (Pc, 7)   1; 4
    [2] $P12_11$ ($P2_1$, 4) 1; 2
    [2] $P\bar{1}$ (2)   1; 3
IIa none
IIb none

Maximal isomorphic subgroups of lowest index
IIc [2] $P12_1/c1$ (a′ = 2a or a′ = 2a, c′ = 2a+c)($P2_1/c$, 14); [3] $P12_1/c1$ (b′ = 3b)($P2_1/c$, 14)

Minimal non-isomorphic supergroups
I   [2] $Pnna$ (52); [2] $Pmna$ (53); [2] $Pcca$ (54); [2] $Pbam$ (55); [2] $Pccn$ (56); [2] $Pbcm$ (57); [2] $Pnnm$ (58); [2] $Pbcn$ (60); [2] $Pbca$ (61); [2] $Pnma$ (62); [2] $Cmce$ (64)
II [2] $A12/m1$ ($C2/m$, 12); [2] $C12/c1$ ($C2/c$, 15); [2] $I12/c1$ ($C2/c$, 15); [2] $P12_1/m1$ (c′ = $\frac{1}{2}$c)($P2_1/m$, 11); [2] $P12/c1$ (b′ = $\frac{1}{2}$b)($P2/c$, 13)

図 2・22 $P2_1/c$ の等価点の座標と特殊位置（International Tables for Crystallography より）

の対称心の組合わせがその下の欄に書かれており，(d) は (1/2, 0, 1/2) と (1/2, 1/2, 0)，(c) は (0, 0, 1/2) と (0, 1/2, 0)，(b) は (1/2, 0, 0) と (1/2, 1/2, 1/2)，(a) は (0, 0, 0) と (0, 1/2, 1/2) の場合の 4 種類がある．この空間群は 2 回らせん軸と，c 映進面という並進操作を伴った対称要素を含むので，2 個の物体を含むことは最低の条件で，1 個しか含まないということはあり得ない．一方，4 の倍数の物体を含むことはまったく問題がない．結晶中の独立な分子数というのは等価点の数で割った分子数のことで，この空間群の場合は単位胞に存在する分子を 4 で割った分子数のことである．しかし 6 個含む場合には，4 個は一般的な座標に，2 個は二つ対称心の特殊位置に存在することになる．この空間群の対称の組合わせで一つの等価点の座標を決めれば四つの座標が自動的に得られるので，独立に決めるべき単位は単位胞の 1/4 である．この独立な単位を**非対称単位**（asymmetric unit）という．

空間群で間違いやすいのは，対称心をもたない空間群と不斉な空間群との違いである．回転軸あるいはらせん軸の組合わせのみでできた空間群の結晶に不斉な分子が含まれると，R 体あるいは S 体の一方の分子しか含まないので不斉な空間群といわれる．当然，対称心はもっていない．しかし，鏡面や映進面を含む空間群の場合には，たとえば空間群 Pm や Pc のように，対称心をもたなくても不斉な空間群ではない．鏡面対称があるので R 体の分子と S 体の分子を 1 対 1 で含む．したがって Pm や Pc は不斉な空間群ではない．

空間群の概念を利用することは複雑な結晶構造を解析するには必須の条件であり，1913 年にブラッグが NaCl の結晶構造の解析に成功するわずか 20 年程前の 1891 年に，フェドロフらによって空間群の理論が完成していたことは結晶学の発展には非常に幸運であった．しかし，この理論は当時の結晶学の研究者が知っていたわけではなく，最初に結晶構造解析に適用したのは当時東京大学物理学教室に在籍した**西川正治**で，彼は空間群理論を独力で理解して**スピネル結晶の構造解析**に成功したことから始まっている（1915 年）[1]．

■ **参考文献** ■

1) S. Nishikawa, *Proc. Tokyo Math-Phys. Soc. II*, **8**, 199 (1915).

X線の回折と電子密度

　X線はレントゲンによって発見されたが，結晶にX線を照射して回折斑点が観測されたことから波の性質を示す電磁波の一種であることがラウエによって初めて証明された．本章では，X線が結晶内の電子によってどのように散乱されるのか，散乱されたX線の干渉によってどのような回折線が現れるのか，その回折線の強度から結晶内の電子密度がどのように求められるか，について述べる．

3・1　電磁波の性質とその表現

　一般に波はその**振幅** E_0 と**振動数** ν と**波長** λ の三つの性質で表されるが，X線は電磁波であり，光の速度 c をもっているので，

$$\nu = c/\lambda \tag{3・1}$$

と表される．振幅 E_0 で振動数 ν のX線が進行して t 秒後の振幅 E は次式で表される．

$$E = E_0 \exp(2\pi i \nu t) = E_0 \{\cos(2\pi \nu t) + i \sin(2\pi \nu t)\} \tag{3・2}$$

図3・1にこの指数関数を，複素平面で半径 E_0 のベクトルを描き，ベクトルの位相角 α（実軸となす角度）が 0 から 2π まで 1 周したときの実数成分（cos項）と虚数成分（sin項，i は虚数単位）を，縦軸を振幅，横軸を時間で表している．実軸の成分が電磁波の振幅の時間変化を表しており，cos関数で表される．なお，**中性子**や**電子**も**量子**の一種として波の性質をもっているが，その速度 v は光速ではなく，中性子や電子を取出す実験条件で決められた中性子や電子の速度であり，（3・1）式で c の代わりに中性子や電子の速度 v で表される．

3・2　波の回折と干渉

　1・3節で示したように，波は回折現象を示して，進行方向に広がる性質がある．二つ以上の同じ波長（振動数）の波が接近して進行すると，互いに影響し合い，波の山と山の位置がそろっている（位相が一致した）場合は，振幅が2倍の波にな

り，山と谷の位置がそろった（位相が半周期 π ずれた）場合は，振幅が 0 となる．二つの波が**干渉**するからである．振幅が異なる波の場合にも，波長が一致していれば二つの波は干渉する．振幅が E_1 の波 1 と，振幅が E_2 で位相が α だけ進んだ波 2 が干渉すると，図 3・2 に示すように，二つの波は干渉して同じ t 秒後の振幅が E_1 と E_2 の和の E_3 の**合成波**が発生する．この合成波の位相は波をベクトルで表示して，二つのベクトルの合成したベクトルの位相から容易に求められる．このように回折と干渉の現象は波の性質を考えるときには非常に重要であり，三角関数で表すより，指数関数で表示する方が便利である．

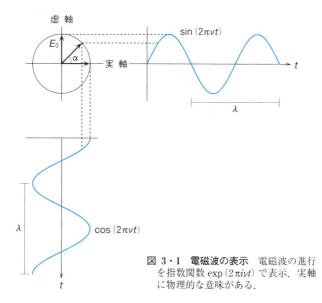

図 3・1 電磁波の表示 電磁波の進行を指数関数 $\exp(2\pi i\nu t)$ で表示．実軸に物理的な意味がある．

なお，波長あるいは振動数の異なる波は干渉現象を示さないので，全体にバックグランドが上昇するだけである．

3・3 1 個の電子による X 線の散乱

X 線管球などから発生してくる入射 X 線は**円偏光**（circular polarization）しているので，X 線の進行方向に垂直な面で切ると，面内のどの方向にも等しい振幅をもっている．X 線が電子によって散乱されると，偏光の成分が異なってくる．図 3・3 に示すように，電子は原点 O にあり，X 線は P–O 方向から電子に衝突して，O–Q 方向に散乱する場合を考えよう．円偏光している X 線を，POQ を含む平面

に平行な成分 $E_\parallel$（白抜きの波，紙面内）と，垂直な成分 $E_\perp$（青色の波，紙面に垂直）に分けて考えると，電子に衝突する前は，

$$E_\parallel = E_\perp = E_0 \exp(2\pi i\nu t) \tag{3・3}$$

であるが，衝突後は，

$$E_\parallel = -E_0(e^2/m_e c^2)(\cos 2\theta)(1/R)\exp(2\pi i\nu t) \tag{3・4}$$

$$E_\perp = -E_0(e^2/m_e c^2)(1/R)\exp(2\pi i\nu t) \tag{3・5}$$

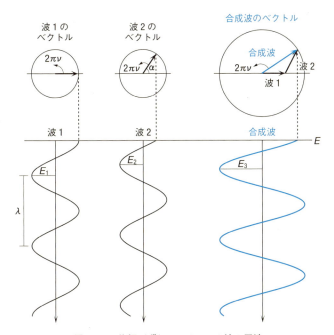

図 3・2 位相がずれている二つの波の干渉

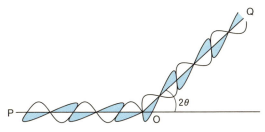

図 3・3 X線の散乱による偏光 電子による散乱の前後における，X線の進行方向 POQ に平行な偏光面と垂直な偏光面における偏光の違い．

となる．ここで，e, m_e, c は電子の電荷，質量，光速度であり，(e^2/m_ec^2) は電子との衝突によって生じる定数項である．なお，衝突によって位相が π だけずれるので，負号が生じる．R は O から観測点までの距離であり，振幅が $1/R$ で減衰することを示している．また 2θ は**散乱角**であり，散乱する方向によって X 線の偏光成分が異なり，$2\theta = 90°$ では $E_{//}$ は 0 になる．一方，$E_\perp$ は角度に依存しない．そのため，散乱 X 線は円偏光でなくなる．X 線の強度は振幅の二乗であるので，衝突前は，

$$I = |E|^2 = E \cdot E^* = E_0 \exp(2\pi i\nu t) \times E_0 \exp(-2\pi i\nu t) = E_0^2 \qquad (3 \cdot 6)$$

となる．E^* は E の**複素共役**で，虚数 i の入った項の符号を正負入れ替えたものであるから，入射 X 線の強度は振幅の二乗となる．一方，散乱 X 線は円偏光ではなくなるので，$E_{//}$ と $E_\perp$ をそれぞれ二乗して平均することになり，強度は，

$$I = (|E_{//}|^2 + |E_\perp|^2)/2 = E_0^2 (e^2/m_ec^2)^2 (1/R^2)(\cos^2 2\theta + 1)/2 \qquad (3 \cdot 7)$$

となる．この式から 2θ が $90°$ のときの強度は，$0°$ のときの半分になる．しかし 2θ が $180°$ ではもとに戻っている．散乱角度に依存する最後の項 $(1 + \cos^2 2\theta)/2$ を**偏光因子**（polarization factor）という．電子との衝突による定数項や観測点までの距離 R，偏光因子は実験条件で決まるので，散乱波の強度の実験値を問題にするときには常に考慮する必要があるが，今後の散乱の理論を説明するときは特に断らない限り省略している．

3・4 n 個の電子による散乱波の干渉

これまでは原点 O に電子があるときの X 線の散乱波とその強度を調べてきたが，原点から r_1 だけ離れた P 点に移したときにはどのように位相が変化するかを調べてみよう．図 3・4 に示すように，X 線は r_1 に比べるとはるかに遠方 A から発生していて，原点 O や P 点に平行に到達し，はるかに遠方の観測点 B まで平行に進行すると考えてよい．A から O への方向の単位ベクトルを s_0 とし，O から B への方向の単位ベクトルを s とする．原点 O から s_0 方向に下ろした垂線を O−M とし，s 方向に下ろした垂線を O−N とする．そうすると，P 点を通る X 線は原点 O を通る X 線に比べて，MP + PN だけ X 線の行路が長い．その分だけ位相が遅れることになる．

この**位相差**を求めてみよう．まず**行路差** MP は r_1 の s_0 方向の成分であり，これはベクトル r_1 とベクトル s_0 の内積をとればよい．PN も r_1 と s の内積をとればよ

いが，方向が逆になるので，負号を付けると，

$$MP = r_1 \cdot s_0 \qquad (3 \cdot 8)$$
$$PN = -r_1 \cdot s \qquad (3 \cdot 9)$$

である．ここから，

$$MP + PN = (r_1 \cdot s_0) - (r_1 \cdot s) = r_1 \cdot (s_0 - s) \qquad (3 \cdot 10)$$

となる．行路差が波長と同じになると，2π の位相差を生じるので，位相差は，

$$位相差 = (2\pi/\lambda)\{r_1 \cdot (s_0 - s)\} \qquad (3 \cdot 11)$$

となる．これだけ位相が遅れることを意味している．したがって，原点で仮想的に散乱された波は位相が π だけずれるので，その振幅 E を，

$$E = -E_0 \exp(2\pi i \nu t) \qquad (3 \cdot 12)$$

とすると，原点から r_1 にいる電子 1 で散乱した波の振幅 E_1 は次式で表される．

$$E_1 = -E_0 \exp[2\pi i \nu t - i(2\pi/\lambda)\{r_1 \cdot (s_0 - s)\}] \qquad (3 \cdot 13)$$
$$= -E_0 \exp[2\pi i \nu t + (2\pi i)\{r_1 \cdot (s - s_0)/\lambda\}] \qquad (3 \cdot 14)$$

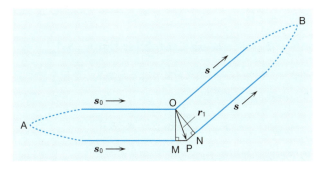

図 3・4　電子の位置の違いによる散乱 X 線の位相のずれ

3・2 節で示したように，n 個の波長の同じ波が存在して互いに干渉する場合の振幅 E_{sum} は，それぞれの波の位相差を考慮して足し合わせればよいから，n 個の電子からの散乱波について，その位相差を考慮して足し合わせると，

$$E_{sum} = E_1 + E_2 + \cdots + E_n$$
$$= -E_0 \exp(2\pi i \nu t) \sum_{j=1}^{n} \exp(2\pi i)\{r_j \cdot (s - s_0)/\lambda\} \qquad (3 \cdot 15)$$

となる．ここで，$\sum$ は電子 j を 1 から n まで足し合わせることを意味している．

次に**散乱ベクトル K** を定義しよう．

$$K = (s - s_0)/\lambda \qquad (3\cdot16)$$

K ベクトルは図 $3\cdot5$ に示すように，X 線の入射方向の逆ベクトルと散乱方向のベクトルの和の方向を表しており，$|s_0| = |s| = 1$ であるから，その大きさは，

$$|K| = 2(\sin\theta)/\lambda \qquad (3\cdot17)$$

である．

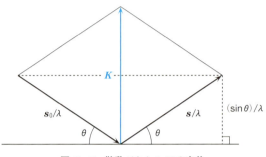

図 $3\cdot5$　散乱ベクトル K の定義

この散乱ベクトルを使うと，

$$E_{\text{sum}} = -E_0 \exp(2\pi i\nu t) \sum_{j=1}^{n} \exp\{2\pi i(r_j \cdot K)\} \qquad (3\cdot18)$$

となる．この式で，最初の exp 項は散乱された電磁波の進行を表す項で常に同じであり，残りの項を F_{ele} と表すと，

$$F_{\text{ele}} = \sum_{j=1}^{n} \exp\{2\pi i(r_j \cdot K)\} \qquad (3\cdot19)$$

となる．この F_{ele} が n 個の電子について位相差を考慮して足し合わせた散乱波の総和のうち，散乱された電磁波の進行部分を除いた主要部分である．F_{ele} は n 個の電子の相対的な位置関係（構造）を表しているので，**n 個の電子による散乱因子**（scattering factor）という．

n 個の電子からの散乱強度 I_{sum} は，

$$\begin{aligned}
I_{\text{sum}} &= |E_{\text{sum}}|^2 \\
&= E_0^2 \{\exp(2\pi i\nu t)\exp(-2\pi i\nu t)\} \times [\sum_{j=1}^{n}\exp\{2\pi i(r_j \cdot K)\}]^2 \\
&= E_0^2 |F_{\text{ele}}|^2 \qquad (3\cdot20)
\end{aligned}$$

となる．

3・5 原子による X 線の散乱

　原子のまわりは孤立した電子が n 個存在するのではなく，**電子雲**で覆われているのが実際の構造である．したがって，n 個の点電荷からの散乱ではなく，原子核のまわりに雲状に広がる n 個分の電子からの散乱を考慮する必要がある．原子核から r の位置の電子密度を $\rho(r)$ とすると，微小部分 $\mathrm{d}v_r$ にある電子雲 $\rho(r)\mathrm{d}v_r$ から位相を考慮した散乱の構造因子の成分は，

$$\{\rho(\boldsymbol{r})\mathrm{d}v_r\}\exp\{2\pi i(\boldsymbol{r}\cdot\boldsymbol{K})\} \tag{3・21}$$

となる．これらの散乱を原子全体にわたる空間 V で積分すれば，次のような 1 個の原子全体から位相を考慮した散乱の構造因子が求められる．

$$f(\boldsymbol{K})=\int_V \rho(\boldsymbol{r})\exp\{2\pi i(\boldsymbol{r}\cdot\boldsymbol{K})\}\mathrm{d}v_r \tag{3・22}$$

この $f(\boldsymbol{K})$ を**原子散乱因子**（atomic scattering factor）という．

　各原子の結合に関与する外殻電子は球対称ではなく，方向性をもっているが，大部分の内殻電子は球対称であるので，原子全体の電子雲も球対称と仮定してもそれほど大きく異ならない．さらに原子は熱運動しているので，いっそう球対称に近い．そこで原子のまわりの電子密度 $\rho(\boldsymbol{r})$ は原子核の位置からの距離を $r=|\boldsymbol{r}|$ として，

$$\rho(\boldsymbol{r})=\rho(r) \tag{3・23}$$

と近似できる．微小部分 $\mathrm{d}v_r$ を図 3・6 のように円環状にとり，その円環は $\boldsymbol{K}$ ベクトルに垂直にとると，円の半径は $r\sin\alpha$ だから円周は $2\pi r\sin\alpha$ となり，r の球面で $\mathrm{d}\alpha$ 部分の円環の幅は $r\mathrm{d}\alpha$ となる．$\mathrm{d}v_r$ はこの円環部分の体積 $(2\pi r\sin\alpha)(r\mathrm{d}\alpha)$ を α で積分して，さらに半径 r 全体で積分すればよいから，

$$\mathrm{d}v_r=(2\pi r\sin\alpha)(r\mathrm{d}\alpha)\mathrm{d}r=2\pi r^2\sin\alpha\,\mathrm{d}\alpha\,\mathrm{d}r \tag{3・24}$$

となる．$K=|\boldsymbol{K}|$ とすると，$(\boldsymbol{r}\cdot\boldsymbol{K})$ は $rK\cos\alpha$ であるから，

$$\begin{aligned}f(\boldsymbol{K})=f(K)&=2\pi\int_{\alpha=0}^{2\pi}\int_{r=0}^{\infty}\rho(r)\exp(2\pi irK\cos\alpha)r^2\sin\alpha\,\mathrm{d}\alpha\,\mathrm{d}r\\&=2\pi\int_{r=0}^{\infty}\rho(r)r^2\left[\frac{-\exp(2\pi irK\cos\alpha)}{2\pi irK}\right]_{\alpha=0}^{2\pi}\mathrm{d}r\\&=4\pi\int_{r=0}^{\infty}\rho(r)r^2\{\sin(2\pi rK)\}/2\pi rK\,\mathrm{d}r\end{aligned} \tag{3・25}$$

となる．$\rho(r)$ の関数形が決まらないと，これ以上は計算できないが，各原子につ

いて $\rho(r)$ を決めて，$K/2 = (\sin\theta)/\lambda$ の関数として数値計算した値が求められている．「International Tables for Crystallography」Vol. C に掲載されていて，各原子について $(\sin\theta)/\lambda$ を 0.05 刻みで数値計算されている．しかし膨大な表になるので，次のような近似式も使われている．

$$f\left(\frac{\sin\theta}{\lambda}\right) = \sum_{j=1}^{4} a_j \exp\{-b_j(\sin^2\theta)/\lambda^2\} + c \qquad (3\cdot26)$$

この式では，各原子について a_j ($j=1{\sim}4$)，b_j ($j=1{\sim}4$)，c の 9 個の値で表すことができる．これらの数値も「International Tables for Crystallography」Vol. C に掲載されている．

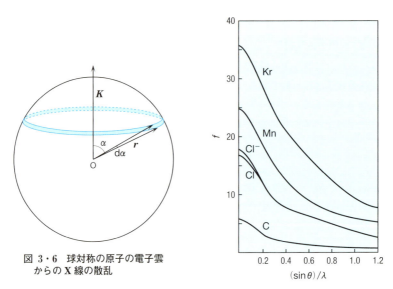

図 3・6 球対称の原子の電子雲からの X 線の散乱

図 3・7 原子散乱因子の散乱角による変化

$K = 0$ すなわち散乱角が 0 で，前方散乱の場合は $(3\cdot25)$ 式の $\{\sin(2\pi rK)\}/2\pi rK$ 内は 1 となるので，

$$f(0) = 4\pi \int_{r=0}^{\infty} \rho(r) r^2 \, dr = Z \qquad (3\cdot27)$$

半径 r の球の表面積は $4\pi r^2$ だから，Z はこの原子の全電子数（原子番号）となる．代表的な原子の原子散乱因子を図 3・7 に示すが，散乱角 $(\sin\theta)/\lambda$ が大きくなる

3・6 分子による X 線の散乱

1 個の分子による X 線の**分子散乱因子** (molecular scattering factor) $F_{\mathrm{mol}}(\boldsymbol{K})$ は，各原子からの散乱された X 線をその位相差を考慮して足し合わせてやればよい．n 個の原子からなる分子の電子密度を $\rho(\boldsymbol{r})$ とすると，$\boldsymbol{K}$ 方向への散乱 $F_{\mathrm{mol}}(\boldsymbol{K})$ は次の式で与えられる．

$$F_{\mathrm{mol}}(\boldsymbol{K}) = \int_V \rho(\boldsymbol{r}) \exp\{2\pi i(\boldsymbol{r} \cdot \boldsymbol{K})\} \, \mathrm{d}v_r \qquad (3 \cdot 28)$$

分子の電子密度 $\rho(\boldsymbol{r})$ は，図 3・8 で示すように，各原子で共有される部分が無視できる程度に少なくて孤立していると仮定すると，分子の電子密度は各原子の電子密度の和として表される．

$$\rho(\boldsymbol{r}) = \sum_{j=1}^{n} \rho(\boldsymbol{r}_j') \qquad (3 \cdot 29)$$

ここで，$\sum$ は原子 j を 1 から n まで足し合わせ，$\boldsymbol{r}_j'$ は j 番目の原子の有意な電子密度が存在する領域を表している．

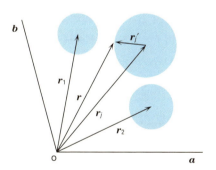

図 3・8 孤立した原子からなる分子や単位胞の電子
個々の原子の電子雲の和で表される．

有意な電子密度の存在する領域の座標 $\boldsymbol{r}$ は，

$$\boldsymbol{r} = \boldsymbol{r}_j + \boldsymbol{r}_j' \qquad (3 \cdot 30)$$

と表されるので，(3・28)式は，

$$F_{\mathrm{mol}}(\boldsymbol{K}) = \int_V \sum_{j=1}^{n} \rho(\boldsymbol{r}_j') \exp[2\pi i\{(\boldsymbol{r}_j + \boldsymbol{r}_j') \cdot \boldsymbol{K}\}] \, \mathrm{d}v_r \qquad (3 \cdot 31)$$

となる．この式で積分はそれぞれの原子のまわりで行えばよいから，

$$F_{\mathrm{mol}}(\boldsymbol{K}) = \sum_{j=1}^{n}\left[\int_V \rho(\boldsymbol{r}_j')\exp\{2\pi i(\boldsymbol{r}_j'\cdot\boldsymbol{K})\}\mathrm{d}v_{r'}\right]\exp\{2\pi i(\boldsymbol{r}_j\cdot\boldsymbol{K})\} \quad (3\cdot 32)$$

となる．この式で [ ] 内の式は 3・5 節の (3・22) 式と同じであるから，

$$F_{\mathrm{mol}}(\boldsymbol{K}) = \sum_{j=1}^{n} f_j(\boldsymbol{K})\exp\{2\pi i(\boldsymbol{r}_j\cdot\boldsymbol{K})\} \quad (3\cdot 33)$$

と表せる．分子散乱因子 $F_{\mathrm{mol}}(\boldsymbol{K})$ は，各原子の散乱因子をその原子の位相を考慮して足し合わせたものである．気体や液体に X 線を照射して散乱強度 $I_{\mathrm{mol}}(\boldsymbol{K})$ を測定すると，

$$I_{\mathrm{mol}}(\boldsymbol{K}) = |F_{\mathrm{mol}}(\boldsymbol{K})|^2 = F_{\mathrm{mol}}(\boldsymbol{K})\cdot F_{\mathrm{mol}}(\boldsymbol{K})^* \quad (3\cdot 34)$$

となるが，分子の向きは気体や液体中ではランダムであるので，$I_{\mathrm{mol}}(\boldsymbol{K})$ を $|\boldsymbol{K}|$ が同じ値 K で平均した一次元の関数 $I_{\mathrm{mol}}(K)$ と表される．特徴的な形をした分子で比較的簡単な分子の場合には $I_{\mathrm{mol}}(K)$ からその構造が求められる．

3・7 単位胞からの散乱

結晶の周期単位となっている単位胞からの散乱も前節と同様に扱える．各原子の電子雲の重なりは図 3・8 に示すように，無視できる程度だと仮定する．各単位胞からの散乱は単位胞の散乱因子であるが，結晶構造に直結しているので**構造因子**（structure factor）$F(\boldsymbol{K})$ といい，次式で与えられる．

$$F(\boldsymbol{K}) = \sum_{j=1}^{n} f_j(\boldsymbol{K})\exp\{2\pi i(\boldsymbol{r}_j\cdot\boldsymbol{K})\} \quad (3\cdot 35)$$

ここで，単位胞内のすべての原子について和をとる．結晶が対称性をもつときは，式を変形して単位胞内の独立な原子のみの和を計算すればよいが，詳細は次章で述べる．

3・8 結晶からの散乱

結晶からの散乱もこれまでと同様に，各単位胞からの散乱をその位相差を考慮して足し合わせればよい．**結晶の構造因子**（structure factor of crystal）を $F_{\mathrm{cryst}}(\boldsymbol{K})$ とすると，

$$F_{\mathrm{cryst}}(\boldsymbol{K}) = \sum_{j=1}^{n} F_j(\boldsymbol{K})\exp\{2\pi i(\boldsymbol{R}_j\cdot\boldsymbol{K})\} \quad (3\cdot 36)$$

3・8 結晶からの散乱

ここで結晶は図 3・9 のように単位胞が周期的に並んでいて，その周期単位を $\boldsymbol{a}$, $\boldsymbol{b}$, $\boldsymbol{c}$，結晶の原点を o とする．j 番目の単位胞の原点の位置 $\boldsymbol{R}_j$ は a 軸方向に n_1 番目，b 軸方向に n_2 番目，$\boldsymbol{c}$ 軸方向に n_3 番目とすると，

$$\boldsymbol{R}_j = n_1\boldsymbol{a} + n_2\boldsymbol{b} + n_3\boldsymbol{c} \tag{3・37}$$

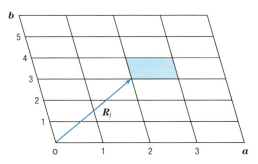

図 3・9 $\boldsymbol{R}_j$ の位置にある単位胞（青色部分）

と表せる．また各単位胞の $F_j(\boldsymbol{K})$ は結晶の周期性から，すべて等しく $F(\boldsymbol{K})$ であるので，(3・36)式は次のように表せる．

$$\begin{aligned}F_{\text{cryst}}(\boldsymbol{K}) &= F(\boldsymbol{K}) \sum_{n_1=1}^{N_1} \sum_{n_2=1}^{N_2} \sum_{n_3=1}^{N_3} \exp\{2\pi i(n_1\boldsymbol{a} + n_2\boldsymbol{b} + n_3\boldsymbol{c}) \cdot \boldsymbol{K}\} \\ &= F(\boldsymbol{K}) \left[\sum_{n_1=1}^{N_1} \exp\{2\pi i n_1(\boldsymbol{a} \cdot \boldsymbol{K})\}\right] \left[\sum_{n_2=1}^{N_2} \exp\{2\pi i n_2(\boldsymbol{b} \cdot \boldsymbol{K})\}\right] \left[\sum_{n_2=1}^{N_2} \exp\{2\pi i n_3(\boldsymbol{c} \cdot \boldsymbol{K})\}\right] \end{aligned} \tag{3・38}$$

この式で，$[\sum \exp\{2\pi i n_1(\boldsymbol{a} \cdot \boldsymbol{K})\}]$ や $[\sum \exp\{2\pi i n_2(\boldsymbol{b} \cdot \boldsymbol{K})\}]$ や $[\sum \exp\{2\pi i n_3(\boldsymbol{c} \cdot \boldsymbol{K})\}]$ を**ラウエ関数**（Laue function）という．$(\boldsymbol{a} \cdot \boldsymbol{K})$ や $(\boldsymbol{b} \cdot \boldsymbol{K})$ や $(\boldsymbol{c} \cdot \boldsymbol{K})$ が整数のときは exp の { } 内は $2\pi i$ の整数倍となり，exp 関数は 1 となるので，その和をとると，$\boldsymbol{a}, \boldsymbol{b}, \boldsymbol{c}$ 方向の単位胞の数は N_1, N_2, N_3 なので，

$$F_{\text{cryst}}(\boldsymbol{K}) = F(\boldsymbol{K}) \times N_1 N_2 N_3 \tag{3・39}$$

となる．たとえば結晶の一辺が 1 mm の大きさで，単位胞の一辺が 1 nm とすると，N_1, N_2, N_3 はそれぞれ 10^6 となるから，$N_1 N_2 N_3 = 10^{18}$ という大きな倍率になる．このため $F_{\text{cryst}}(\boldsymbol{K})$ は実験で測定できるのである．つまり周期的に並んだ結晶格子は，われわれが普段見ている 6×10^{23} 個のモル単位の世界と原子・分子の世界を見る倍率の役割を果たしているのである．

もう一つ重要な点は，単位胞の構造因子では散乱ベクトル K は連続関数であらゆる方向をもっていたが，結晶の構造因子では K は $(a \cdot K)$ や $(b \cdot K)$ や $(c \cdot K)$ が整数という**ラウエの条件**（Laue condition）を満足する飛び飛びの不連続関数となっていることである．しかし，それなら散乱の原因となった電子あるいは原子の位置を決めるのに不利になるのではないかと思われるが，ちょうど写真を撮影するときにレンズの前に多数の穴の空いた黒紙で覆っても，適当な数の穴があり，それらの穴を通る光の量が充分あれば風景が変わるわけではないことと同様に，充分な回折線の位置とその強度を測定できれば結晶構造を解析するには困らない．

このような周期構造をもつ結晶にX線を照射すると，X線の波の性質によって回折と干渉を起こし，回折されたX線が飛び飛びの方向に散乱される．ラウエは，このラウエの条件を理論的に説明して，X線の波動性と結晶の周期性を同時に証明したのである．

結晶の構造因子として，本来は $F_{\mathrm{cryst}}(K)$ を使うべきであるが，これは単位胞の構造因子 $F(K)$ の整数倍であり，結晶の大きさに依存する量であるので，通常は $F(K)$ と区別せずに使っている．しかし $F_{\mathrm{cryst}}(K)$ の代わりに $F(K)$ を使う場合には，$F(K)$ の K ベクトルは連続ではなく，ラウエの条件を満足する不連続な方向であることに注意しなければならない．

3・9　ブラッグの結晶面からの反射[†]の考え方

第2章で説明したように，結晶は三次元の周期構造をもち，そのため結晶内には図3・10で示すように，ミラー指数で表される無数の平行な結晶面が存在することをブラッグは推定していた．そして，ラウエの実験によって得られた飛び飛びの回折斑点はこれらの結晶面から**反射**されたものだと直感した．

なぜ結晶面から反射されるかについては次のように説明した．それぞれの結晶面は結晶内では等間隔で無数に並んでいる．そのうちの一つの結晶面のミラー指数を (hkl)，面間距離を d_{hkl} として，簡単のために平行に並んだ2枚の結晶面のみ図3・11に示す．X線は左方から面と θ の角度で入射すると，鏡面のように，右方に同じ θ の角度で反射される．平行に並んだ次の面にも同様に θ の角度で入射して，θ の角度で反射されるであろう．そうすると，二つの面から反射されたX線には $2d_{hkl}\sin\theta$ だけ行路差があるので，この行路差が波長の整数倍であるときには二つ

[†] 本節ではブラッグに従って「反射」という用語を使うが，「回折線」のことである．

の面からの反射 X 線は足し合わされて強くなり，整数倍でないときは打ち消し合うことになる．結晶面は無数に並んでいるから，

$$2d_{hkl} \sin \theta = n\lambda \tag{3・40}$$

が満足されるときにのみ強い回折線が表れる．

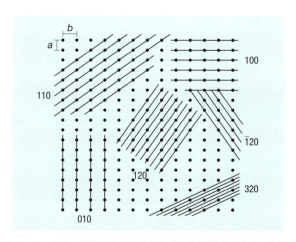

図 3・10 ミラー指数で表されるさまざまな結晶面　紙面に垂直な結晶面しか描かれていないが，紙面に傾いた結晶面もある．

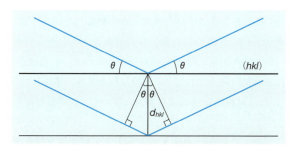

図 3・11　2 枚の結晶面からの X 線の散乱の行路差

　結晶の外形に表れる結晶面は (hkl) の値が 1～4 程度の比較的小さいものが多く，当時の X 線の強度から考えても，(hkl) の値が小さい結晶面からの反射が多いので，結晶面からの X 線の反射というブラッグの説明は直感的に多くの人に理解された．しかも実際に NaCl などのハロゲン化アルカリの結晶から回折された回折線に指数

をつけることに成功して，(3・40)式から格子定数やX線の波長を求めることができたことで，画期的な概念として理解された．そのため現在でも物理学の教科書には**ブラッグの式**として登場する．しかし，NaClのような単純な結晶構造は別にして，単位胞内に多数の原子を含む一般の結晶構造，特に有機結晶やタンパク質結晶に適用しても格子定数が決まるだけで，単位胞内の分子構造は求められない．また，電子によるX線の回折現象という基本からみれば，結晶面 (hkl) からの反射という概念は誤解を招く恐れがある．そこで本書ではブラッグの実験を説明する項目以外では，反射という用語は使わずに，**回折線**あるいは**回折斑点**に統一している．

3・10 ラウエ法とブラッグ法

第1章ではラウエの実験とブラッグ父子の実験で用いられたX線について同じように説明してきたが，実は本質的に異なる要因を含んでいる．1・6節で説明したように，X線には，陰極から飛び出した熱電子が高電圧で加速されて陽極板に衝突したときに，電子のもっていたエネルギーの一部がX線となった連続X線と，陽極の金属板に特有の特性X線の2種がある．ラウエは静止した結晶に連続X線を照射して回折線を測定している．結晶内に無数に存在する結晶面はそれぞれ面間距離 d をもっているが，そのうちで (3・40) 式の回折条件を満足した波長のX線による回折線が測定される．ラウエらは硫酸銅・五水和物結晶の他に，結晶の対称が立方晶系に属すると知られていた**閃亜鉛鉱（ZnS）結晶**の回折写真も撮影していた．図3・12(a)は立方晶系の結晶の軸方向から撮影した回折写真であり，図3・12(b)は体対角軸方向から得られた回折写真である．立方晶系の軸方向には4回軸対称があり，体対角軸方向には3回軸対称があるので，回折斑点も図3・12(a)では90°ごとに対称的に並んでいて，4回軸対称があり，体対角軸方向の図3・12(b)では120°ごとに対称的に回折斑点が並んでいて，3回軸の対称が明確に見られている．

このように，静止した結晶に連続X線を照射して回折線を測定する方法を**ラウエ法**（Laue method）という．この方法は一度に多数の回折線を測定できるので，長時間測定を必要としないが，X線の強度がどの波長でも一定でないことと，実験に使える強度の波長はそれほど広範囲ではないので定量的な測定にはあまり使われなかった．しかし，1・7節で説明された放射光X線が使われるようになって，この方法は見直されている．

一方，ブラッグ父子は，単結晶をある軸のまわりで回転させて回折角を変化させ

ている.その結果,一定の波長をもつ特性X線で(3・40)式を満足する角度 θ のところで,回折が起こる.入射X線中の非常に強い特性X線で,回折線を測定していることになる.このように特定の波長をもつ特性X線で各結晶面からの回折線を測定する方法を**ブラッグ法**(Bragg method)という.この方法は各結晶面からの回折線の方位と強度を正確に求められるが,回折条件を満足するように結晶の方位を回折線ごとに変える必要があるので,各結晶面からの回折斑点を測定できるように,測定装置の工夫が必要であり,測定時間も必然的に長くなる.しかし構造が複雑になると,単結晶を使ったブラッグ法が不可欠の手段となった.

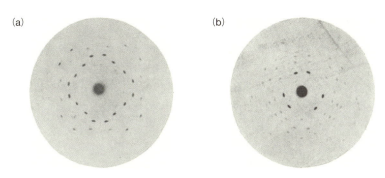

図 3・12 閃亜鉛鉱(ZnS)結晶の回折写真 (a) 4 回軸方向, (b) 3 回軸方向 [W. Friedrich ほか, *Sitzungsberichte der Kgl. Bayer. Akad. der Wiss.*, 302 (1912)].

3・11 逆格子の考え方

ラウエの条件で飛び飛びの回折斑点が観測され,ブラッグの式を使ってその回折角度から格子定数とX線の波長が求められることは明らかになったが,結晶構造解析には単位胞内の原子の座標と実測できる回折線の方向とその強度を直接結びつける理論が不可欠となってきた.この問題に真正面から取組んで,ラウエの条件やブラッグの結晶面からの反射を統一的に含んだ理論を**エワルド**が提案した(1913年).現在も使われている回折理論であるが,「**逆格子**」という概念が基礎になっている.この概念が理解されにくい理由は,結晶内の原子配列というのは現実の空間(**実空間**)に存在する事象であるが,回折現象は仮想的な**逆空間**で生じている事象である(もちろん現実の空間で生じている事象であるが)と仮定すると,回折現象を非常に簡単に説明できることにある.つまり,各回折線が周期構造や結晶面と容易に関連づけられ,回折線の指数付けが容易になる.この仮想的な逆空間における

回折線の構造因子 $F(\boldsymbol{K})$ から実空間での原子配列と関係づける,という2段階の説明をするところに混乱が生じやすいのである.しかし三次元の結晶面を考えるうえでは,逆空間の概念で理解することが必須である.本節ではまず逆空間を構成する逆格子とは何かを説明する.

実空間の三次元の格子は単位格子のベクトル $\boldsymbol{a}, \boldsymbol{b}, \boldsymbol{c}$ で表される.これに対して,逆空間の三次元の単位逆格子のベクトル $\boldsymbol{a}^*, \boldsymbol{b}^*, \boldsymbol{c}^*$ を次のように定義する.

$$(\boldsymbol{a} \cdot \boldsymbol{a}^*) = 1, \quad (\boldsymbol{a} \cdot \boldsymbol{b}^*) = 0, \quad (\boldsymbol{a} \cdot \boldsymbol{c}^*) = 0 \quad (3 \cdot 41)$$
$$(\boldsymbol{b} \cdot \boldsymbol{a}^*) = 0, \quad (\boldsymbol{b} \cdot \boldsymbol{b}^*) = 1, \quad (\boldsymbol{b} \cdot \boldsymbol{c}^*) = 0 \quad (3 \cdot 42)$$
$$(\boldsymbol{c} \cdot \boldsymbol{a}^*) = 0, \quad (\boldsymbol{c} \cdot \boldsymbol{b}^*) = 0, \quad (\boldsymbol{c} \cdot \boldsymbol{c}^*) = 1 \quad (3 \cdot 43)$$

この式の意味は,$\boldsymbol{a}^*$ は b 軸と c 軸に垂直であるが,$\boldsymbol{a}$ とは「逆数」の関係にあり,内積をとると1になるということである.$\boldsymbol{b}^*$ や $\boldsymbol{c}^*$ も同様である.図 3・13 に二次元の場合の $\boldsymbol{a}^*, \boldsymbol{b}^*$ を示している.この図は簡単のため c 軸が a 軸や b 軸に直交している場合であるが,直交していない場合には少し複雑であるが基本的には同じである.

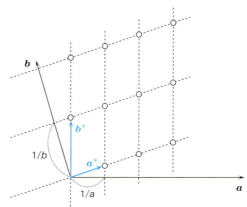

図 3・13 実格子 $\boldsymbol{a}, \boldsymbol{b}$ と逆格子 $\boldsymbol{a}^*, \boldsymbol{b}^*$

少し面倒ではあるが,数学的には (3・41)〜(3・43)式から $\boldsymbol{a}^*, \boldsymbol{b}^*, \boldsymbol{c}^*$ は厳密に解くことができて,次のように表せる.

$$\boldsymbol{a}^* = (\boldsymbol{b} \times \boldsymbol{c})/V \quad (3 \cdot 44)$$
$$\boldsymbol{b}^* = (\boldsymbol{c} \times \boldsymbol{a})/V \quad (3 \cdot 45)$$
$$\boldsymbol{c}^* = (\boldsymbol{a} \times \boldsymbol{b})/V \quad (3 \cdot 46)$$

ここで，$(b \times c)$ や $(c \times a)$ や $(a \times b)$ は二つの**ベクトルの外積**を表している．外積とは，二つのベクトルでつくられる平行四辺形の面に垂直なベクトルであり，その大きさは二つのベクトルがつくる平行四辺形の面積に等しい．V は単位胞の体積であり，式で表すと，

$$V = a \cdot (b \times c) = b \cdot (c \times a) = c \cdot (a \times b) \tag{3・47}$$

となる．この式が理解しにくい場合は，たとえば a^* の式の両辺を a と内積をとると理解しやすい．

$$a \cdot a^* = a \cdot (b \times c)/V = V/V = 1 \tag{3・48}$$

となり，(3・41)式の定義と一致する．

逆格子を導入すると，散乱ベクトル K は三つの整数 h, k, l を使って次のように簡単に表せる．

$$K = ha^* + kb^* + lc^* \tag{3・49}$$

つまり，K ベクトルは原点から逆格子の a^* 軸方向に h 番目，b^* 軸方向に k 番目，c^* 軸方向に l 番目にある格子点までのベクトルを表している．

当然であるが，この K ベクトルのa軸方向の成分は，

$$(K \cdot a) = h(a^* \cdot a) + k(b^* \cdot a) + l(c^* \cdot a) = h \tag{3・50}$$

となる．(3・41)式を使うと，第1項，第2項，第3項はそれぞれ1, 0, 0 となるからである．同様に，K ベクトルのb軸，c軸方向の成分もまとめると，

$$(K \cdot b) = k \tag{3・51}$$

$$(K \cdot c) = l \tag{3・52}$$

となる．K ベクトルのa, b, c 3軸への成分が簡単に表される．

3・12 逆格子と実格子の関係

(3・49)式で表される K ベクトルがミラー指数 (hkl) の結晶面とどのような関係にあるか検討してみよう．(hkl) のミラー指数をもつ結晶面の原点に最も近い平面は前章でも説明したが，図3・14 に示すように，a 軸と a/h で，b 軸と b/k で，c 軸と c/l で交わる．O からこの平面に下ろした垂線を OD とする．OD, AB, BC 方向のベクトルを，それぞれ $\overrightarrow{OD}, \overrightarrow{AB}, \overrightarrow{BC}$ とすると，

$$\overrightarrow{OD} \perp \overrightarrow{AB} \tag{3・53}$$

$$\overrightarrow{OD} \perp \overrightarrow{BC} \tag{3・54}$$

$$\overrightarrow{OD} \mathbin{/\mkern-5mu/} (\overrightarrow{AB} \times \overrightarrow{BC}) \tag{3・55}$$

ここで、
$$\vec{AB} = \vec{OB} - \vec{OA} = \bm{b}/k - \bm{a}/h \tag{3・56}$$
$$\vec{BC} = \vec{OC} - \vec{OB} = \bm{c}/l - \bm{b}/k \tag{3・57}$$
であるから,
$$\vec{AB} \times \vec{BC} = (\bm{b}/k - \bm{a}/h) \times (\bm{c}/l - \bm{b}/k) \tag{3・58}$$
$$= (\bm{b} \times \bm{c})/kl - (\bm{a} \times \bm{c})/hl - (\bm{b} \times \bm{b})/k^2 + (\bm{a} \times \bm{b})/hk \tag{3・59}$$
となる. (3・59)式の第3項は0であり, それ以外は (3・44)〜(3・46)式を使うと,
$$(V/kl)\bm{a}^* + (V/hl)\bm{b}^* + (V/hk)\bm{c}^* = (V/hkl)(h\bm{a}^* + k\bm{b}^* + l\bm{c}^*) \tag{3・60}$$
である. したがって (3・55)式は,
$$\vec{OD} \; /\!/ \; (V/hkl)\bm{K} \tag{3・61}$$
となり, $\vec{OD}$ は散乱ベクトル $\bm{K}$ と同じ方向である. さらに, $\vec{OD}$ の絶対値 (長さ) $|\vec{OD}|$ は, $\vec{OA}$ の $\bm{K}$ 方向の成分であるから,
$$|\vec{OD}| = (\bm{a}/h) \cdot (\bm{K}/|\bm{K}|) \tag{3・62}$$
と表される. したがって,
$$|\vec{OD}| = (\bm{a}/h) \cdot (h\bm{a}^* + k\bm{b}^* + l\bm{c}^*)/|\bm{K}| = (\bm{a} \cdot \bm{a}^*)/|\bm{K}| = 1/|\bm{K}| \tag{3・63}$$
となる. $|\vec{OD}|$ はミラー指数 (hkl) の結晶面の面間距離 d_{hkl} であるから, 散乱ベクトル $\bm{K}$ はミラー指数 (hkl) の平面に垂直であり, その大きさは,
$$|\bm{K}| = 1/d_{hkl} \tag{3・64}$$
である.

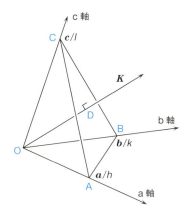

図 3・14 原点に最も近い結晶面 (hkl) は a 軸と $\bm{a}/h$, b 軸と $\bm{b}/k$, c 軸と $\bm{c}/l$ で交わり, 原点 O からその面に垂線は D 点で交わる.

3・13 ブラッグの条件

前節で求められた (3・64)式をもう少し詳しく検討してみよう.

$$d_{hkl} = 1/|\boldsymbol{K}| \tag{3・65}$$

である. 3・4節で,

$$|\boldsymbol{K}| = |\boldsymbol{s} - \boldsymbol{s}_0|/\lambda \tag{3・66}$$

と定義したので,

$$d_{hkl} = \lambda/|\boldsymbol{s} - \boldsymbol{s}_0| = \lambda/(2\sin\theta) \tag{3・67}$$

となり,ブラッグの条件

$$2\,d_{hkl}\sin\theta = \lambda \tag{3・68}$$

と同等の式が求められる.逆格子では原点から hkl の点の方向の先に,$2h, 2k, 2l$ や $3h, 3k, 3l$ や nh, nk, nl の点が存在するが,これらは (hkl) 面からの二次,三次,n 次の回折線で面間隔が $(1/2)$, $(1/3)$, $(1/n)$ に対応すると考えれば,

$$2\,d_{hkl}\sin\theta = n\lambda \tag{3・69}$$

の式になる.

結局のところ,ラウエの条件もブラッグの条件も逆格子の概念を導入して,散乱ベクトルを定義すれば,同じことを表していることが明らかになった.ラウエの条件では飛び飛びの回折斑点が表れることは証明できたが,その斑点が現実の結晶とどのように関係しているかは明確でなかった.ブラッグの条件では結晶面との関係が付けられて,単位胞の大きさは求められるが,内部の原子配列との関係は明確にはできなかった.逆格子と散乱ベクトルを導入することで,原子配列を示す構造因子を結晶面から散乱される回折線との関係が付けられたのである.

最初からエワルドの回折理論を使えばすっきりした説明になるかもしれないが,ラウエの条件やブラッグの結晶面からの反射の概念の方が教科書などで知られているので,これらの概念の相互関係を説明することが現時点では不可欠なのである.

3・14 回折の条件——エワルドの回折球

もう一つ重要な点は,それぞれの構造因子 $F(hkl)$ は結晶のどの方向から X 線を照射すると回折の条件を満足し,どの方向に散乱 X 線を観測できるか,あるいはどの方向で観測された回折線の指数 hkl は何か,という問題が残っている.散乱ベクトルは $\boldsymbol{K} = (\boldsymbol{s} - \boldsymbol{s}_0)/\lambda$ であり,結晶面 (hkl) からの回折線は逆格子点 hkl からの回折である.結晶面 (hkl) からの回折線は,逆格子点 hkl からの回折である.しかし厳密にいえば,結晶面 (hkl) からの回折線は逆格子点列 nh, nk, nl ($n = 1 \sim$

∞) の集まりであるが，エワルドの回折理論では，結晶面からの回折という概念を使わず n 次の回折線をそれぞれ区別して扱うので，本節以降は単に逆格子点 hkl として表している．図 3・15 に示すように，まず入射 X 線を s_0 方向とし，C 点に結晶を置いたとする．そして C 点を中心に半径 $1/\lambda$ の球を描く．そうすると，X 線は s_0 方向から入射して，結晶 C で散乱して，s 方向に回折線を出すことになる．s_0 ベクトルや s ベクトルの大きさは 1 であるから，s_0/λ や s/λ の先端は図 3・15 のように $1/\lambda$ の球面状にある．この球面は回折を起こしたときの状態を示しているので，**エワルドの回折球**（Ewald's diffraction sphere）という．一方，入射 X 線の s_0 ベクトルを延長して球面と交わる点を O とし，この点を原点として三次元の逆格子を描く．図 3・15 では簡単のために二次元で表しているが，実際は格子面が三次元に重なっていて回折球も円ではなく三次元の球である．K ベクトルはこの格子点と原点 O を結んだベクトルである．回折条件を満足するのは，逆格子点が $1/\lambda$ の球面上にあるときで，つまり散乱ベクトル K が $1/\lambda$ の球面に位置することになるので，$F(hkl)$ の回折線は s 方向に回折を起こすことになる．

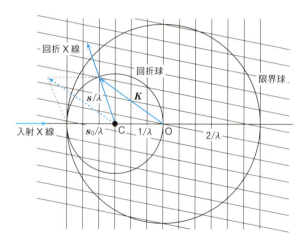

図 3・15　エワルドの回折球と回折条件　青の点線は定義どおりの K ベクトルであるが，逆格子の原点にベクトルの基点を平行移動する．

回折球上にある逆格子点はそれほど多くないので，このままでは数点の回折線しか観測できない．そのために C 点を通り紙面に垂直な軸のまわりで結晶を回転すると，逆格子も同じように O 点を通り紙面に垂直な軸のまわりで回転するので，逆格子点は次々と回折球面上に表れて回折条件を満足することになる．しかし，図

3・15 に示すように，原点 O を中心として半径 2/λ の球面の外にある逆格子点は結晶をどのように回転しても回折球と交わらないため，その回折線を観測できない．そのためこの球を**限界球**（limiting sphere）という．限界球の外側の逆格子点は絶対に観測できないわけではなく，X 線の波長 λ を短くすると，限界球の半径 2/λ が大きくなる．したがって，限界球とは一つの波長での測定限界という意味である．

日本では**寺田寅彦**が X 線を感知する**蛍光板**を開発して，結晶を回転すると回折斑点も回転するという画期的な発見をした（1913 年）[1]．エワルドの回折条件の論文と同時期であり，彼の理論を実験的に証明する貴重な研究であったが，この論文には回折線の方向に関しての定量的な内容は記述されていない．

3・15　フーリエ変換と電子密度

構造因子 $F(\boldsymbol{K})$ は単位胞内の**電子密度**を $\rho(\boldsymbol{r})$ とすると，次の式で表される．

$$F(\boldsymbol{K}) = \int_V \rho(\boldsymbol{r}) \exp\{2\pi i(\boldsymbol{r} \cdot \boldsymbol{K})\} dv_r \qquad (3\cdot70)$$

この関係式は数学的には $\rho(\boldsymbol{r})$ の**フーリエ変換**といわれている．**フーリエ変換の法則**によれば，ある関数がフーリエ変換されると，数学的にはその逆変換も可能である．このフーリエの法則を利用して，上式を**逆**フーリエ変換すると，

$$\rho(\boldsymbol{r}) = (1/V) \int_{V_K} F(\boldsymbol{K}) \exp\{-2\pi i(\boldsymbol{K} \cdot \boldsymbol{r})\} dv_K \qquad (3\cdot71)$$

ここで，V は単位胞の体積であり，積分は逆空間全体にわたって行う．

しかし前節で述べたように，逆空間では $\boldsymbol{K}$ は逆格子点だけである．そこで式を簡単にしよう．単位胞内の座標 $\boldsymbol{r}(X, Y, Z)$ をその周期単位 a, b, c で割った**分率座標** (x, y, z) で表すと，

$$\boldsymbol{r} = x\boldsymbol{a} + y\boldsymbol{b} + z\boldsymbol{c} \qquad (3\cdot72)$$

となる．したがって，

$$\boldsymbol{K} \cdot \boldsymbol{r} = (h\boldsymbol{a}^* + k\boldsymbol{b}^* + l\boldsymbol{c}^*) \cdot (x\boldsymbol{a} + y\boldsymbol{b} + z\boldsymbol{c}) \qquad (3\cdot73)$$

となる．この式から，

$$\boldsymbol{K} \cdot \boldsymbol{r} = hx + ky + lz \qquad (3\cdot74)$$

となる．また (3・71)式の積分は逆格子の各点で足し合わせるので，

$$\rho(x, y, z) = (1/V) \sum_{h=-\infty}^{+\infty} \sum_{k=-\infty}^{+\infty} \sum_{l=-\infty}^{+\infty} F(hkl) \exp\{-2\pi i(hx + ky + lz)\} \qquad (3\cdot75)$$

となる.この電子密度のピーク位置に原子の中心の原子核が存在すると考えられる.この原子の位置をつないで分子構造を見ることができる.逆空間を導入すると,回折線の指数や方向が簡単に決められ,フーリエ変換で実空間に戻せば,実際の構造に容易に結びつけられるのである.

もし実験的に $F(hkl)$ が求められれば,構造解析の話はこれで終了するが,残念ながら,実験的に得られるのは**回折強度** $I(hkl)$ であり,

$$I(hkl) \propto |F(hkl)|^2 \tag{3・76}$$

である.図 3・16 に示すように,$F(hkl)$ は $|F(hkl)|$ とその**位相** $\phi(hkl)$ とで次のように表される.

$$F(hkl) = |F(hkl)| \exp\{i\phi(hkl)\} \tag{3・77}$$

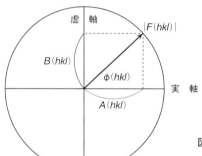

図 3・16 構造因子 $F(hkl)$ の絶対値 $|F(hkl)|$ とその位相 $\phi(hkl)$

したがって,実測値から得られる $|F(hkl)|$ の他に,その位相 $\phi(hkl)$ を何らかの手段で求めなければならない.**位相問題**(phase problem)といって,結晶構造解析の最初から存在していた問題で,現在に至るも位相を求める一般的な解法はない.しかし最近は対象とする結晶に応じて有力な方法が開発されてきて,位相問題はほぼ解決されている.特にコンピューターの高速化で,確実な解が得られなくても,いくつかの有力な解に絞ることができれば,それから考えるべきあらゆる可能性をすべて検証して正解に到達できるようになったことが大きい.第 6 章で位相を求める方法について述べる.

■ 参考文献 ■

1) T. Terada, *Nature*, **91**, 135 (1913).

4 回折強度の対称性と消滅則 空間群の判定

　第2章で結晶の対称性を調べて，230種の空間群に分けられることが明らかになった．結晶の空間群を知れば，対称操作で移される原子の座標は自動的に得られるので，対称性を示す結晶構造の独立な部分のみの原子の座標を決めるだけでよくなる．最も対称の高い空間群の場合は，1個の原子の座標を決めると，対称操作によって192個の原子の座標を自動的に決めたことになるので，空間群を知ることは非常に重要である．

4・1　フリーデル則

　実験的に得られる回折強度 $I(hkl)$ は次式で示すように，構造因子 $F(hkl)$ の二乗に比例する．

$$I(hkl) \propto |F(hkl)|^2 = F(hkl) \times F^*(hkl) \qquad (4・1)$$

ここで，$F^*(hkl)$ は $F(hkl)$ の複素共役で，$F(hkl)$ の式の中の i を含む虚数項の正負を変えることである．$F(hkl)$ は (3・35)式で表されるので，

$$F^*(hkl) = \sum_{j=1}^{n} f_j(hkl) \exp\{-2\pi i(hx_j + ky_j + lz_j)\} = F(\overline{hkl}) \qquad (4・2)$$

となる．これは指数 hkl の回折線の正負を逆にした指数の回折強度と同じになることを意味しており，このために，

$$I(hkl) = I(\overline{hkl}) \qquad (4・3)$$

となる．つまり一つの結晶面の表面と裏面からの回折強度が同じになることを意味している．これを**フリーデル則**（Friedel's law）という．また同様に，

$$\begin{aligned} F^*(hkl) &= \sum_{j=1}^{n} f_j(hkl) \exp\{-2\pi i(hx_j + ky_j + lz_j)\} \\ &= \sum_{j=1}^{n} f_j(hkl) \exp[2\pi i\{h(-x_j) + k(-y_j) + l(-z_j)\}] = F(hkl)' \end{aligned} \qquad (4・4)$$

となる．ここで，$F(hkl)'$ は座標の正負を変えて反転した構造の構造因子を表して

おり，回折強度では，ある結晶構造と反転した結晶構造は区別がつかないことを意味している．つまり，回折強度には実際の構造に対称心を付け加えた対称が表れるのである．

4・2 ラウエ対称

結晶は 32 種の点群対称に分類されるが，通常の結晶の回折強度はフリーデル則を満足し，実際の構造に対称心を付け加えた対称をもつので，回折強度から結晶の対称を判断すると，32 種の点群に対称心を加えた対称が表れる．これを**ラウエ群** (Laue group) といい，32 の点群は表 4・1 の 11 種のラウエ群に分けられる[†]．

三斜晶系，単斜晶系，直方晶系の場合は，それぞれの晶系の中で対称心をもつ点群 $\bar{1}, 2/m, mmm$ の対称と同じになる．正方晶系の点群の場合は，二つの小グループがある．一方は $4, \bar{4}, 4/m$ のように 4 回軸あるいはそれに垂直な鏡面をもつ点群と，もう一方は 4 回軸に垂直な 2 回回転軸や 4 回軸を含んだ鏡面対称をもつ，422，$4mm, \bar{4}2m, 4/mmm$ である．どちらの小グループも，そのなかでは対称心をもつ $4/m$ や $4/mmm$ の対称をもつことになる．三方晶系，六方晶系，立方晶系の場合も，そのなかの小グループのなかで対称心をもつ点群になる．

それぞれのラウエ群の対称に応じて，回折強度 $I(hkl)$ には対称性が表れるので，回折強度の対称から，結晶のラウエ群を分類することができる．表 4・1 にそれぞれのラウエ群の回折強度の対称を示している．たとえば，三斜晶系では，$I(hkl) = I(\bar{h}\bar{k}\bar{l})$ であり，単斜晶系では，$I(hkl) = I(h\bar{k}l) = I(\bar{h}k\bar{l}) = I(\bar{h}\bar{k}\bar{l})$ である．対称心の対称の他に，k が正でも負でも回折強度 $I(hkl)$ は同じなので，$k = 0$ の回折斑点の面を鏡面として回折斑点に鏡面対称が表れる．直方晶系では，h, k, l それぞれについて正でも負でも回折強度は同じになるので，回折斑点は $h = 0, k = 0$，$l = 0$ の面に対して鏡面対称が表れる．これらの回折斑点の鏡面対称から，三斜晶系（鏡面対称がない），単斜晶系（一つの鏡面対称），直方晶系（三つの鏡面対称）の三つの晶系は容易に区別することができる．

正方晶系については，$4/m$ と $4/mmm$ の二つの小グループがある．$4/m$ では，$I(hkl) = I(k\bar{h}l) = I(\bar{h}\bar{k}l) = I(\bar{k}hl)$ の 4 回軸対称の回折強度と，その反転対称の $I(\bar{h}\bar{k}\bar{l}) = I(\bar{k}hl) = I(hk\bar{l}) = I(k\bar{h}\bar{l})$ の回折強度が等しくなるので，容易に区別できる．$4/mmm$ の場合はこの対称に加えて，さらに h と k を入れ替えて，$I(khl) =$

[†] 三方晶系を六方晶系で表すと 14 種類になり，14 種と定義する表もある．

4・2 ラウエ対称

表 4・1 14種のラウエ群の等価な回折線

晶系	ラウエ群	等価な回折線
三斜	$\bar{1}$	$I(hkl) = I(\bar{h}\bar{k}\bar{l})$
単斜	$2/m$	$I(hkl) = I(h\bar{k}l) = I(\bar{h}k\bar{l}) = I(\bar{h}\bar{k}\bar{l})$
直方	mmm	$I(hkl) = I(\bar{h}kl) = I(h\bar{k}l) = I(hk\bar{l}) = I(h\bar{k}\bar{l}) = I(\bar{h}k\bar{l}) = I(\bar{h}\bar{k}l) = I(\bar{h}\bar{k}\bar{l})$
正方	$4/m$	$I(hkl) = I(\bar{k}hl) = I(\bar{h}\bar{k}l) = I(k\bar{h}l) = I(k h\bar{l}) = I(hk\bar{l}) = I(\bar{k}\bar{h}\bar{l}) = I(\bar{h}\bar{k}\bar{l})$
正方	$4/mmm$	$4/m$ に付け加えて $I(khl) = I(\bar{h}kl) = I(\bar{k}\bar{h}l) = I(h\bar{k}l) = I(\bar{h}k\bar{l}) = I(kh\bar{l}) = I(h\bar{k}\bar{l}) = I(\bar{k}\bar{h}\bar{l})$
三方	$\bar{3}$	$I(hkl) = I(klh) = I(lhk) = I(\bar{h}\bar{k}\bar{l}) = I(\bar{k}\bar{l}\bar{h}) = I(\bar{l}\bar{h}\bar{k})$
三方	$\bar{3}m$	$\bar{3}$ に付け加えて $I(khl) = I(hlk) = I(lkh) = I(\bar{k}\bar{h}\bar{l}) = I(\bar{h}\bar{l}\bar{k}) = I(\bar{l}\bar{k}\bar{h})$
六方†	$6/m$	$I(hkl) = I(kil) = I(ihl) = I(\bar{h}\bar{k}l) = I(\bar{k}\bar{i}l) = I(\bar{i}\bar{h}l) =$ $I(hk\bar{l}) = I(ki\bar{l}) = I(ih\bar{l}) = I(\bar{h}\bar{k}\bar{l}) = I(\bar{k}\bar{i}\bar{l}) = I(\bar{i}\bar{h}\bar{l})$
六方†	$6/mmm$	$6/m$ に付加えて $I(khl) = I(hil) = I(ikl) = I(\bar{k}\bar{h}l) = I(\bar{h}\bar{i}l) = I(\bar{i}\bar{k}l) =$ $I(kh\bar{l}) = I(hi\bar{l}) = I(ik\bar{l}) = I(\bar{k}\bar{h}\bar{l}) = I(\bar{h}\bar{i}\bar{l}) = I(\bar{i}\bar{k}\bar{l})$
立方	$m\bar{3}$	$I(hkl) = I(\bar{h}kl) = I(h\bar{k}l) = I(hk\bar{l}) = I(h\bar{k}\bar{l}) = I(\bar{h}k\bar{l}) =$ $I(\bar{h}\bar{k}l) = I(\bar{h}\bar{k}\bar{l}) = I(klh) = I(\bar{k}lh) = I(k\bar{l}h) = I(kl\bar{h}) =$ $I(k\bar{l}\bar{h}) = I(\bar{k}l\bar{h}) = I(\bar{k}\bar{l}h) = I(\bar{k}\bar{l}\bar{h}) = I(lhk) = I(\bar{l}hk) =$ $I(l\bar{h}k) = I(lh\bar{k}) = I(l\bar{h}\bar{k}) = I(\bar{l}h\bar{k}) = I(\bar{l}\bar{h}k) = I(\bar{l}\bar{h}\bar{k})$
立方	$m\bar{3}m$	$m\bar{3}$ に付け加えて $I(khl) = I(\bar{k}hl) = I(k\bar{h}l) = I(kh\bar{l}) = I(k\bar{h}\bar{l}) = I(\bar{k}h\bar{l}) =$ $I(\bar{k}\bar{h}l) = I(\bar{k}\bar{h}\bar{l}) = I(hlk) = I(\bar{h}lk) = I(h\bar{l}k) = I(hl\bar{k}) =$ $I(h\bar{l}\bar{k}) = I(\bar{h}l\bar{k}) = I(\bar{h}\bar{l}k) = I(\bar{h}\bar{l}\bar{k}) = I(lkh) = I(\bar{l}kh) =$ $I(l\bar{k}h) = I(lk\bar{h}) = I(l\bar{k}\bar{h}) = I(\bar{l}k\bar{h}) = I(\bar{l}\bar{k}h) = I(\bar{l}\bar{k}\bar{h})$

† 六方晶系の指数 i は $i = -h - k$ を表す.

$I(\bar{h}kl) = I(\bar{k}\bar{h}l) = I(hkl)$ の4回軸を含む鏡面対称の回折強度とその反転対称の,$I(\bar{k}\bar{h}\bar{l}) = I(h\bar{k}\bar{l}) = I(\bar{k}h\bar{l}) = I(\bar{h}\bar{k}\bar{l})$ を加えた16個の回折強度が等しくなるので,他と容易に区別できる.

三方晶系や六方晶系や立方晶系の場合も同様にラウエ群を容易に判定できる.等価な回折強度があるということは,等価な原子座標があるということなので,等価点(等価な座標)の数と等価な回折強度の数は等しい.

4・3 空間格子（ブラベ格子）の判定

前節の回折強度の対称は単純格子の場合の対称であるが，結晶には底心格子，体心格子，面心格子という3種の**複合格子**がある．これらの複合格子の場合は回折強度が系統的に0となるものがあるので，どの複合格子であるか容易に区別することができる．

まず空間格子が C 底心格子の場合は，(x, y, z) に原子があると，必ず $(x + 1/2, y + 1/2, z)$ にも原子があるので，構造因子の式は二つの項に分けられる．

$$F(hkl) = \sum_{j=1}^{n/2} f_j \left[\exp\{2\pi i(hx_j + ky_j + lz_j)\} + \exp\{2\pi i(hx_j + ky_j + lz_j + (h+k)/2)\} \right]$$

$$= \sum_{j=1}^{n/2} f_j \exp\{2\pi i(hx_j + ky_j + lz_j)\} \times [1 + \exp\{\pi i(h+k)\}] \quad (4 \cdot 5)$$

この式で第2項の［ ］内は，$h + k = 2n$ のときに2となり，$h + k = 2n + 1$ のときに0となる．したがって，

$$F(hkl) = 2\sum_{j=1}^{n/2} f_j \exp\{2\pi i(hx_j + ky_j + lz_j)\} \qquad h + k = 2n \quad (4 \cdot 6)$$

$$F(hkl) = 0 \qquad\qquad\qquad\qquad\qquad\qquad\qquad h + k = 2n + 1 \quad (4 \cdot 7)$$

となる．したがって，$(h + k)$ が奇数の回折強度 $I(hkl)$ はすべてが0となり，容易に単純格子と区別ができる．

体心格子では，(x, y, z) に原子が存在すると，$(x + 1/2, y + 1/2, z + 1/2)$ にも存在する．そうすると，構造因子は次のように表される．

$$F(hkl) = \sum_{j=1}^{n/2} f_j \left[\exp\{2\pi i(hx_j + ky_j + lz_j)\} + \exp\{2\pi i(hx_j + ky_j + lz_j + (h+k+l)/2)\} \right]$$

$$= \sum_{j=1}^{n/2} f_j \exp\{2\pi i(hx_j + ky_j + lz_j)\} \times [1 + \exp\{\pi i(h+k+l)\}] \quad (4 \cdot 8)$$

この式で第2項の［ ］内は，$(h + k + l)$ が偶数なら2，奇数なら0となるので，

$$F(hkl) = 2\sum_{j=1}^{n/2} f_j \exp\{2\pi i(hx_j + ky_j + lz_j)\} \qquad h + k + l = 2n \quad (4 \cdot 9)$$

$$F(hkl) = 0 \qquad\qquad\qquad\qquad\qquad\qquad\qquad h + k + l = 2n + 1 \quad (4 \cdot 10)$$

となる．このように，回折強度がその指数によって系統的に0となることを，その結晶の**消滅則**（extinction rule）という．

面心格子の場合は，(x, y, z) に原子が存在すると，$(x + 1/2, y + 1/2, z)$，$(x + 1/2, y, z + 1/2)$，$(x, y + 1/2, z + 1/2)$ にも存在する．そうすると，構造因子は次のように表される．

$$F(hkl) = \sum_{j=1}^{n/4} f_j \Big[\exp\{2\pi i(hx_j + ky_j + lz_j)\} + \exp\{2\pi i(hx_j + ky_j + lz_j + (h+k)/2)\}$$
$$+ \exp\{2\pi i(hx_j + ky_j + lz_j + (h+l)/2)\} + \exp\{2\pi i(hx_j + ky_j + lz_j + (k+l)/2)\} \Big]$$
$$= \sum_{j=1}^{n/4} f_j \exp\{2\pi i(hx_j + ky_j + lz_j)\} \times [1 + \exp\{\pi i(h+k)\}$$
$$+ \exp\{\pi i(h+l)\} + \exp\{\pi i(k+l)\}] \qquad (4 \cdot 11)$$

この式から，h, k, l の全部が偶数か全部が奇数のときは，[ ] 内の二つの指数の和はそれぞれ偶数になるので，第 2 項，第 3 項，第 4 項はいずれも 1 となり，[ ] 内の和は 4 となる．h, k, l のいずれか一つ奇数で残りが偶数，あるいはいずれか二つが奇数で残りが偶数のときは，$(h+k)$, $(h+l)$, $(k+l)$ のいずれか二つの項が奇数となり，残り 1 個が偶数となるので，第 2 項，第 3 項，第 4 項の三つのうち二つが -1，残りが $+1$ となるので，[ ] 内の和は 0 となる．

$$F(hkl) = 4 \sum_{j=1}^{4/n} f_j \exp\{2\pi i(hx_j + ky_j + lz_j)\} \qquad (4 \cdot 12)$$
$\qquad h, k, l$ 全部偶数あるいは全部奇数の場合

$$F(hkl) = 0 \qquad (4 \cdot 13)$$
$\qquad h, k, l$ のいずれか一つが偶数で残り二つは奇数，あるいは，
$\qquad h, k, l$ のいずれか二つが偶数で残り一つが奇数

このように，複合格子は消滅則から全体の回折斑点にわたって指数の偶奇で回折強度 0 になるので，容易に複合格子を判定できる．

4・4　らせん軸と映進面の判定

らせん軸対称や映進面対称のように，並進操作の対称要素をもつ場合にも系統的に回折強度が 0 となる消滅則がある．たとえば，b 軸に平行に原点を通る 2 回らせん軸があると，(x, y, z) の原子に対して $(-x, y+1/2, -z)$ にも原子が存在する．そうすると，

$$F(hkl) = \sum_{j=1}^{n/2} f_j \Big[\exp\{2\pi i(hx_j + ky_j + lz_j)\} + \exp\{2\pi i(-hx_j + ky_j - lz_j + k/2)\} \Big]$$
$$(4 \cdot 14)$$

となる．一般の $F(hkl)$ には消滅則はないが，$F(0k0)$ の場合は，

$$F(0k0) = \sum_{j=1}^{n/2} f_j \exp(2\pi i ky_j) \{1 + \exp(\pi i k)\} \qquad (4 \cdot 15)$$

となる.したがって,k が奇数のときは $F(0k0) = 0$ となる.

同様に,c 軸に平行に原点を通る 4_1 らせん軸があると,(x, y, z) に対して $(-y, x, z + 1/4)$,$(-x, -y, z + 1/2)$,$(y, -x, z + 3/4)$ に原子が存在する.そうすると,$F(00l)$ の構造因子は次のように表される.

$$F(00l) = \sum_{j=1}^{n/4} f_j \exp(2\pi i l z_j) \{1 + \exp(2\pi i l/4) + \exp(4\pi i l/4) + \exp(6\pi i l/4)\}$$
(4・16)

ここで,$l = 4n$ のときは { } が 4 となるが,$l \neq 4n$ のときは 0 となる.しかし,4_2 らせん軸の場合は,(x, y, z) に対して,$(-y, x, z + 1/2)$ $(-x, -y, z)$ $(y, -x, z + 1/2)$ があるから,$F(00l)$ の構造因子は次のように表される.

$$F(00l) = \sum_{j=1}^{n/4} f_j \exp(2\pi i l z_j) \{2 + \exp(2\pi i l)\}$$
(4・17)

2 回らせん軸と同様に,$l \neq 2n$ のとき,$F(00l) = 0$ となる.3 回らせん軸や 6 回らせん軸も同様に考えることができる.この結果を,表 4・2 にまとめてある.

表 4・2 らせん軸の消滅則

らせん軸の向き 注目する指数	a 軸に平行 $h00$	b 軸に平行 $0k0$	c 軸に平行 $00l$
2_1, 4_2, 6_3	$h \neq 2n$	$k \neq 2n$	$l \neq 2n$
3_1, 3_2, 6_2, 6_4	——	——	$l \neq 3n$
4_1, 4_3	$h \neq 4n$	$k \neq 4n$	$l \neq 4n$
6_1, 6_5			$l \neq 6n$

映進面も並進操作を伴っているので,似たような消滅則がある.たとえば,b 軸に垂直に c 映進面があると,(x, y, z) の原子に対して,$(x, -y, z + 1/2)$ の位置にも原子が存在する.そうすると,

$$F(hkl) = \sum_{j=1}^{n/2} f_j \left[\exp\{2\pi i(hx_j + ky_j + lz_j)\} + \exp\{2\pi i(hx_j - ky_j + lz_j + l/2)\} \right]$$
(4・18)

となる.一般の $F(hkl)$ では消滅則はないが,$F(h0l)$ では,

$$F(h0l) = \sum_{j=1}^{n/2} f_j \exp\{2\pi i(hx_j + lz_j)\} \times \{1 + \exp(\pi i l)\}$$
(4・19)

となるので,$l \neq 2n$ のときは 0 となる.同様に,b 軸に垂直な a 映進面では,$F(h0l)$ で $h \neq 2n$ のときは 0 となる.b 軸に垂直な n 映進面の場合は,(x, y, z) の原子に

対して，$(x + 1/2, -y, z + 1/2)$ の位置にも原子が存在するので，

$$F(h0l) = \sum_{j=1}^{n/2} f_j \exp\{2\pi i(hx_j + lz_j)\} \times [1 + \exp\{\pi i(h + l)\}] \quad (4\cdot 20)$$

となり，$h + l \neq 2n$ のときは 0 となる．

直方晶系で映進面が a 軸に垂直な b 映進面では，$F(0kl)$ の構造因子は，

$$F(0kl) = \sum_{j=1}^{n/2} f_j \exp\{2\pi i(ky_j + lz_j)\} \times \{1 + \exp(\pi ik)\} \quad (4\cdot 21)$$

となるので，$k \neq 2n$ のときは 0 となる．b 軸に垂直な c 映進面や c 軸に垂直な a 映進面も同様に考えられる．

d 映進面のときは鏡面で映して 1/4 周期並進する．たとえば体心格子で，体心方向に 1/4 並進するときは，(x, y, z) の原子に対して，$(x + 1/4, y + 1/4, z + 1/4)$ の位置にも原子が存在するので，体心格子の消滅則の他に，$h + k + l \neq 4n$ の消滅則が表れる．また同様に，面心格子の場合は各面の中心に格子点に d 映進面の対称操作で，面心格子の消滅則の他に，$k + l \neq 4n$，$h + l \neq 4n$，$h + k \neq 4n$ の消滅則が表れる．これらを表 4・3 にまとめてある．

表 4・3 映進面の消滅則

映進面の方向	a 軸に垂直	b 軸に垂直	c 軸に垂直
注目する指数	$0kl$	$h0l$	$hk0$
a 映進面	——	$h \neq 2n$	$h \neq 2n$
b 映進面	$k \neq 2n$	——	$k \neq 2n$
c 映進面	$l \neq 2n$	$l \neq 2n$	——
n 映進面	$k + l \neq 2n$	$h + l \neq 2n$	$h + k \neq 2n$
d 映進面	$k + l \neq 4n$	$h + l \neq 4n$	$h + k \neq 4n$
	$h + k + l \neq 4n$（[111]方向）		

4・5 対称心の有無の判定

結晶に対称心があるかないかは大変重要な問題である．もし結晶中に含まれる分子が不斉中心をもち，その一方の**不斉分子**のみを含む結晶の場合は，対称心をもたないことは明らかである．しかしそれ以外の場合は対称心の有無を明確に区別することは難しい．ラセミ体の結晶は対称心をもつことが多いが，対称心をもたないラセミ体結晶も存在する．同じ消滅則で対称心をもつ空間群と対称心をもたない空間群がペアで存在することが多い．この両者が区別できると，空間群はほぼ一義的に

判定できることになる．

結晶の対称心の有無を判定は，構造因子の大きさの分布を統計的に調べてみることで区別できる可能性が高いことが示された．対称心の有無の判定は直接法による位相決定にも非常に重要なので，第6章で詳しく述べるが，ここではその結果を使って空間群の判定に利用する．構造因子 $F(hkl)$ の大きさは結晶に含まれる原子の種類や数に依存するので，統計的に $F(hkl)$ の大きさを議論するのは厄介である．そこで，$F(hkl)$ の代わりに $E(hkl)$ という関数を導入する．$E(hkl)$ の特徴は結晶に含まれる原子の種類や数に関係なく，平均すれば，

$$\langle |E(hkl)|^2 \rangle = 1 \tag{4・22}$$

となることである．

この $E(hkl)$ の強度の分布を調べると，単位胞中の原子の種類や数に関係なく，対称心の有無によって強度分布に違いが表れる．強度分布の求め方は第6章で詳しく述べるが，結果は図4・1のように，対称心の有無で明らかに異なっている．この図の横軸は $|E(hkl)|$，縦軸はその $|E(hkl)|$ の値までの個数が $|E(hkl)|$ 全個数に占める割合（%）を示している．たとえば，$|E(hkl)|$ が 1.0 より小さい個数は，対称心ありでは68%で，対称心なしでは63%である．どの領域でも対称心ありの方が有意に大きい．この強度分布の詳しい値は第6章の表6・1で示す．

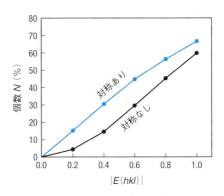

図 4・1　対称心の有無による $|E(hkl)|$ の分布の違い

4・6　空間群の判定

これで空間群を判定する条件が整った．図4・2に示すように，まず第1段階は結晶のラウエ群を判定することである．これは4・2節で述べたように，回折斑点

の強度の対称性で決まる．第2段階は複合格子の判定を行うことである．これは構造因子 $F(hkl)$ 全体にわたって消滅則の有無で判定できる．第3段階は，らせん軸や映進面の消滅則の判定である．$F(0kl)$ や $F(h0l)$ や $F(hk0)$ で，系統的に $h \neq 2n+1$ や $k \neq 2n+1$，あるいは $l \neq 2n+1$ の回折強度が消えているかを検討する．またらせん軸が存在するとき，a軸に平行にあれば $F(h00)$ が，b軸に平行にあれば $F(0k0)$ が，c軸に平行にあれば $F(00l)$ が消滅する．

第4段階で $|E(hkl)|$ の分布を判断して，対称心の有無を判定する．これは統計的に成り立つので，必ずしも正しくない場合もあるが，これで通常はほぼ一義的に空間群は決定できる．特に，回折強度に消滅則があり，その消滅則では対称心の有無の判定の必要がない（つまり一方しかない） $P2_1/c$ や $P2_12_12_1$ のような空間群の場合はほとんど自動的に正しく決まってしまう．

しかしながら，結晶構造はこのように規則正しく作られている訳ではない．数学的に考えて230種の空間群に分けているのは人間が理解しやすいからであって，自然は数学的に満足するようにできあがっているわけではない．対称が存在するように見えて，実際には存在しないという**偽対称**（pseudosymmetry）がある．特に厄介なのが，ある結晶面を鏡面のようにして二つの結晶が貼り合わせた形になっている**双晶**（twin crystal）などがある．これらの結晶に遭遇したときは，可能性を広げる工夫をすべきである．第7章でもその方法が述べられている．

現在の構造解析のプログラムでは，回折強度データの測定が終わると，自動的に図4・2の流れで空間群が判別される．最近では双晶の可能性も検討してくれる．しかし消滅則と強度分布からでは必ずしも正しい判定が行われているとはいえないので，実際に解析された構造に矛盾がないときに正しい空間群も判別できたといえるであろう．

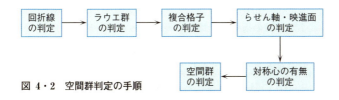

図 4・2　空間群判定の手順

4・7　間違いやすい空間群の判定

空間群の判定で間違う大きな理由は2点ある．第1の理由は，統計分布からの対称心の有無の判定は必ずしも正しいとは限らないことである．たとえば，分子が不

斉中心をもつので対称心をもたない空間群の結晶の場合でも，構造から見て二つの分子が近似的に対称心の関係に近い位置にある（偽対称心をもつ）ときは，統計分布からは対称心があると判定される場合が多い．

最近，マーシュ（R. E. Marsh）は，対称心をもたない空間群で結晶の非対称単位に2分子含む結晶を数多くチェックした．その結果，二つの分子は対称心の関係にあるとして，対称心をもつ空間群にして解析をやり直すと，対称心をもつ構造の方が正しいものが多いと指摘した．解析プログラムで自動的に格子定数や空間群を決めると，たとえば$P1$の空間群で結晶中に2分子含んでいるという結果が示される．この場合は2分子独立に存在することになる．しかし解析された構造を調べてみると，この2分子は近似的に対称心で関係づけられている場合がある．本来は$P\bar{1}$の空間群の結晶構造であるのに，対称心を外して無理に2分子の構造を独立に解析したことになる．このような対称心に近い構造をそれぞれ独立として最小二乗法で精密化すると収束しない場合も多い．対称心をもたない空間群で，非対称単位に2分子独立に存在する構造として解析された場合は，その2分子の間に近似的に対称心が存在しないかどうか検討しなければならない．最近の解析プログラムではそのチェック機構が内蔵しているものもある．しかし，近似的に対称心で関係づけられる構造に対して，本当に対称心で関係づけられるかどうかは科学的に総合的に判断して解析した研究者が判定すべき問題であり，最小二乗法で収束しやすいというのは理由にならない．

第2の理由は，次章の5・7節で説明する**二重散乱（レニンガー効果）**のためである．この効果のために，本来は消滅則で消える回折線の強度が0にならないことがある．らせん軸対称の有無は少数の回折線の強度から判定されるので，1個の回折線の強度が0であるかどうかが問題とされる．たとえば，消滅則から$P2_12_12_1$の空間群だと推定された結晶の回折パターンで，$F(h00)$, $F(0k0)$, $F(00l)$の構造因子のうち，h, k, lが奇数の構造因子はほぼ0であったが，$F(005)$だけは明確に強度が観測される結晶があった．したがって，空間群は$P2_12_12_1$ではなく，$P2_12_12$と判定して構造解析が進められた．しかしこの空間群ではどうしても構造は解析できなかったので，$F(005)$の回折強度は二重散乱現象のために0にならないと仮定して，空間群を$P2_12_12_1$として解析したところ，構造はすぐに解析できた．らせん軸対称の消滅則の判定の場合は，このように1個の回折線の強度に依存することが多いので，解析が難航したら，その回折線の強度をとりあえず0とした空間群でも確かめてみることは必要である．

回折強度と構造因子

 これまでの章では，回折強度は構造因子の二乗に比例すると述べてきた．しかし実際の回折強度は結晶の温度や結晶性などの条件，X線の入射や散乱の条件に応じていろいろ変化するので，そのための補正が必要となる．本章では実験から得られる回折強度から構造因子を求めるのにどのような補正が必要かを述べる．

5・1 温度因子

 結晶中の原子は高速で**熱振動**（thermal vibration）しているので，回折データを測定している時間スケールで考えると，原子の位置が熱振動している領域に広がっているようになり，見かけ上は原子を取巻く電子雲が広がっているように見える．この結果，原子の中心の位置を r とすると，球対称の電子密度 $\rho(r)$ は次式のような正規分布の関数を掛け合わせて近似している．

$$\rho(r) = (1/\sigma\sqrt{2\pi})\exp(-r^2/2\sigma^2) \tag{5・1}$$

ここで，σ は原子の熱振動による変位 u の二乗平均で表し，平均を $\langle\ \rangle$ で表すと，**平均二乗変位** $\langle u\rangle^2$ となる．熱振動と $\rho(r)$ の関係を図5・1に比較している．

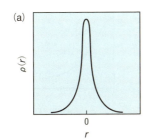
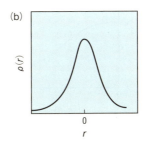

図 5・1 熱振動による電子密度の違い (a) 熱振動が小さい，(b) 熱振動が大きい．

 この正規分布関数のフーリエ変換した関数を T とし，$|K|/2 = (\sin\theta)/\lambda$ の関数で表すと，

$$T(\sin\theta/\lambda) = \exp(-2\sigma^2\pi^2|\mathbf{K}|^2) = \exp\{-8\pi^2\langle u\rangle^2(\sin^2\theta)/\lambda^2\} \qquad (5\cdot2)$$

となる.3・5節で計算したように,電子密度をフーリエ変換して原子散乱因子を計算するときに,(5・1)式の正規分布を掛け合わせて変換すると,それぞれの関数のフーリエ変換となるので,

$$\begin{aligned}
f'(\sin\theta/\lambda) &= f(\sin\theta/\lambda) \times T(\sin\theta/\lambda) \\
&= f(\sin\theta/\lambda) \times \exp\{-8\pi^2\langle u\rangle^2(\sin^2\theta)/\lambda^2\} \\
&= f(\sin\theta/\lambda)\exp\{-8\pi^2 U(\sin^2\theta)/\lambda^2\} \\
&= f(\sin\theta/\lambda)\exp\{-B(\sin^2\theta)/\lambda^2\} \qquad (5\cdot3)
\end{aligned}$$

と表せる.ここで,T を**温度因子**〔temperature (thermal) factor〕といい,

$$U = \langle u\rangle^2 \qquad (5\cdot4)$$
$$B = 8\pi^2\langle u\rangle^2 \qquad (5\cdot5)$$

で表される U あるいは B を**等方性温度パラメーター**〔isotropic temperature (thermal) parameter〕という†.図5・2に示す散乱角に対する原子散乱因子の値は,熱振動を考慮すると散乱角が大きくなるにつれてよりいっそう小さな値になる.このため結晶の温度を上げると,高角側の回折線の強度は減少する.精密な測定には高角側の回折強度が不可欠なので,低温にして回折データを測定することが必須の条件になる.

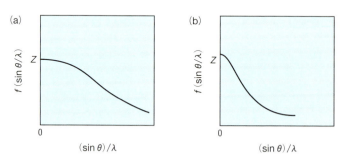

図 5・2 熱振動による原子散乱因子の違い (a) 熱振動が小さい,(b) 熱振動が大きい.

---

† 等方性温度因子とよばれるのが普通であるが,正確には T の形で表現した熱振動が温度因子で,U や B はその形で表現された温度因子のパラメーターというべきである.

5・2 ウィルソン統計と尺度因子

　解析の初期段階では，各原子で等しい等方性温度パラメーター U を使うが，この値を推定する方法として，**ウィルソン**（A. J. C. Wilson）は構造因子の大きさの統計分布を考えた．実測の構造因子 $|F_o(hkl)|$ は，結晶の大きさや X 線の照射時間などで異なり，**尺度因子**（scale factor）C を掛けると，真の $F(hkl)$ になる．

$$C|F_o(hkl)| = |F(hkl)| \tag{5・6}$$

尺度因子を使うと，実測の構造因子 $F_o(hkl)$ は次式で表される．

$$F_o(hkl) = (1/C)\sum_{j=1}^{n} f_j(\sin\theta/\lambda)\exp\{-8\pi^2 U(\sin^2\theta)/\lambda^2\}\exp\{2\pi i(hx_j+ky_j+lz_j)\} \tag{5・7}$$

ここで，$(\sin\theta)/\lambda$ が一定の領域で $|F_o(hkl)|^2$ の平均値 $\langle|F_o(hkl)|^2\rangle$ を求めると，

$$\langle|F_o(hkl)|^2\rangle = (1/C)^2\Biggl\langle\Bigl[\sum_{j=1}^{n} f_j(\sin\theta/\lambda)^2 + {\sum_{j=1}^{n}\sum_{j=1}^{n}}' f_j f_{j'}\exp[2\pi i\{h(x_j-x_j')$$
$$+ k(y_j-y_j') + l(z_j-z_j')\}]\Bigr]\Biggr\rangle \times \exp\{-16\pi^2\langle U\rangle(\sin^2\theta)/\lambda^2\} \tag{5・8}$$

平均すると，大きい [ ] 内の第 2 項は 0 となるので，

$$\langle|F_o(hkl)|^2\rangle = (1/C)^2\langle\sum_{j=1}^{n} f_j(\sin\theta/\lambda)\rangle^2 \times \exp\{-16\pi^2\langle U\rangle(\sin^2\theta)/\lambda^2\} \tag{5・9}$$

と表され，

$$\langle|F_o(hkl)|^2\rangle/\langle\sum_{j=1}^{n} f_j(\sin\theta/\lambda)\rangle^2 = (1/C)^2 \times \exp\{-16\pi^2\langle U\rangle(\sin^2\theta)/\lambda^2\} \tag{5・10}$$

となる．ここで，両辺の自然対数をとると，

$$\ln\{\langle|F_o(hkl)|^2\rangle/\langle\sum_{j=1}^{n} f_j(\sin\theta/\lambda)\rangle^2\} = -\ln C^2 - 16\pi^2\langle U\rangle(\sin^2\theta)/\lambda^2 \tag{5・11}$$

となる．$(\sin^2\theta)/\lambda^2$ を一定の領域に分けて，それぞれの領域内で実測の $\langle|F_o(hkl)|^2\rangle$ と $\langle\sum f_j(\sin\theta/\lambda)\rangle^2$ を計算して，その比の自然対数をとり，片対数グラフの横軸を各領域の平均の $\langle(\sin^2\theta)/\lambda^2\rangle$ とし，縦軸にこの値をプロットすると図 5・3 となる．このグラフ各点を直線で近似すると，直線の縦軸の切片は $-\ln C^2$ であり，尺度因子 C が求められる．一方，直線の傾きは $-16\pi^2\langle U\rangle$ であるから，$\langle U\rangle$ の値が求められる．このようにして，解析の初期段階の尺度因子と各原子を平均した温度パラメーターが求められる．構造精密化の段階でこれらの初期値は精密化される．

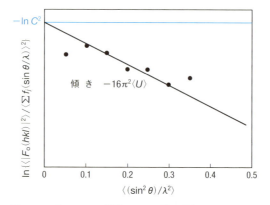

図 5・3　ウィルソン統計による平均の熱振動と尺度因子

5・3　異方性熱振動

温度因子の小さな無機結晶では原子は等方的な熱振動をしているが，一般の有機結晶では分子の形に依存した異方的な熱振動をしている．その異方性を取入れるため，温度因子を逆格子 a^*, b^*, c^* を使って次式のようなテンソル T で表す．

$$T = \exp[-2\pi^2\{U_{11}h^2(a^*)^2 + U_{22}k^2(b^*)^2 + U_{33}l^2(c^*)^2 \\ + 2U_{12}hka^*b^* + 2U_{13}hla^*c^* + 2U_{23}klb^*c^*\}] \quad (5・12)$$

この式の定数部分をまとめて，

$$T = \exp\{-\beta_{11}h^2 + \beta_{22}k^2 + \beta_{33}l^2 + 2\beta_{12}hk + 2\beta_{13}hl + 2\beta_{23}kl)\} \quad (5・13)$$

と表す場合もある．この U_{11}, U_{22}, $\cdots$, U_{23} や β_{11}, β_{22}, $\cdots$, β_{23} を**異方性温度パラメーター**〔anisotropic temperature (thermal) parameter〕という．ここで求められたテンソル量の異方性温度パラメーターから，各原子の熱振動は三つの主軸をもつ**楕円体**で表される．そのフーリエ変換の式は省略するが，変換の結果，各原子の熱振動は三つの主軸方向に異なる平均二乗変位 $\langle u_1\rangle^2$, $\langle u_2\rangle^2$, $\langle u_3\rangle^2$ をもつ楕円体で表される．図 5・4 に示すように，各原子位置にその原子の熱振動を示す三つの主軸とそれぞれの主軸方向の平均二乗変位を表す楕円体を描いて，各原子の異方的な熱振動の様子を表している．この楕円体は，その原子の**存在確率** 50％で描いたものである．この原子は熱振動している結果として，この楕円体で表される空間の中に存

5・3 異方性熱振動

在する割合が 50% であることを表している．楕円体が球から外れて細長くなるほど，その方向の熱振動が大きいことを表している．

しかし，この異方的な楕円体を見ても，原子全体の熱振動はどの程度か判別しにくいので，異方性を平均した値で比較することが便利である．この平均した値を，**等価等方性温度パラメーター**〔equivalent isotropic temperature (thermal) parameter〕といい，U_{eq} と表している．式で表すと，

$$U_{eq} = (1/3)\{U_{11}(aa^*)^2 + U_{22}(bb^*)^2 + U_{33}(cc^*)^2 \\ + 2U_{12}a^*b^*ab\cos\gamma + 2U_{13}a^*c^*ac\cos\beta + 2U_{23}b^*c^*bc\cos\alpha\} \quad (5・14)$$

である．直方晶系，正方晶系，立方晶系のように 3 軸が直交している場合は，$\cos\alpha$, $\cos\beta$, $\cos\gamma$ は 0 で，aa^*, bb^*, cc^* はすべて 1 となるから，

$$U_{eq} = (1/3)\{U_{11} + U_{22} + U_{33}\} \quad (5・15)$$

と簡単に表される．なお，熱振動が大きい場合は，楕円体が大きくなって分子構造が見にくくなる場合がある．そのときは原子の存在確率が 50% を示す平均二乗変位のパラメーターを使って楕円体を描く代わりに，存在確率を 20〜30% に小さくして作図する必要がある．

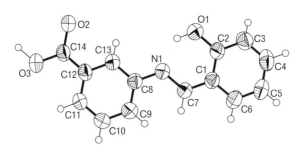

図 5・4 異方性温度パラメーターによる各原子の熱振動　各原子の 50% の存在確率を示す．水素原子はもっと大きな熱振動をしているが，それでは結合が見えにくくなるので，小さい丸で示している（ORTEP 図）．

原子の異方的な熱振動が大きい理由は二つある．一つの理由は，熱振動がその主軸方向に大きい場合で，実際に熱振動が大きい場合である．もう一つの理由は，その主軸方向に原子位置が乱れているため，見かけ上は異方的で大きな熱振動となることである．前者の理由なら，低温でデータ測定して構造解析すると，異方性は小さくなるはずである．後者の場合は低温にしても異方性は変わらない．前者を時間

的な**動的構造の乱れ**（**動的ディスオーダー**, dynamical disorder），後者を空間的な**静的構造の乱れ**（**静的ディスオーダー**, static disorder）と表現する場合もある．

5・4　多重度と占有率

構造因子の式は温度因子の項も含めると，

$$F(hkl) = \sum_{j=1}^{n} f_j(\sin\theta/\lambda) T_j \exp\{2\pi i(hx_j + ky_j + lz_j)\} \qquad (5\cdot16)$$

と表されるが，もし対称心をもつときは，

$$F(hkl) = \sum_{j=1}^{n/2} f_j(\sin\theta/\lambda) T_j [\exp\{2\pi i(hx_j + ky_j + lz_j)\} + \exp\{-2\pi i(hx_j + ky_j + lz_j)\}]$$

$$= 2\sum_{j=1}^{n/2} f_j(\sin\theta/\lambda) T_j \cos\{2\pi i(hx_j + ky_j + lz_j)\} \qquad (5\cdot17)$$

となる．しかし対称心に原子1があると，次式のように，その原子を除いて和をとり，付け加えることになる．

$$F(hkl) = f_1(\sin\theta/\lambda) T_1 + [2\sum_{j=2}^{(n-1)/2} f_j(\sin\theta/\lambda) T_j \cos\{2\pi i(hx_j + ky_j + lz_j)\}]$$

$$(5\cdot18)$$

これでは式のうえでも，計算上も面倒であるので，その代わりに，

$$F(hkl) = \sum_{j=1}^{(n+1)/2} m_j f_j(\sin\theta/\lambda) T_j \cos\{2\pi i(hx_j + ky_j + lz_j)\} \qquad (5\cdot19)$$

と表して，対称心上の原子は2回和をとり，その代わり $m_j = 1/2$ とする．対称心で関係づけられた原子は片方の原子のみで和をとり，$m_j = 1$ とする．このパラメーター m_j のことを**多重度**（multiplicity）という．対称心だけでなく，2回軸や鏡面上の原子も $m_j = 1/2$ であり，3回軸や4回軸上の原子の m_j は 1/3 や 1/4 である．したがって，原子の多重度とは物理的な意味のある量ではなく，対称要素上にある原子に対して，式の表現やプログラム計算を簡素化したいために導入されたパラメーターである．

一方，多重度と式のうえではまったく同じ形のパラメーターとして表現されるが，別の意味をもつ量として，原子の**占有率**（occupancy factor）がある．占有率は，その原子が結晶中でどの程度存在するかを示す物理量であり，通常は1である．原子はそれ以上分割できないので，原子1個の60%しか存在しないということはあり得ないと思われるかもしれないが，結晶解析における1個の原子とは，結晶中の各単位胞中の同じ位置に存在する原子を，全単位胞にわたって平均した仮想的な原子である．したがって，その位置に全部の単位胞で平均しても1個の原子が

存在するのは結晶の周期性から当然ではあるが，60％しか存在しないということもあり得るのである．たとえば溶媒分子などは解析途中で結晶から抜け出しているが，結晶格子は保たれているので，データ測定中の構造を平均すると60％しか存在しないという場合がある．また同じ位置に2種の原子が混ざり合って存在するときも，その存在比は占有率の変化として観測されるので，1とは異なる場合もある．

ある種のかご型モリブデン酸化物の結晶構造解析で，最小二乗法の精密化の段階で，かご型の中心位置にあるモリブデン原子の占有率が1/3と解析された．この結晶は半年以上ビーカーの中に放置されたモリブデン酸化物の溶液からわずかに析出したものであるため再実験は不可能あり，そのまま中心のモリブデンは1/3の占有率の構造であると報告された．しかし当時から，モリブデンの原子番号は42であり，その1/3は14で，原子番号14のケイ素が中心位置を占めていて，モリブデン原子が1/3だけ占有しているのではないと疑われた．長時間にわたって酸性の酸化物溶液に浸されていたため，ビーカーのガラス成分であるケイ素が溶け出して，そのケイ素が殻となって，結晶が析出した可能性を考慮すべきである．しかし結晶構造解析に使われた結晶も含めて生成した結晶はすでに他の目的に使われてなくなっていたのでこの疑問は解消されなかった．占有率が1とは異なる場合には，原子が一部抜け出していると安易に考えないで，その他の可能性も検討してみるべきである．また，このようなこともあるので，構造解析が完全に終了するまでデータ測定した結晶は保存しておくことが必要である．

5・5 積分強度

5・2節で，ウィルソン統計によって尺度因子を求めて，構造因子の相対的な値を絶対的な値に補正する方法を説明したが，散乱強度は本来どのように表されるか検討してみよう．結晶からの散乱X線は散乱ベクトルで決められた厳密な一方向ではなく，その方向を中心にして角度分布をもっている．これは入射X線が完全に平行ではなく，スリット系で決まる角度範囲に分布しており，結晶も格子構造が乱れて，格子面が角度分布をもっているためである．

散乱ベクトルから決まる回折角をθ_0，その角度近傍の散乱強度を$R(\theta)$とし，散乱角度の広がりを$\pm\varepsilon$とすると，全回折強度Iは次式で表せる．

$$I = \int_{-\varepsilon}^{+\varepsilon} R(\theta)\,d\theta \qquad (5\cdot 20)$$

入射X線の強度をI_0とすると，

$$P = I/I_0 \qquad (5\cdot21)$$

の P を**散乱能**（scattering power）という．結晶が充分小さくて入射 X 線のビームの中に完浴していて，結晶のすべての格子面から等しく散乱されるという理想的な場合には，

$$P = AVN^2\lambda^3 F^2(e^2/m_ec^2)Lp \qquad (5\cdot22)$$

と表される．ここで，A は結晶による X 線の**吸収因子**，V は結晶の体積，N は単位体積中の単位胞の数，λ は X 線の波長，F は構造因子，e は電荷，m_e は電子の質量，c は光速，L は逆格子点が回折球を横切る速度に依存する**ローレンツ因子**，p は**偏光因子**である．波長を短くすると，P は λ の三乗で減少する．

結晶と X 線の波長という実験条件を決めると，V，N，λ，(e^2/m_ec^2) は定数であるから，

$$P = I/I_0 = K'AF^2Lp \qquad (5\cdot23)$$

となる．ここで，$K' = VN^2\lambda^3(e^2/mc^2)$ である．そうすると，

$$I = K'I_0 AF^2Lp \qquad (5\cdot24)$$

と表せて，散乱強度の理論値を得ることができる．しかし吸収因子やローレンツ因子，偏光因子は求められるが，K' や I_0 を求めることはかなり困難であり，現在では回折線の絶対測定はあまり行われていない．実用的には 5・2 節で述べたようなウィルソン統計を使って尺度因子 C を求め，構造精密化の段階で精密化して $K'I_0$ の値を求めている．

5・6 消衰効果

構造の精密化が進むと，ときどき低角側の比較的強度のある実測の $|F_o(hkl)|$ の値が，計算値の $|F_c(hkl)|$ に比べてかなり小さいということがみられる．このような場合は，その回折線は**消衰効果**（extinction effect）の影響を受けていると考えられる．理論的には消衰効果は一次，二次の 2 種類あると考えられている．**一次の消衰効果**は図 5・5 に示すように，一度散乱された X 線が別の結晶面で散乱を起こすため，本来の散乱強度を示さない場合である．図 5・5 のように，散乱された X 線が結晶面の裏側から入射して，さらに回折する場合には，結晶の内部では散乱される X 線の割合はどんどん少なくなる．**二次の消衰効果**は図 5・6 に示すように，入射した X 線が表面に近い結晶面でどんどん散乱されてしまうため，内部の結晶面からの散乱が少なくなってしまうことで生じる現象である．結晶の周期性に乱れのない**完全結晶**（perfect crystal）の場合には，どちらの消衰効果も起こりうる．

5・6 消衰効果

有機結晶でも,結晶性のよい大きめの結晶を使うと観測される場合がある.しかし現実の有機結晶では,図5・7に示すように,**ひび割れ**(cracking)や**格子欠陥**(lattice defect)のためにモザイク状になっていて,一次,二次の消衰効果はあまり問題にならないことが多い.このような結晶を**モザイク結晶**(mosaic crystal)という.構造解析で想定している回折条件は,ラウエやブラッグが提案した条件と同様に,すべての格子面から同等に一度だけ回折現象を示しているという条件に基づいており,**運動学的散乱**(kinematical scattering)といわれていて,散乱強度 $I(hkl)$ は $|F(hkl)|^2$ に比例する.しかし完全結晶のように,多数回格子面で散乱される条件に基づく場合は,**動力学的散乱**(dynamical scattering)といわれており,散乱強度 $I(hkl)$ は $|F(hkl)|$ に比例する.実際に完全結晶に近いケイ素の結晶では $|F(hkl)|$ に比例することが確かめられている.したがって,完全結晶に近づくほど散乱強度は減少する.

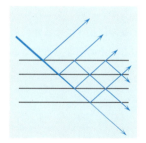

図5・5 一次消衰効果 散乱したX線が格子面の裏側でさらに散乱されるため散乱強度が減衰する.

図5・6 二次消衰効果 入射X線が順次散乱されて強度が減衰し,結晶全体からの散乱強度は減衰する.

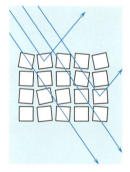

図5・7 モザイク結晶からの散乱

しかし現実の結晶は,完全なモザイク結晶でもなく,完全結晶でもなく,その中間の結晶だといえるであろう.そこで,構造解析にあたって消衰効果の補正が必要となる.しかし一次,二次の効果を別々に補正することも困難であるので,次のような $F_{corr}(hkl)$ を補正した $F_o(hkl)$ として使うことが多い.(5・7)式の右辺を $F_c(hkl)$ とすると,

$$F_{corr}(hkl) = F_c(hkl)[1 + \varepsilon\{F_c(hkl)\}^2 \lambda^3 / \sin^2\theta]^{-1/4} \quad (5・25)$$

最小二乗計算で各回折強度を平均的に改善するような ε の最適値を決める.この式は消衰効果の補正として,$F_o(hkl)$ をすぐに $F_c(hkl)$ に置き換えるのではなく,消

衰効果の顕著な $F_o(hkl)$ が，全体として $F_c(hkl)$ に合うような第2項の補正項を入れているところに特徴がある．

実験的には，波長の短いX線は透過しやすいので，短波長のX線を使うことや，結晶を液体窒素に浸してモザイク性をよくするなどの方法もあるが，消衰効果の激しい回折線は多くないうえに，最近は数多くの回折データを収集しているので，非常に精密な構造解析を目的とするのでなければ，(5・25)式の補正で十分であろう．

5・7 二重散乱（レニンガー効果）

図5・8に示すように，一つの限られた方向に散乱されるX線は，一つの結晶面からの散乱だけとは限らない．通常は s_0 方向から入射したX線は結晶面 P_1 で散乱して，s 方向に回折される．ところが，回折の条件によっては，s_0 方向から入射したX線は別の結晶面 P_2 で s' 方向に回折され，その回折X線が入射X線となって，さらに別の結晶面 P_3 で s 方向に回折されることがある．格子定数が大きくて，逆格子の間隔が狭いときは，それほどまれな現象ではない．しかし前節で示したように，1回散乱されると，その散乱X線の強度は入射X線の強度に比べてはるかに弱いので，たとえこのような**二重の回折条件**を満足していても，その強度は無視できるほど弱い．

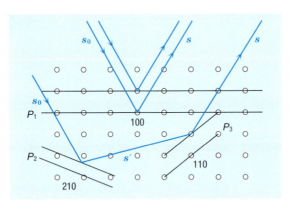

図5・8　異なる二つの結晶面からの二重散乱

しかしまれに，結晶面 P_2 と P_3 からの散乱が両方とも非常に強い場合には，無視できない強度になる場合がある．それでも F_o と F_c の一致度が少し悪いことで片付けられることが多く，よほど精密な構造解析でなければ，何らかの補正も必要がな

い.ただし,消滅則の判定では致命的な誤りを起こす可能性がある.特に,らせん軸対称の有無の判定は,$F(h00)$ や $F(0k0)$ や $F(00l)$ などで,消滅則で消えるべき構造因子が一つだけでも 0 でないなどという場合には,消滅則は成り立っていないと判断されてしまう.そのため本来あるべきらせん軸対称が見逃される場合がある.実験的に結晶の方位を変えるなどして,らせん軸対称が存在することを確かめることも必要であるが,1 個だけ消滅則を満足しないようなときは,とりあえず二重散乱で出現したものと仮定して,その散乱強度を無視して結晶の空間群を決めることも必要である.最近は二次元の検出器を使って同じ回折線を何回も方位を変えて測定するという**重複測定**(redundancy)を行っているので,特定の方向にしか表れない二重散乱のデータは同じ回折線の平均操作の段階で自動的に排除されていることが多い.

5・8 熱散漫散乱

原子の熱振動によって原子の周期的配列の条件が満足しなくなり,X 線の散乱強度は大きく影響を受ける.結晶では個別の原子の熱振動の他に,結晶中の分子全体のゆっくりした熱振動のため,格子間隔そのものが少しずつ変化する長周期の格子振動がある.たとえば図 5・9 に示すように,各格子の格子点の位置の熱運動を左右の矢印で表すと,格子は波のような左右の振動を示し,その周期は数個〜数十個分の格子の振動となる.このことは結晶の周期性を減少させ,回折条件を乱すことになるので,回折線が広がって強度も減少するが,その他に図 5・10 に示すよう

図 5・9 熱散漫散乱による格子間隔のずれ

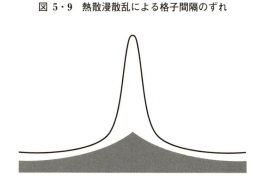

図 5・10 熱散漫散乱による散乱強度(灰色部分)

に，回折線の位置を中心として，そのまわりに裾野の広がったピークを与えることになる．この回折を**熱散漫散乱**（thermal diffuse scattering）という．熱散漫散乱が起こるとこの回折斑点のバックグラウンドを異常に大きくするので，散乱強度の測定に誤差を与える．この効果は原子位置にはあまり影響してこないが，結晶面に垂直な原子の熱振動に影響を与えることがある．

5・9 長周期構造

結晶構造の中には，図5・11(a)に示すように，周期的に並んだ分子構造の一部だけが異なっており，その違いが周期的に配列している場合がある．この図では，4周期ごとにまったく同じ分子構造となり，真の周期単位になっている．このような構造を**長周期構造**（super periodic structure）という．この場合，分子の大部分は同じ構造なので，図5・11(b)に示すように，真の周期の1/4の周期に，一部が乱れた構造として解析される場合が多い．しかし，回折斑点をよく観察すると図5・11(c)に示すように，比較的強い回折斑点からなる逆格子（点線で示す$a/4$の擬似的な単位胞の逆格子に対応する）の1/4周期のところに，真に長周期構造を示す弱い回折斑点がみられるのが特徴である．

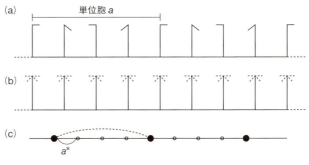

図 5・11　長周期構造とその回折斑点

1/4周期で表れる長周期構造を示す回折線が十分な精度で測定できる場合には，この長周期構造を解析することは可能であるが，一般には1/4周期の回折線は確認できる程度で，とてもそれらの弱い強度から構造解析にまで到達することは不可能な場合が多い．通常は図5・11(b)の乱れた構造を報告することで解析を終了しているが，これだと本来乱れた構造の図5・11(b)と区別できなくなるので，回折

線からは図 5・11 (c) のような回折斑点が観測されたので，真の構造は図 5・11 (a) のような 4 周期ごとにもとに戻る長周期構造と推測され，その平均構造を解析したと報告すべきであろう．

5・10 異常散乱と絶対構造
5・10・1 異常散乱によるフリーデル則の不成立

入射 X 線のエネルギーが，結晶内のある原子の吸収端の波長より少し短いと，波長は入射 X 線と同じであるが，位相が 90°遅れた X 線がその原子から散乱される．波長は同じなので，回折現象が起こるが，位相のずれのために散乱強度が変化する．これを**異常散乱効果**（anomalous scattering effect）という．位相の遅れのために，原子散乱因子に次のように虚数項 f'' が表れる．

$$f(\sin\theta/\lambda) = f^0(\sin\theta/\lambda) + f' + if'' \quad (5\cdot26)$$

この虚数項があると，**フリーデル則** $I(hkl) = I(\overline{hkl})$ が成り立たなくなる．すなわち，

$$I(hkl) = \left|\sum_{j=1}^{n}\{f_j^0(\sin\theta/\lambda) + f_j' + if_j''\}\exp\{2\pi i(hx_j + ky_j + lz_j)\}\right|^2 \quad (5\cdot27)$$

$$I(\overline{hkl}) = \left|\sum_{j=1}^{n}\{f_j^0(\sin\theta/\lambda) + f_j' + if_j''\}\exp\{2\pi i(-hx_j - ky_j - lz_j)\}\right|^2 \quad (5\cdot28)$$

となるが，実数項と虚数項を分けて，その複素共役との積を求めると，(5・27)式は，

$$\begin{aligned}I(hkl) = &\left[\sum_{j=1}^{n}\{f_j^0(\sin\theta/\lambda) + f_j'\}\cos\{2\pi(hx_j + ky_j + lz_j)\}\right.\\&\left. - f_j''\sum_{j=1}^{n}{}'\sin\{2\pi(hx_j + ky_j + lz_j)\}\right]^2\\&+ \left[\sum_{j=1}^{n}\{f_j^0(\sin\theta/\lambda) + f_j'\}\sin\{2\pi(hx_j + ky_j + lz_j)\}\right.\\&\left. + f_j''\sum_{j=1}^{n}{}'\cos\{2\pi(hx_j + ky_j + lz_j)\}\right]^2 \quad (5\cdot29)\end{aligned}$$

となり，(5・28)式は，cos 項はそのままで，sin 項をマイナスにすればいいので，

$$\begin{aligned}I(\overline{hkl}) = &\left[\sum_{j=1}^{n}\{f_j^0(\sin\theta/\lambda) + f_j'\}\cos\{2\pi(hx_j + ky_j + lz_j)\}\right.\\&\left. + f_j''\sum_{j=1}^{n}{}'\sin\{2\pi(hx_j + ky_j + lz_j)\}\right]^2\\&+ \left[\sum_{j=1}^{n}\{f_j^0(\sin\theta/\lambda) + f_j'\}\sin\{2\pi(hx_j + ky_j + lz_j)\}\right.\\&\left. + f_j''\sum_{j=1}^{n}{}'\cos\{2\pi(hx_j + ky_j + lz_j)\}\right]^2 \quad (5\cdot30)\end{aligned}$$

これらの式から，$f'' = 0$ のときは，$I(hkl)$ も $I(\overline{hkl})$ も，

$$I(hkl) = I(\overline{hkl})$$
$$= \left[\sum_{j=1}^{n}\{f_j^0(\sin\theta/\lambda) + f_j'\}\cos\{2\pi(hx_j + ky_j + lz_j)\}\right]^2$$
$$+ \left[\sum_{j=1}^{n}\{f_j^0(\sin\theta/\lambda) + f_j'\}\sin\{2\pi(hx_j + ky_j + lz_j)\}\right]^2 \quad (5\cdot31)$$

であり，フリーデル則は成り立つが，$f'' \neq 0$ のときは，f'' の符号が異なるので，

$$I(hkl) \neq I(\overline{hkl}) \quad (5\cdot32)$$

となる．どの原子の原子散乱因子にも f'' 項は存在するが，入射X線の波長が図5・12のように結晶中に含まれる原子のK吸収端（K殻の電子をたたき出すエネルギー）に近くない限り，その効果は無視できる．しかしK吸収端に近いと無視できない値となる．

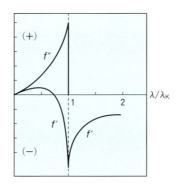

図 5・12　K吸収端 (λ_K) 近傍での f' と f'' の値の大きな変化

5・10・2　西川の実験（閃亜鉛鉱結晶）

この効果を最初に実験に取入れて結晶の向きを明らかにしたのは，**西川正治**らの**閃亜鉛鉱（ZnS）結晶**を使った実験である（1928年）[1]．この構造はZnもSも炭素と考えると，ダイヤモンドと同じ構造であり，それぞれの原子が面心立方格子をつくり，互いに体対角方向に1/4ずれた格子をつくっている．そのため，Znを原点に置くと，Znは (0, 0, 0)，(1/2, 1/2, 0)，(1/2, 0, 1/2)，(0, 1/2, 1/2) にあり，Sは (1/4, 1/4, 1/4)，(3/4, 3/4, 1/4)，(3/4, 1/4, 3/4)，(1/4, 3/4, 3/4) にある．この座標を原子位置に入れて，$I(111)$ と $I(\overline{111})$ を比較すると，

$$I(111) = 16(f_{Zn}^0 + f_{Zn}' + f_S'')^2 + 16(f_S^0 + f_S' - f_{Zn}'')^2 \quad (5\cdot33)$$
$$I(\overline{111}) = 16(f_{Zn}^0 + f_{Zn}' - f_S'')^2 + 16(f_S^0 + f_S' + f_{Zn}'')^2 \quad (5\cdot34)$$

5・10 異常散乱と絶対構造

となる.西川らは,ZnのK吸収端に近いタングステンWを陽極としたWLβ_1使うと,Sの異常散乱項f_S''は小さくて無視できるが,f_{Zn}''は無視できない値となるので,$I(111)$と$I(\overline{111})$は異なるはずだと推論した.第2項のf_{Zn}''の正負が違うので,$I(\overline{111})$の方が大きいと推定した.そこで,ZnS結晶の結晶面(111)からの散乱強度と結晶面$(\overline{111})$からの散乱強度を比較したところ,散乱強度が,

$$I(111) < I(\overline{111}) \tag{5・35}$$

となって,有意に大きいことを証明した.

西川らの実験では異常散乱効果のために,フリーデル則が破られていることを証明したが,実際にZnの層とSの層のどちらの層からの回折の強度が強く出るか,すなわちZnとSの結晶内での裏表は明らかでなかった.

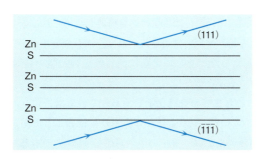

図 5・13 閃亜鉛鉱の (111)面と $(\overline{111})$面でのX線の散乱

閃亜鉛鉱の結晶面(111)は図5・13に示すように,ZnとSが等間隔では並んでいるのではなく,Znが表面にある(111)面とSが裏面にある$(\overline{111})$面と区別した結晶をつくることができる.**コスター**(D. Coster)らは圧電現象を利用して光沢のあるSの面と,光沢のないZnの面を実験的に区別した.そして,f_{Zn}''の異なるWLβ_1,WLβ_2,WLβ_3,AuLα_1,AuLα_2の波長のX線を使って(5・35)式を証明し,結晶の外観と内部構造が一致していることも明らかにした(1930年)[2].このことは同時に,異常散乱による原子散乱因子の(5・26)式が実験的にも正しいことを示している.

5・10・3 結晶の絶対構造

前項の実験で,結晶の**絶対構造**は原子の異常散乱現象を使えば決められることは明らかになったが,これはあくまで物理学の世界の散乱強度の話であって,化学の

分野で大問題となっている不斉な分子の絶対構造が解決できることには長い間誰も気付かなかった。分子の不斉ばかりでなく，結晶の不斉もあり，**パスツール** (L. Pasteur) が**酒石酸塩**の結晶を顕微鏡で**右結晶**と**左結晶**とに区別して，それぞれの結晶を水に溶かした溶液は右旋性と左旋性を示した有名な例がある（1848 年）．これは酒石酸分子の不斉に起因しているが，化学では**ファント・ホッフ**（J. H. van't Hoff) が炭素に四つの異なる置換基が結合した際に見られる光学異性体であり，分子の不斉の原因と提案した（1874 年）．そして糖類の研究で有名な**フィッシャー** (E. H. Fischer) が，鏡面対称にある二つの光学異性体をつくる不斉炭素の絶対構造を，グリセリンアルデヒドの構造の一方を仮に右旋性と定義して，その構造から誘導される有機物の不斉を右旋性として区別するようになった（1900 年）．仮の定義ではあったが，その後 50 年近くそのまま使われていた．

バイフット（J. M. Bijvoet) は結晶の絶対構造が決められるなら，パスツールの発見した酒石酸塩の結晶の絶対構造を決めれば，酒石酸分子の不斉に正解を与えることができると推論した．そして実際に酒石酸塩の結晶の絶対構造を決定した (1949 年)[3]．非常に幸運なことに，フィッシャーの仮定した右旋性を示す構造と一致した．そのためこれまでの有機化学で使われている構造式を訂正する必要がなかったのである．パスツールの発見から約 100 年後のことである．バイフットの行った方法を，簡単のために，分子の中の重原子 M のみが有意に異常散乱効果を示す X 線を使うとして説明する．

重原子の原子散乱因子は，

$$f_M = f_M^0 + f_M' + if_M'' \tag{5・36}$$

となり，残りの原子は異常散乱効果を無視できる．そうすると回折強度は，

$$I(hkl) = \left[\sum_{j=1}^{n} f_j \cos\{2\pi(hx_j + ky_j + lz_j)\} - f_M'' \sin\{2\pi(hx_j + ky_j + lz_j)\}\right]^2 \\ + \left[\sum_{j=1}^{n} f_j \sin\{2\pi(hx_j + ky_j + lz_j)\} + f_M'' \cos\{2\pi(hx_M + ky_M + lz_M)\}\right]^2 \tag{5・37}$$

$$I(\bar{h}\bar{k}\bar{l}) = \left[\sum_{j=1}^{n} f_j \cos\{2\pi(hx_j + ky_j + lz_j)\} + f_M'' \sin\{2\pi(hx_j + ky_j + lz_j)\}\right]^2 \\ + \left[\sum_{j=1}^{n} f_j \sin\{2\pi(hx_j + ky_j + lz_j)\} - f_M'' \cos\{2\pi(hx_M + ky_M + lz_M)\}\right]^2 \tag{5・38}$$

となり，

$$I(hkl) \neq I(\bar{h}\bar{k}\bar{l}) \tag{5・39}$$

となる.以前は散乱強度のデータの精度があまりよくなかったので,精密化の途中は異常散乱効果を含まない原子散乱因子を使って解析を進め,その後で異常散乱効果の大きな波長のX線を使って,$I(hkl)$と$I(\overline{hkl})$の差の大きな10個程度の回折線を使って実測値と計算値が合うように座標を確定した.つまり,その時点のx, y, zの値で$I(hkl)$と$I(\overline{hkl})$を比較して,すべての回折斑点で,$I(hkl)$と$I(\overline{hkl})$の大小関係が合っていたらそのままを座標とし,逆の大小関係を示したらx, y, zの座標をすべて$-x, -y, -z$に置き換えていた.

その後,統計的な手法でより定量的に絶対構造を決定する方法が**ハミルトン**(W. C. Hamilton)によって提案された[4].この方法はx, y, zの座標で計算されたR値を$R1$,$-x, -y, -z$の座標で計算されたR値を$R2$として,その比,$R = R2/R1$を独立な原子座標の数と独立な回折線の数を使って,**χ^2検定**でどちらの構造が有意に正しいかを統計的に検定する方法である.この方法は,論理的には正しいが計算が厄介であるので,最近では精密化の段階で次のような**フラックパラメーター**(Flack's parameter)xを導入して,xが0.0に近ければ現在の座標のままで,xが1.0に近ければx, y, zの符号を変えた座標を使うことにしている[5].

$$|F(hkl, x)|^2 = (1-x)|F(hkl)|^2 + x|F(\overline{hkl})|^2 \qquad (5\cdot 40)$$

このとき注意すべき点は,座標を変えるだけでなく,らせん軸の回転方向も逆にする必要がある.具体的には,3_1は3_2になり,4_1は4_3に,6_1は6_5に,6_2は6_4に変わる.この結果,空間群も変わることになる場合もあり,空間群は同じであるが,原点の位置を変える必要がある.第7章の構造精密化の段階でフラックパラメーターを精密化した後の手順を参照されたい.

■ 参考文献 ■

1) S. Nishikawa and K. Matsukawa, *Proc. Imp. Acad. Japan*, **4**, 96 (1928).
2) D. Coster, K. S. Knoll and J. A. Prins, *Z. Phys.*, **63**, 345 (1930); D. Coster and K. S. Knoll, *Proc. Roy. Soc.*, **A139**, 459 (1933).
3) J. M. Bijvoet, *Proc. Roy. Acad. Amsterdam*, **B52**, 313 (1949); J. M. Bijvoet, A. F. Peerdeman and A. J. van Bommel, *Nature*, **168**, 271 (1951).
4) W. C. Hamilton, *Acta Cryst.*, **18**, 502 (1865).
5) D. Flack, *Acta Cryst.*, **A39**, 876 (1983).

構造因子の位相の決定

第3章で述べたように,測定された各回折線の強度は構造因子の二乗に比例するので,構造因子の絶対値は測定できるが,その位相 $\phi(hkl)$ は未知である.もし何らかの方法で構造因子の位相が決まれば,位相付きの構造因子を使って逆フーリエ変換して結晶内の電子密度が得られる.したがって,結晶構造解析とは各回折線の位相を求めるという問題に帰着する.この問題を**位相問題**という.位相問題の解法としてこれまでさまざまな方法が提案されて,構造解析される結晶の種類が広がってきているが,現在に至るも,どんな結晶にも適用できる完全な解法は得られていない.そのため,結晶に応じて最適な方法を適用して位相を決めることが大切である.本章ではいくつかのおもな位相決定の方法を述べる.

6・1 直 接 法

実験から得られる構造因子の絶対値だけを用い,他の化学的・物理的情報使わずに「直接」に位相を決める方法ということから,**直接法**(direct method)と名付けられた.この方法は統計理論を駆使するので,当初は**統計法**(statistical method)ともいわれたが,現在では直接法に統一されている.なお,この章では式の煩雑さを避けるために,指数 hkl や座標 xyz はベクトル $\boldsymbol{K}$ や $\boldsymbol{r}$ で表示する.

「直接」に決められると考える根拠は簡単である.温度因子などの補正項を省略すれば,

$$F(\boldsymbol{K}) = \sum_{j=1}^{N} f_j \exp\{2\pi i (\boldsymbol{K} \cdot \boldsymbol{r}_j)\} \tag{6・1}$$

であるから,座標を決めなくてはならない原子が 100 個($N = 100$)あると,各原子は xyz の三つ座標で表されるから,パラメーター $\boldsymbol{r}_j$ の総和は 300 個である[†].し

[†] なお,第3章では座標を決めることが主題なので,$(\boldsymbol{r}_j \cdot \boldsymbol{K})$ の順でベクトルの内積を表したが,本章では各構造因子 $F(\boldsymbol{K})$ の位相を決めることが主題なので,$(\boldsymbol{K} \cdot \boldsymbol{r}_j)$ の順に表す.内積は順序を変えても同じである.また本章では n は一般的な個数を表しているので,単位胞中の原子数は N で表している.

かし,原子数 100 個を含む結晶の構造因子 $F(\boldsymbol{K})$ の総数は 5000 個を越える場合が普通であるから,数学的に独立な $F(\boldsymbol{K})$ は 300 のみであり,その他の 4700 個の構造因子は独立ではなく,互いに関連しているはずである.つまり,$F(\boldsymbol{K})$ の種々の値の間には**相関**があることを示している.その相関関係を知れば,それに関与している構造因子の位相を決めることが可能になるであろう.実験設備を戦争で破壊されて,紙と鉛筆しか持たない世界中の結晶研究者は,1950 年代にこの問題の解法に集中した.

6・1・1 セイヤーの等式

最初に有力な方法を提案したのは**セイヤー**(D. Sayre)である(1952 年).単純化したモデルとして,結晶内には同種の原子が充分離れていると考えると,その場合の電子密度 $\rho(\boldsymbol{r})$ は図 6・1 (a) のように表せると考えた.この図では簡単のため,一次元で表している.このように電子密度が分離していると,電子密度の二乗の関数 $\rho(\boldsymbol{r})^2$ も図 6・1 (b) のように,各ピークは充分離れているだろう.しかもこの関数のピークの位置は $\rho(\boldsymbol{r})$ と同じ $\boldsymbol{r}$ の座標である.

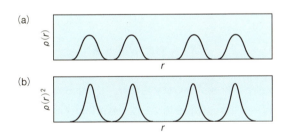

図 6・1 同種の原子からなる一次元結晶の電子密度 (a) とその二乗の電子密度 (b)

同種の原子の原子散乱因子を f とし,二乗の電子密度をもつ仮想的な物体が同じ位置にあると考えて,その物体は g の散乱因子をもつと考えてみよう.そうすると,f の原子散乱因子による構造因子 $F(\boldsymbol{K})$ と,仮想的に g の散乱因子をもつ物体の構造因子を $G(\boldsymbol{K})$ は次のように与えられる.

$$F(\boldsymbol{K}) = f \sum_{j=1}^{N} \exp\{2\pi i (\boldsymbol{K} \cdot \boldsymbol{r}_j)\} \quad (6 \cdot 2)$$

$$G(\boldsymbol{K}) = g \sum_{j=1}^{N} \exp\{2\pi i (\boldsymbol{K} \cdot \boldsymbol{r}_j)\} \quad (6 \cdot 3)$$

この二つの式から, $\quad G(\boldsymbol{K}) = (g/f) F(\boldsymbol{K}) \quad (6 \cdot 4)$

となる．一方，$\rho(\boldsymbol{r})^2$ は $\rho(\boldsymbol{r})$ の二乗の関数だから，数学的には $G(\boldsymbol{K})$ は $F(\boldsymbol{K})$ からも直接に**自己たたみ込み関数**（self-convolution）として表されて，

$$G(\boldsymbol{K}) = (1/V)\sum_{\boldsymbol{K}'} F(\boldsymbol{K}')F(\boldsymbol{K}-\boldsymbol{K}') \qquad (6\cdot 5)$$

となる．この和は逆格子点 $\boldsymbol{K}'$ のすべてについて行う．この両式から，

$$F(\boldsymbol{K}) = (f/gV)\sum_{\boldsymbol{K}'} F(\boldsymbol{K}')F(\boldsymbol{K}-\boldsymbol{K}') \qquad (6\cdot 6)$$

と表される．ここで，V は単位胞の体積である．この式を**セイヤーの等式**（Sayre's equation）という．

しかし，このままでは位相を決めることができないので，和をとる項の中の一つの $\boldsymbol{K}'$ の $|F(\boldsymbol{K}')||F(\boldsymbol{K}-\boldsymbol{K}')|$ の値が特に大きく，和の中のその他の項は無視できると仮定する．そうすると，

$$|F(\boldsymbol{K})|\exp\{i\phi(\boldsymbol{K})\} \fallingdotseq$$
$$(f/gV)|F(\boldsymbol{K}')||F(\boldsymbol{K}-\boldsymbol{K}')| \times \exp[i\{\phi(\boldsymbol{K}') + \phi(\boldsymbol{K}-\boldsymbol{K}')\}] \qquad (6\cdot 7)$$

となる．すると exp の項も等しいはずであるから，

$$\phi(\boldsymbol{K}) \fallingdotseq \phi(\boldsymbol{K}') + \phi(\boldsymbol{K}-\boldsymbol{K}') \qquad (6\cdot 8)$$

となる．対称心をもつ空間群では位相 $\phi(\boldsymbol{K})$ は 0 か π の値，または＋かーの符号 $S(\boldsymbol{K})$ となるから，

$$S(\boldsymbol{K}) \fallingdotseq S(\boldsymbol{K}')S(\boldsymbol{K}-\boldsymbol{K}') \qquad (6\cdot 9)$$

と表される．この式から，二つの構造因子の位相が既知であれば，新たな構造因子の位相が (6・8) 式や (6・9) 式から求められる．このようにして，最初に数個の位相が既知であれば，少しずつ位相を増やして，最後にはすべての位相が求められるはずである．

この考え方は非常に単純で位相の決定も楽に行えるはずであるが，問題は「和をとる項の中で一つの $|F(\boldsymbol{K}')||F(\boldsymbol{K}-\boldsymbol{K}')|$ の値が他と比べて特に大きい」という (6・7) 式の前提となる近似が通常の結晶では成り立たないことにある．したがって，実際にはこの方式で位相決定はできなかった．しかしこの考え方には直接法の理論の本質が含まれており，後の発展に大きな影響を与えた式である．この意味を説明する前に，まず構造因子に関する数学的な準備をしておく必要がある．

6・1・2　規格化構造因子

構造因子 $F(\boldsymbol{K})$ は，結晶中に含まれる原子の種類や数によって大きさが異なるので，直接法では構造因子 $F(\boldsymbol{K})$ の代わりに**規格化構造因子** $E(\boldsymbol{K})$ を使った方が一般

論として展開できる．その定義は，

$$E(\boldsymbol{K}) = \sum_{j=1}^{N} q_j \exp\{2\pi i (\boldsymbol{K} \cdot \boldsymbol{r}_j)\} \tag{6・10}$$

である．ここで q_j は各原子の電子数を Z_j として次式で与えられる．

$$q_j = Z_j / \sigma_2^{1/2} \tag{6・11}$$

この式の σ_2 は次式の $m=2$ の場合である．

$$\sigma_m = \sum_{j=1}^{N} Z_j^m \tag{6・12}$$

電子数が Z の同種の原子からなる場合は，$\sigma_2 = NZ^2$ となり，$q_j = N^{-1/2}$ であり，$\sum_{j=1}^{N} q_j^2 = 1$ である．

まず $E(\boldsymbol{K})$ の分布を検討してみよう．図 6・2 に示すように，$E(\boldsymbol{K}) = A(\boldsymbol{K}) + iB(\boldsymbol{K})$ とすると，

$$A(\boldsymbol{K}) = \sum_{j=1}^{N} q_j \cos\{2\pi (\boldsymbol{K} \cdot \boldsymbol{r}_j)\} \tag{6・13}$$

$$B(\boldsymbol{K}) = \sum_{j=1}^{N} q_j \sin\{2\pi (\boldsymbol{K} \cdot \boldsymbol{r}_j)\} \tag{6・14}$$

$$E(\boldsymbol{K}) = \sum_{j=1}^{N} q_j \cos\{2\pi (\boldsymbol{K} \cdot \boldsymbol{r}_j)\} + i \sum_{j=1}^{N} q_j \sin\{2\pi (\boldsymbol{K} \cdot \boldsymbol{r}_j)\} \tag{6・15}$$

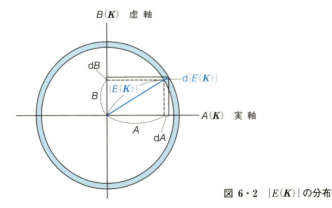

図 6・2 $|E(\boldsymbol{K})|$ の分布

ここから $E(\boldsymbol{K})$ の**平均値**を求める．第 1 項の実数部分の各項 $q_j \cos\{2\pi (\boldsymbol{K} \cdot \boldsymbol{r}_j)\}$ は正にも負にもなり得るので，平均すれば 0 である．虚数部分の各項 $q_j \sin\{2\pi (\boldsymbol{K} \cdot \boldsymbol{r}_j)\}$ も平均すれば 0 である．したがって，平均の操作を ⟨ ⟩ で表せば，

$$\langle A(\boldsymbol{K}) \rangle = \langle B(\boldsymbol{K}) \rangle = 0 \tag{6・16}$$

である．次に $q_j \cos\{2\pi(\boldsymbol{K}\cdot\boldsymbol{r}_j)\}$ と $q_j \sin\{2\pi(\boldsymbol{K}\cdot\boldsymbol{r}_j)\}$ の**分散**，すなわち平均値からの平均二乗変位を求めると，

$$\langle q_j^2 \cos^2\{2\pi(\boldsymbol{K}\cdot\boldsymbol{r}_j)\}\rangle = \langle q_j^2 \sin^2\{2\pi(\boldsymbol{K}\cdot\boldsymbol{r}_j)\}\rangle = q_j^2/2 \quad (6\cdot17)$$

となるから，$A(\boldsymbol{K})$ と $B(\boldsymbol{K})$ の分散 $V\{A(\boldsymbol{K})\}$ と $V\{B(\boldsymbol{K})\}$ は (6・18)式となる．

$$V\{A(\boldsymbol{K})\} = V\{B(\boldsymbol{K})\} = \sum_{j=1}^{N} q_j^2/2 = 1/2 \quad (6\cdot18)$$

ここで，統計論の**中心極限定理**という概念を使う．この定理は，「変数 $x_1, x_2, \cdots, x_n$ が平均値 μ_0 で分散 V_0 の同じ分布に従う独立変数であるときは，各変数の和 $f(x) = x_1 + x_2 + \cdots + x_n$ は，n が無限大に近づくと漸近的に次式の存在確率 $P(x)$ で表される正規分布に従う」とする定理である．

$$P(x) = (1/\sqrt{2\pi V})\exp\{-(x-\mu)^2/2V\} \quad (6\cdot19)$$

ここで，$\mu = n\mu_0$, $V = nV_0$ である．

そうすると，$A(\boldsymbol{K})$ と $B(\boldsymbol{K})$ に中心極限定理を使うことができる．図 6・2 の $A(\boldsymbol{K})$ が A と $A+\mathrm{d}A$ の間にある確率 $P(A)\mathrm{d}A$, B が B と $B+\mathrm{d}B$ の間にある確率 $P(B)\mathrm{d}B$ はそれぞれ次の式になる．

$$P(A)\mathrm{d}A = (1/\sqrt{\pi})\exp(-A^2)\mathrm{d}A \quad (6\cdot20)$$

$$P(B)\mathrm{d}B = (1/\sqrt{\pi})\exp(-B^2)\mathrm{d}B \quad (6\cdot21)$$

そして，$A(\boldsymbol{K})$ が A と $A+\mathrm{d}A$ の間，$B(\boldsymbol{K})$ が B と $B+\mathrm{d}B$ の間をとる確率は次のようになる．

$$P(A,B)\mathrm{d}A\mathrm{d}B = (1/\pi)\exp\{-(A^2+B^2)\}\mathrm{d}A\mathrm{d}B \quad (6\cdot22)$$

これは図 6・2 の青色部分の $E(\boldsymbol{K})$ が $|E(\boldsymbol{K})|$ と $|E(\boldsymbol{K})|+\mathrm{d}|E(\boldsymbol{K})|$ に存在する確率であるから，

$$\begin{aligned}P\{|E(\boldsymbol{K})|\}\mathrm{d}|E(\boldsymbol{K})| &= P(A,B)\{2\pi|E(\boldsymbol{K})|\}\mathrm{d}|E(\boldsymbol{K})| \\ &= 2|E(\boldsymbol{K})|\exp\{-|E(\boldsymbol{K})|^2\}\mathrm{d}|E(\boldsymbol{K})| \quad (6\cdot23)\end{aligned}$$

となる．

一方，対称心をもつ空間群では (6・15)式から sin 項が消えて，

$$E(\boldsymbol{K}) = 2\sum_{j=1}^{N/2} q_j \cos\{2\pi(\boldsymbol{K}\cdot\boldsymbol{r}_j)\} \quad (6\cdot24)$$

であり，その平均値 μ_0 は 0 で分散 V は 1 となるから，$E(\boldsymbol{K})$ が $|E(\boldsymbol{K})|$ と $|E(\boldsymbol{K})|+\mathrm{d}E(\boldsymbol{K})|$ の間にある確率は，

$$P\{|E(\boldsymbol{K})|\}\mathrm{d}E(\boldsymbol{K}) = (1/\sqrt{2\pi})\exp\{-E(\boldsymbol{K})^2/2\}\mathrm{d}|E(\boldsymbol{K})| \quad (6\cdot25)$$

となる．(6・23)式と (6・25)式から，対称心をもたない場合ともつ場合の $E(\boldsymbol{K})$

の**統計分布**が計算される．これが表 6・1 の値になり，対称心の有無の判定に使われている．なお，表中の上段は三つの関数の平均値を表し，下段は $|E(\boldsymbol{K})|$ の大きさで分類したときの確率分布を表している．

表 6・1 $|E(\boldsymbol{K})|$ の統計分布

	対称心をもつ場合	対称心をもたない場合
$\langle |E(\boldsymbol{K})| \rangle$	0.798	0.866
$\langle |E(\boldsymbol{K})|^2 \rangle$	1.000	1.000
$\langle |E(\boldsymbol{K})|^2 - 1 \rangle$	0.968	0.736
$|E(\boldsymbol{K})| \geq 0.5$	0.617	0.779
$|E(\boldsymbol{K})| \geq 1.0$	0.317	0.368
$|E(\boldsymbol{K})| \geq 1.5$	0.134	0.105
$|E(\boldsymbol{K})| \geq 2.0$	0.045	0.018
$|E(\boldsymbol{K})| \geq 3.0$	0.003	0.0001

対称が高くなると，この分布に従わない回折線も出てくる．たとえば，b 軸に垂直に鏡面対称をもつ Pm という空間群の場合は，(x_j, y_j, z_j) と $(x_j, -y_j, z_j)$ の等価点があるから，

$$\begin{aligned}
E(\boldsymbol{K}) &= A(\boldsymbol{K}) + iB(\boldsymbol{K}) \\
&= \sum_{j=1}^{N/2} q_j [\cos\{2\pi(hx_j + ky_j + lz_j)\} + \cos\{2\pi(hx_j - ky_j + lz_j)\}] \\
&\quad + i\sum_{j=1}^{N/2} q_j [\sin\{2\pi(hx_j + ky_j + lz_j)\} + \sin\{2\pi(hx_j - ky_j + lz_j)\}] \\
&= 2\sum_{j=1}^{N/2} q_j \cos\{2\pi(hx_j + lz_j)\} \cos(2\pi ky_j) \\
&\quad + 2i\sum_{j=1}^{N/2} q_j \sin\{2\pi(hx_j + lz_j)\} \cos(2\pi ky_j)
\end{aligned} \quad (6 \cdot 26)$$

となる．この場合の $A(\boldsymbol{K})$，$B(\boldsymbol{K})$ の平均値は P1 と同様に 0 となるが，分散は

$$V\{A(\boldsymbol{K})\} = \sum_{j=1}^{N/2} 4q_j^2 \langle \cos^2\{2\pi(hx_j + lz_j)\} \rangle \langle \cos^2 2\pi ky_j \rangle$$

$$V\{B(\boldsymbol{K})\} = \sum_{j=1}^{N/2} 4q_j^2 \langle \sin^2\{2\pi(hx_j + lz_j)\} \rangle \langle \cos^2 2\pi ky_j \rangle$$

であるから，回折線の指数によって次の三つの場合で異なる．

① $V\{A(\boldsymbol{K})\} = V\{B(\boldsymbol{K})\} = 1/2$ $(h, k, l \neq 0)$
② $V\{A(\boldsymbol{K})\} = V\{B(\boldsymbol{K})\} = 1$ $(h, l \neq 0, \ k = 0)$
③ $V\{A(\boldsymbol{K})\} = 1, \ V\{B(\boldsymbol{K})\} = 0$ $(h, l = 0, \ k \neq 0)$

① の場合は P1 と同じで，③ の場合は P$\bar{1}$ と同じであるが，② の場合は P1 に比べて分散が 2 倍になっている．そうすると，$|K|$ は同じであるのに，指数の条件によって異なる分散をもつことになって不便である．そこで，このような指数条件では適当な値（② の場合は $\sqrt{2}$），その他は 1 となるような**補正項** $\varepsilon(K)$ で $E(K)$ を割った次式の $E'(K)$ を使えば，結晶の対称性も考慮した規格化構造因子が定義できる．

$$E'(K) = E(K)/\varepsilon(K) \tag{6・27}$$

この新たな規格化構造因子 $E'(K)$ は，対称心をもたないときは (6・23) 式の分布をもち，対称心をもつときは (6・25) 式の分布をもつことになる．対称心の有無を除いて空間群にも無関係な分布となり，真の規格化構造因子である．表 6・1 は空間群によらず対称心の有無で決まる $E'(K)$ の分布を示している．しかし，$\varepsilon(K)$ や $E'(K)$ は空間群の対称要素によって特殊な指数の構造因子にのみ表れるだけなので，簡単のために本章の以後の説明でも，これまで通りの $E(K)$ を規格化構造因子の記号として使っているが，$\varepsilon(K)$ で割った $E'(K)$ を表している．この $\varepsilon(K)$ は第 5 章の多重度に対応するものである．なお，各空間群での指数の条件とそのときの $\varepsilon(K)$ の値は「International Tables for Crystallography」Vol. B に記載されている．

6・1・3 原点の指定

規格化構造因子の位相は，構造によって決まるだけでなく，原点のとり方でも変わってくる．たとえば，対称心をもつ P$\bar{1}$ の空間群の格子の単位胞（の c 軸投影）を図 6・3 (a) に示すが，原点 o に対称心があれば，各軸に半周期離れた位置にも対称心が自動的に生じる．そこで，この図の原点からみて (x_j, y_j, z_j) にある原子は，a 軸方向に半周期ずれた o′ の位置を原点とすると，$(x_j' - 1/2, y_j, z_j)$ の座標になる．そうすると，

$$E'(hkl) = \sum_{j=1}^{N} q_j \exp[\{2\pi i(hx_j' + ky_j + lz_j)\} - \pi ih] = E(hkl) \exp(-\pi ih) \tag{6・28}$$

となり，h が奇数のとき exp 項は -1 となり，符号が反転する．原点を o にしても o′ にしても構造は同じであるが，exp 項の存在のため，h が偶数のときは変わらないが，奇数のときは $F(hkl)$ の符号が正負逆になってしまう．このままでは位相決定ができなくなる．そこで，h, k, l の奇数の指数それぞれについて 1 個の指数の正

負をあらかじめ決めて，原点を指定しておく必要がある．これらの三つの構造因子の正負を決めておけば，これらの構造因子の符号から導出される位相はすべてどれかの原点に固定されたものである．

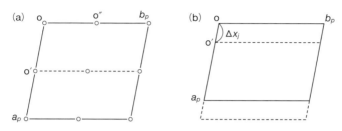

図 6・3 **原点の選択** 対称心をもつ場合 (a) と対称心をもたない場合 (b). a_p, b_p は c 軸に投影された a 軸, b 軸の長さを表し，$a_p = a \sin\beta, b_p = b \sin\alpha$ である．

対称心をもたない場合も基本的には同じであるが，ずれの分量は半周期ではなく，任意性がある．たとえば，$P1$ の空間群の単位胞を図 6・3 (b) に示す．原点の位置はどこでもよいので，原点を a 軸方向に Δx_j だけ移すと，

$$E'(hkl) = \sum_{j=1}^{N} q_j \exp\left[\{2\pi i(hx_j' + ky_j + lz_j) - 2\pi ih\Delta x_j\}\right]$$
$$= E(hkl) \exp(-2\pi ih\Delta x_j) \qquad (6\cdot 29)$$

となる．したがって，最初に h, k, l の独立な三つの構造因子について，0 から 2π までの任意の値を与えることで，3 軸方向の原点を固定したことになる．

ここで，h, k, l の独立な三つの構造因子とは何かを説明する必要がある．

$$K_j = h_j \boldsymbol{a}^* + k_j \boldsymbol{b}^* + l_j \boldsymbol{c}^* \qquad (6\cdot 30)$$

とすると，三つの K_j が逆格子空間で同一線上や同一面上でないことである．そうすると，任意の構造因子の指数はこれら三つの構造因子の指数の整数倍で表されることになる（v_1, v_2, v_3 は整数）．

$$(h, k, l) = v_1(h_1, k_1, l_1) + v_2(h_2, k_2, l_2) + v_3(h_3, k_3, l_3) \qquad (6\cdot 31)$$

この式をベクトルと行列で表すと，

$$\boldsymbol{K} = \boldsymbol{v} \cdot \boldsymbol{M} \qquad (6\cdot 32)$$

であるが，v_1, v_2, v_3 が整数である条件は，

$$|\boldsymbol{M}| = \pm m \qquad (6\cdot 33)$$

である．この場合，m 個の原点が可能であるが，$m = 1$ の場合には原点は 1 個であり，その三つの構造因子 (h_1, k_1, l_1), (h_2, k_2, l_2), (h_3, k_3, l_3) の組を**素数組** (primitive set) という. しかし, 三つの構造因子だけから原点を決めるときには (6・33)式は必須の条件であるが, 通常は, 次節で述べるように, 最初に 3 個以上の構造因子に位相を仮定するので, 原点の指定はそれらの位相を仮定した構造因子全部から決められる. したがって, (6・33)式を意識しなくても通常は m 個の原点のいずれかを選択したことになり, 原点が一義的に決まると考えてよいだろう.

なお, 対称心をもたない空間群でも $P2_1$ のように, らせん軸方向の b 軸方向の原点はどの位置でも任意であるが, a 軸と c 軸方向は半周期ごとにらせん軸が並んでいるので, h や l の指数が奇数の構造因子の位相を決めることで原点を指定できる.

対称心をもたない空間群の結晶では, 座標系の選択の問題もある. 右手系で座標を選択したときに $E(\boldsymbol{K})$ を次式で表すと,

$$E(\boldsymbol{K}) = A(\boldsymbol{K}) + iB(\boldsymbol{K}) = |(\boldsymbol{K})| \exp\{i\phi(\boldsymbol{K})\} \qquad (6\cdot34)$$

となるが, a, b, c の 1 軸か 3 軸すべての方向を逆にすると, 左手系になり,

$$E(\boldsymbol{K}) = A(\boldsymbol{K}) - iB(\boldsymbol{K}) = |(\boldsymbol{K})| \exp\{-i\phi(\boldsymbol{K})\} \qquad (6\cdot35)$$

となり, 位相の正負が逆になる. 構造解析の際には, この一方を選択する必要がある. そのため, 対称性から 0 や π にならない任意の構造因子に適当な位相を与えればよい. これを**左右像** (enantiomorph) **の選択**という. しかしこの選択は位相を決めるための手段であって, 本当の選択は構造解析後にフラックパラメーターで決め直さなければならない.

結局, 原点を固定するために, 対称心をもつ空間群では最小でも 3 個の位相の正負をあらかじめ与える必要があり, 対称心をもたない空間群では, 最小でも 4 個の位相をあらかじめ与える必要がある.

6・1・4 Σ_2 式の導出

先に述べたセイヤーの式はあまりに単純化しているので, さらに詳しい統計理論を用いて位相関係式を求めたら, もっと確実な位相関係式が得られるのではないかと考えられた. そこで当時の結晶研究者は統計理論を駆使した位相決定法にいっせいに取組んだ. その中で最も基本的で包括的だと考えられたのが, 初期に提案された**カール** (J. Karle) と**ハウプトマン** (H. A. Hauptman) の位相関係式である (1953 年). この業績で後に二人はノーベル化学賞が授与された (1985 年). しかし, この理論は非常に難解な数式を使って展開されていたため, その後もこの論文とは独立に多くの研究者から同じ関係式が提案された. ここでは導出法としては理解しやすい**ウールフソン** (M. M. Woolfson) の論文に従って説明しよう.

■ **対称心をもつ空間群**　対称心をもつ空間群の場合には位相は 0 か π であり，規格化構造因子 $E(\boldsymbol{K})$ の符号 $S(\boldsymbol{K})$ が正か負かという問題になる．対称心のある場合は，

$$E(\boldsymbol{K}) = 2\sum_{j=1}^{N/2} q_j \cos\{2\pi(\boldsymbol{K}\cdot\boldsymbol{r}_j)\} \qquad (6\cdot36)$$

である．これは $\boldsymbol{r}_j$ の座標の原子と $-\boldsymbol{r}_j$ の座標の原子が対称心で存在するので，虚数部の sin 項は打ち消されて，実数部のみの cos 項が 2 倍となったのである．$\boldsymbol{K}$ の異なる $E(\boldsymbol{K})$ 全体の平均は正も負もあるので 0 となるが，1 個の $E(\boldsymbol{K})$ のみに着目すると，$\cos\{2\pi(\boldsymbol{K}\cdot\boldsymbol{r}_j)\}$ の平均は 0 ではなく，この項を異なる原子 j で和をとった (6・36) 式を満足するような値になるはずであるから，$\boldsymbol{r}_j$ は非対称単位中を一様に占めることはできなくなり，$E(\boldsymbol{K})$ が平均値からずれた分だけ $\boldsymbol{r}_j$ の占める領域は制限されてくる．そこで，1 個の $E(\boldsymbol{K})$ の値が与えられたとき，和の中の 1 項目の $\cos\{2\pi(\boldsymbol{K}\cdot\boldsymbol{r}_j)\}$ がどのような確率分布をとるかまず検討する．この確率分布で最大のところが，この変数がとるであろうと予想される期待値である．簡単のため

$$c_j = \cos\{2\pi(\boldsymbol{K}\cdot\boldsymbol{r}_j)\} \qquad (6\cdot37)$$

とする．

この問題は，$E(\boldsymbol{K})$ が $E(\boldsymbol{K})$ と $E(\boldsymbol{K}) + 2q_j dc_j$ の間にあるという条件で，$2q_j c_j$ が $2q_j c_j$ と $2q_j c_j + 2q_j dc_j$ の間にある確率を求めるということになる．何の条件を付けずに $2q_j c_j$ が $2q_j c_j$ と $2q_j c_j + 2q_j dc_j$ の間にある確率は，

$$P_0(c_j) \cdot 2q_j dc_j = \{2q_j/2\pi(1-c_j^2)^{1/2}\} dc_j \qquad (6\cdot38)$$

である．これは $\{2\pi(\boldsymbol{K}\cdot\boldsymbol{r}_j)\}$ が 0 から 2π まで一様にとれるとしたときの cos 方向の成分を考えればよい．

次に，$2q_j c_j$ を除いた残りの項からなる $E(\boldsymbol{K})$ の部分を $E_r(\boldsymbol{K})$ とすると，

$$E_r(\boldsymbol{K}) = 2\sum_{j=1}^{N/2-1}{}' q_j \cos(2\pi\boldsymbol{K}\cdot\boldsymbol{r}_j) = E(\boldsymbol{K}) - 2q_j c_j \qquad (6\cdot39)$$

であるが，何の条件を付けずに $E_r(\boldsymbol{K})$ が $E(\boldsymbol{K}) - 2q_j c_j$ と $E(\boldsymbol{K}) - 2q_j(c_j + dc_j)$ の間にある確率は，

$$P_0\{E_r(\boldsymbol{K})\} \cdot 2q_j dc_j = [2\pi(1-2q_j^2)]^{-1/2}$$
$$\times \exp[-\{E(\boldsymbol{K}) - 2q_j c_j\}^2/2(1-2q_j^2)] \cdot 2q_j dc_j \qquad (6\cdot40)$$

となる．これは平均値が 0 で，分散が $(1-2q_j^2)$ と考えて中心極限定理から得られる．

次に，$E(\boldsymbol{K})$ が $E(\boldsymbol{K})$ と $E(\boldsymbol{K})+2q_j\mathrm{d}c_j$ の間にある確率は，(6・25)式から，

$$P\{E(\boldsymbol{K})\}\cdot 2q_j\mathrm{d}c_j = (2\pi)^{-1/2}\exp\{-E(\boldsymbol{K})^2/2\}\cdot 2q_j\mathrm{d}c_j \quad (6\cdot41)$$

であるから，$E(\boldsymbol{K})$ が与えられたとき，$2q_jc_j$ の確率分布は (6・38)式と (6・40)式の積を (6・41)式で割ったものとなる．

$$P(c_j)\cdot 2q_j\mathrm{d}c_j = \{2q_j/2\pi(1-c_j^2)^{1/2}\}\cdot\{1/(1-2q_j^2)^{1/2}\}$$
$$\times\exp[\{E(\boldsymbol{K})\}^2/2-\{E(\boldsymbol{K})-2q_jc_j\}^2/2(1-2q_j^2)]\mathrm{d}c_j$$
$$(6\cdot42)$$

と表せる．この式で q_j を含む項を展開して，$q_j^4 \fallingdotseq 0$ と近似すると，

$$P(c_j)\cdot 2q_j\mathrm{d}c_j = \{1/2\pi(1-c_j^2)^{1/2}\}\cdot[1-q_j^2\{E(\boldsymbol{K})^2-1\}]$$
$$\times[1+\{2q_jE(\boldsymbol{K})+4q_j^3E(\boldsymbol{K})\}c_j+\{2q_j^2E(\boldsymbol{K})^2-2q_j^2\}c_j^2$$
$$+\{(4/3)q_j^3E(\boldsymbol{K})^3-4q_j^3E(\boldsymbol{K})\}c_j^3] \quad (6\cdot43)$$

となる．

上式から，c_j の n 次モーメント，c_j や c_j^2 の**期待値**が得られる．ここで《 》は期待値を表す．

$$\langle\!\langle c_j\rangle\!\rangle = \int P(c_j)c_j\mathrm{d}c_j = q_jE(\boldsymbol{K}) \quad (6\cdot44)$$

$$\langle\!\langle c_j^2\rangle\!\rangle = \int P(c_j)c_j^2\mathrm{d}c_j = 1/2+(q_j^2/4)\{E(\boldsymbol{K})^2-1\} \quad (6\cdot45)$$

これらの式では，$q_j^2 = 0$ と近似している．同種の原子では $q_j = N^{-1/2}$ であるので，$q_j^2 = 1/N$ となり，$N = 100$ 程度なら充分よい近似である．

同時に，$\sin\{2\pi(\boldsymbol{K}\cdot\boldsymbol{r}_j)\}$ の期待値を求めると，

$$\langle\!\langle\sin\{2\pi(\boldsymbol{K}\cdot\boldsymbol{r}_j)\}\rangle\!\rangle = \int P(c_j)(1-c_j^2)^{1/2}\mathrm{d}c_j \quad (6\cdot46)$$

であるが，(6・42)式を使うと，

$$\langle\!\langle\sin\{2\pi(\boldsymbol{K}\cdot\boldsymbol{r}_j)\}\rangle\!\rangle = 0 \quad (6\cdot47)$$

となる．簡単にいえば，まだ c_j の期待値のみが求められただけであるから，その sin 項は，$\pm(1-c_j^2)^{1/2}$ の期待値は正負等しく起こりうるので平均すれば 0 となる．

ここで導かれた式を使って，位相関係式を求めてみよう．まず，$E(\boldsymbol{K}')$ と $E(\boldsymbol{K}'')$ の絶対値と符号が既知のとき，$E(\boldsymbol{K}'+\boldsymbol{K}'')$ の期待値は次のように求められる．

$$E(\boldsymbol{K}'+\boldsymbol{K}'') = 2\sum_{j=1}^{N/2}q_j[\cos\{2\pi(\boldsymbol{K}'\cdot\boldsymbol{r}_j)\}\cos\{2\pi(\boldsymbol{K}''\cdot\boldsymbol{r}_j)\}$$
$$-\sin\{2\pi(\boldsymbol{K}'\cdot\boldsymbol{r}_j)\}\sin\{2\pi\{(\boldsymbol{K}''\cdot\boldsymbol{r}_j)\}] \quad (6\cdot48)$$

であるから，第1項に (6・44)式，第2項に (6・47)式を使えば，

$$《E(\boldsymbol{K}' + \boldsymbol{K}'')》 = 2\sum_{j=1}^{N/2} q_j^3 [E(\boldsymbol{K}')E(\boldsymbol{K}'')] \qquad (6・49)$$

(6・11)式を使うと $q_j^3 = Z_j^3 \sigma_2^{-3/2}$ であり，この q_j^3 を (6・49)式に代入して和をとると，

$$《E(\boldsymbol{K}' + \boldsymbol{K}'')》 = \sigma_3 \sigma_2^{-3/2} E(\boldsymbol{K}')E(\boldsymbol{K}'') \qquad (6・50)$$

となる．ここで $\boldsymbol{K}'' = \boldsymbol{K} - \boldsymbol{K}'$ とすると，$\boldsymbol{K}' + \boldsymbol{K}'' = \boldsymbol{K}$ となるので，

$$《E(\boldsymbol{K})》 = \sigma_3 \sigma_2^{-3/2} E(\boldsymbol{K}')E(\boldsymbol{K} - \boldsymbol{K}') \qquad (6・51)$$

となる．同種の原子からなるときは，$\sigma_3 \sigma_2^{-3/2} = N^{-1/2}$ だから，

$$《E(\boldsymbol{K})》 = N^{-1/2} E(\boldsymbol{K}')E(\boldsymbol{K} - \boldsymbol{K}') \qquad (6・52)$$

となる．ここで統計論の原理に従えば，

$$E(\boldsymbol{K}) = 《E(\boldsymbol{K})》 \qquad (6・53)$$

$|E(\boldsymbol{K})|$ と $E(\boldsymbol{K}')$ と $E(\boldsymbol{K} - \boldsymbol{K}')$ の値は既知であるから，

$$S(\boldsymbol{K}) = S(\boldsymbol{K}')S(\boldsymbol{K} - \boldsymbol{K}') \qquad (6・54)$$

となる．

ところで，(6・54)式は確率的にみて成り立つと考えてよいということに過ぎないので，この式の確からしさを明らかにしなければ使えない．そこで，(6・54)式の成り立つ確率を考えてみよう．$2q_j c_j$ の分散は (6・44)式と (6・45)式を使って，

$$《\{2q_j c_j - \langle 2q_j c_j \rangle\}^2》 = 2q_j^2 - (3E_j(\boldsymbol{K})^2 + 1)q_j^4 \fallingdotseq 2q_j^2 \qquad (6・55)$$

であり，対称心のある場合には $2q_j^2$ の和は1であるから，$E(\boldsymbol{K})$ の分散を $V\{E(\boldsymbol{K})\}$ とすると，$V\{E(\boldsymbol{K})\} = 1$ となる．

$E(\boldsymbol{K})$ の期待値は (6・51)式であるから，中心極限定理から，$E(\boldsymbol{K})$ の分布は，

$$P\{E(\boldsymbol{K})\} = (2\pi)^{-1/2} \exp[-(1/2)\{E(\boldsymbol{K}) - \sigma_3\sigma_2^{-3/2}E(\boldsymbol{K}')E(\boldsymbol{K} - \boldsymbol{K}')\}^2] \qquad (6・56)$$

と表せる．$|E(\boldsymbol{K})|$ は既知であるから，(6・56)式は $E(\boldsymbol{K})$ の符号を表す確率と考えられる．$E(\boldsymbol{K})$ が正である確率を $P_+\{E(\boldsymbol{K})\}$，$E(\boldsymbol{K})$ が負である確率を $P_-\{E(\boldsymbol{K})\}$ とすると，

$$\frac{P_+\{E(\boldsymbol{K})\}}{P_-\{E(\boldsymbol{K})\}} = \frac{(2\pi)^{-1/2}\exp[-(1/2)\{|E(\boldsymbol{K})| - \sigma_3\sigma_2^{-3/2}E(\boldsymbol{K}')E(\boldsymbol{K} - \boldsymbol{K}')\}^2]}{(2\pi)^{-1/2}\exp[-(1/2)\{|E(\boldsymbol{K})| + \sigma_3\sigma_2^{-3/2}E(\boldsymbol{K}')E(\boldsymbol{K} - \boldsymbol{K}')\}^2]}$$

$$= \exp[2\sigma_3\sigma_2^{-3/2}|E(\boldsymbol{K})|\{E(\boldsymbol{K}')E(\boldsymbol{K} - \boldsymbol{K}')\}] \qquad (6・57)$$

となる．$P_+\{E(\boldsymbol{K})\} + P_-\{E(\boldsymbol{K})\} = 1$ だから，

$$P_+\{E(\boldsymbol{K})\} = [1 + \exp\{-2\sigma_3\sigma_2^{-3/2}|E(\boldsymbol{K})|E(\boldsymbol{K'})E(\boldsymbol{K}-\boldsymbol{K'})\}]^{-1}$$
$$= (1/2) + (1/2)\tanh\{\sigma_3\sigma_2^{-3/2}|E(\boldsymbol{K})|\{E(\boldsymbol{K'})E(\boldsymbol{K}-\boldsymbol{K'})\} \quad (6\cdot58)$$

となる．$P_-\{E(\boldsymbol{K})\}$ は第2項を負にしたものであり，$E(\boldsymbol{K'})E(\boldsymbol{K}-\boldsymbol{K'})$ が負のときは第2項が負になるので，$P_+\{E(\boldsymbol{K})\}$ で0.5以下のものは $1-P_+\{E(\boldsymbol{K})\}$ として，$P_-\{E(\boldsymbol{K})\}$ を考えればよい．

これらを求めると，

$$S(\boldsymbol{K}) = S(\boldsymbol{K'})S(\boldsymbol{K}-\boldsymbol{K'}) \quad (6\cdot59)$$
$$P\{S(\boldsymbol{K})\} = (1/2) + (1/2)\tanh\{\sigma_3\sigma_2^{-3/2}|E(\boldsymbol{K})E(\boldsymbol{K'})E(\boldsymbol{K}-\boldsymbol{K'})|\} \quad (6\cdot60)$$

となり，$(6\cdot60)$ 式は $(6\cdot59)$ 式が成立する確率を表している．この式をみれば，$|E(\boldsymbol{K})E(\boldsymbol{K'})E(\boldsymbol{K}-\boldsymbol{K'})|$ が大きいほど，$(6\cdot59)$ 式がよく成り立つことが理解できるであろう．

次に，一つの $E(\boldsymbol{K})$ に対して $\boldsymbol{K'}$ の異なるいくつかの $E(\boldsymbol{K'})E(\boldsymbol{K}-\boldsymbol{K'})$ の組の符号が既知である場合を考えてみよう．ある $\boldsymbol{K'}$ のとき，$E(\boldsymbol{K})$ が正になる確率を $P_+\{E(\boldsymbol{K},\boldsymbol{K'})\}$，負になる確率を $P_-\{E(\boldsymbol{K},\boldsymbol{K'})\}$ とすると，E' の異なる n 個の $E(\boldsymbol{K'})E(\boldsymbol{K}-\boldsymbol{K'})$ の組のそれぞれについて $(6\cdot57)$ 式の確率の比となるので，全体ではその比の積で表され，

$$\frac{P_+\{E(\boldsymbol{K})\}}{P_-\{E(\boldsymbol{K})\}} = \frac{\prod_{\boldsymbol{K'}} P_+\{E(\boldsymbol{K},\boldsymbol{K'})\}}{\prod_{\boldsymbol{K'}} P_-\{E(\boldsymbol{K},\boldsymbol{K'})\}} = \prod_{\boldsymbol{K'}}\frac{P_+\{E(\boldsymbol{K},\boldsymbol{K'})\}}{P_-\{E(\boldsymbol{K},\boldsymbol{K'})\}} \quad (6\cdot61)$$

となる．$(6\cdot57)$ 式から，

$$\frac{P_+\{E(\boldsymbol{K},\boldsymbol{K'})\}}{P_-\{E(\boldsymbol{K},\boldsymbol{K'})\}} = \prod_{\boldsymbol{K'}}\exp\{2\sigma_3\sigma_2^{-3/2}|E(\boldsymbol{K})|E(\boldsymbol{K'})E(\boldsymbol{K}-\boldsymbol{K'})\}$$
$$= \exp\{2\sigma_3\sigma_2^{-3/2}|E(\boldsymbol{K})|\sum_{\boldsymbol{K'}} E(\boldsymbol{K'})E(\boldsymbol{K}-\boldsymbol{K'})\} \quad (6\cdot62)$$

となる．ここで，和は $\boldsymbol{K'}$ の異なる組についてとる．$(6\cdot51)$ 式と同様に，この式は次の位相関係式の確率となる．

$$《E(\boldsymbol{K})》 = \sigma_3\sigma_2^{-3/2}\sum_{\boldsymbol{K'}} E(\boldsymbol{K'})E(\boldsymbol{K}-\boldsymbol{K'}) \quad (6\cdot63)$$

先と同様に，$P_+\{E(\boldsymbol{K})\}$ を規格化すれば，

$$P_+\{E(\boldsymbol{K})\} = (1/2) + (1/2)\tanh\{\sigma_3\sigma_2^{-3/2}|E(\boldsymbol{K})|\sum_{\boldsymbol{K'}} E(\boldsymbol{K'})E(\boldsymbol{K}-\boldsymbol{K'})\} \quad (6\cdot64)$$

であり，

$$P\{S(\boldsymbol{K})\} = (1/2) + (1/2)\tanh\{\sigma_3\sigma_2^{-3/2}|E(\boldsymbol{K})\sum_{\boldsymbol{K}'}E(\boldsymbol{K}')E(\boldsymbol{K}-\boldsymbol{K}')|\} \tag{6・65}$$

と表せる．$E(\boldsymbol{K}')E(\boldsymbol{K}-\boldsymbol{K}')$ の個々の値は小さくても，$\boldsymbol{K}'$ の異なる組合わせでも同じ符号になると，$\sum E(\boldsymbol{K}')E(\boldsymbol{K}-\boldsymbol{K}')$ は大きな値になり，高い確率で $\boldsymbol{K}'$ の位相を決めることができる．

この式は $E(\boldsymbol{K}')$ と $E(\boldsymbol{K}-\boldsymbol{K}')$ という二つの位相既知の規格化構造因子から $E(\boldsymbol{K})$ の位相が求められるので，カールとハウプトマンによって Σ_2 式と名付けられた．この式は確率まで求めている点で重要であるが，位相関係式としてはセイヤーの式と基本的には同じである．

■ **対称心をもたない空間群**　対称心をもたない空間群の $E(\boldsymbol{K})$ は次のように表される．

$$E(\boldsymbol{K}) = \sum_{j=1}^{N} q_j \exp\{2\pi i(\boldsymbol{K}\cdot\boldsymbol{r}_j)\} \tag{6・66}$$

対称心をもつ場合にはすでに位相関係式が求められているので，ここでは exp の特徴を利用して求めよう．(6・66)式は次のように書き換えることができる．

$$E(\boldsymbol{K}) = \sum_{j=1}^{N} q_j \exp\{2\pi i(\boldsymbol{K}'\cdot\boldsymbol{r}_j)\} \exp[2\pi i\{(\boldsymbol{K}-\boldsymbol{K}')\cdot\boldsymbol{r}_j\}] \tag{6・67}$$

そうすると，左辺の $E(\boldsymbol{K})$ の期待値は次のようになる．

$$\langle\!\langle E(\boldsymbol{K})\rangle\!\rangle = \sum_{j=1}^{N} q_j \langle\!\langle \exp\{2\pi i(\boldsymbol{K}'\cdot\boldsymbol{r}_j)\} \exp[2\pi i\{(\boldsymbol{K}-\boldsymbol{K}')\cdot\boldsymbol{r}_j\}]\rangle\!\rangle \tag{6・68}$$

$q_j = N^{-1/2}$ であり，$\langle\!\langle \exp\{2\pi i(\boldsymbol{K}'\cdot\boldsymbol{r}_j)\} \exp[2\pi i\{(\boldsymbol{K}-\boldsymbol{K}')\cdot\boldsymbol{r}_j\}]\rangle\!\rangle$ は等しい値で N 個存在するから，

$$\langle\!\langle E(\boldsymbol{K})\rangle\!\rangle = N^{1/2}\langle\!\langle \exp\{2\pi i(\boldsymbol{K}'\cdot\boldsymbol{r}_j)\} \exp[2\pi i\{(\boldsymbol{K}-\boldsymbol{K}')\cdot\boldsymbol{r}_j\}]\rangle\!\rangle \tag{6・69}$$

となる．

一方，$E(\boldsymbol{K}')E(\boldsymbol{K}-\boldsymbol{K}')$ は，

$$E(\boldsymbol{K}')E(\boldsymbol{K}-\boldsymbol{K}') = \sum_{j=1}^{N}\sum_{j'=1}^{N} q_j q_{j'} \exp\{2\pi i(\boldsymbol{K}'\cdot\boldsymbol{r}_j)\} \exp\{2\pi i(\boldsymbol{K}-\boldsymbol{K}')\cdot\boldsymbol{r}_j\} \tag{6・70}$$

であるが，N が充分大きいと，$\exp\{2\pi i(\boldsymbol{K}'\cdot\boldsymbol{r}_j)\}$ や $\exp[2\pi i\{(\boldsymbol{K}-\boldsymbol{K}')\cdot\boldsymbol{r}_{j'}\}]$ は任意の値をとることができるので，その期待値で近似できる．和の項数は N^2 となるので，

$$E(\boldsymbol{K}')E(\boldsymbol{K}-\boldsymbol{K}') = N\langle\!\langle \exp\{2\pi i(\boldsymbol{K}'\cdot\boldsymbol{r}_j)\} \exp[2\pi i\{(\boldsymbol{K}-\boldsymbol{K}')\cdot\boldsymbol{r}_{j'}\}]\rangle\!\rangle \tag{6・71}$$

となり，

$$《\exp\{2\pi i(\boldsymbol{K}'\cdot\boldsymbol{r}_j)\}\exp[2\pi i\{(\boldsymbol{K}-\boldsymbol{K}')\cdot\boldsymbol{r}_j'\}]》=N^{-1}E(\boldsymbol{K}')E(\boldsymbol{K}-\boldsymbol{K}') \tag{6・72}$$

この式をまとめると，

$$《E(\boldsymbol{K})》=N^{-1/2}E(\boldsymbol{K}')E(\boldsymbol{K}-\boldsymbol{K}') \tag{6・73}$$

となり，対称心をもつ場合と同様になる．

異種原子からなる場合も対称心をもつ場合と同様に考えて，

$$《E(\boldsymbol{K})》=\sigma_3\sigma_2^{-3/2}E(\boldsymbol{K}')E(\boldsymbol{K}-\boldsymbol{K}') \tag{6・74}$$

となる．この式に位相項を入れると，

$$《|E(\boldsymbol{K})|\exp\{i\phi(\boldsymbol{K})\}》=\sigma_3\sigma_2^{-3/2}|E(\boldsymbol{K}')E(\boldsymbol{K}-\boldsymbol{K}')|\times\exp[i\{\phi(\boldsymbol{K}')+\phi(\boldsymbol{K}'-\boldsymbol{K}')\}] \tag{6・75}$$

この式から，

$$《|E(\boldsymbol{K})|》=\sigma_3\sigma_2^{-3/2}|E(\boldsymbol{K}')E(\boldsymbol{K}-\boldsymbol{K}')| \tag{6・76}$$

$$《\phi(\boldsymbol{K})》=\phi(\boldsymbol{K}')+\phi(\boldsymbol{K}-\boldsymbol{K}') \tag{6・77}$$

となる．

この期待値の確率を求めることはかなり面倒な計算を含むので，結果だけを示すと，

$$P\{\phi(\boldsymbol{K})\}=\{2\pi J_0(\alpha)\}^{-1}\exp[\alpha\cos\{\phi(\boldsymbol{K})-\beta\}] \tag{6・78}$$

である．ここで，$J_0(\alpha)$ は**ベッセル関数**であり，α,β は次の値である．

$$\alpha=2\sigma_3\sigma_2^{-3/2}|E(\boldsymbol{K})E(\boldsymbol{K}')E(\boldsymbol{K}-\boldsymbol{K}')| \tag{6・79}$$

$$\beta=\phi(\boldsymbol{K}')+\phi(\boldsymbol{K}-\boldsymbol{K}') \tag{6・80}$$

$E(\boldsymbol{K}')E(\boldsymbol{K}-\boldsymbol{K}')$ が $\boldsymbol{K}'$ の異なる組で既知のときにも，対称心のある場合と同様に考えればよい．結果だけ示すと，

$$\alpha=2\sigma_3\sigma_2^{-3/2}|E(\boldsymbol{K})|\sum_{\boldsymbol{K}'}|E(\boldsymbol{K}')E(\boldsymbol{K}-\boldsymbol{K}')| \tag{6・81}$$

$$\beta=\{\sum_{\boldsymbol{K}'}E(\mathrm{K}')E(\boldsymbol{K}-\boldsymbol{K}')\}\ \text{の位相} \tag{6・82}$$

となる．(6・82)式の位相では使いにくいので以下のように変形する．

$$\sum_{\boldsymbol{K}'}E(\boldsymbol{K}')E(\boldsymbol{K}-\boldsymbol{K}')=\sum_{\boldsymbol{K}'}|E(\boldsymbol{K}')E(\boldsymbol{K}-\boldsymbol{K}')|\cos\{\phi(\boldsymbol{K}')+\phi(\boldsymbol{K}-\boldsymbol{K}')\}+i[\sum_{\boldsymbol{K}'}|E(\boldsymbol{K}')E(\boldsymbol{K}-\boldsymbol{K}')|\sin\{\phi(\boldsymbol{K}')+\phi(\boldsymbol{K}-\boldsymbol{K}')\}] \tag{6・83}$$

であるから，

6・1 直接法

$$|E(\boldsymbol{K})|\cos\{\phi(\boldsymbol{K})\} = \sigma_3\sigma_2^{-3/2}\sum_{\boldsymbol{K'}}|E(\boldsymbol{K'})E(\boldsymbol{K}-\boldsymbol{K'})|\cos\{\phi(\boldsymbol{K'})+\varphi(\boldsymbol{K}-\boldsymbol{K'})\}$$
(6・84)

$$|E(\boldsymbol{K})|\sin\{\phi(\boldsymbol{K})\} = \sigma_3\sigma_2^{-3/2}\sum_{\boldsymbol{K'}}|E(\boldsymbol{K'})E(\boldsymbol{K}-\boldsymbol{K'})|\sin\{\phi(\boldsymbol{K'})+\phi(\boldsymbol{K}-\boldsymbol{K'})\}$$
(6・85)

となる. (6・84)式と (6・85)式から,

$$\tan\{\phi(\boldsymbol{K})\} = \frac{\sum_{\boldsymbol{K'}}|E(\boldsymbol{K'})E(\boldsymbol{K}-\boldsymbol{K'})|\sin\{\phi(\boldsymbol{K'})+\phi(\boldsymbol{K}-\boldsymbol{K'})\}}{\sum_{\boldsymbol{K'}}|E(\boldsymbol{K'})E(\boldsymbol{K}-\boldsymbol{K'})|\cos\{\phi(\boldsymbol{K'})+\phi(\boldsymbol{K}-\boldsymbol{K'})\}}$$
(6・86)

と表せる (この式を**タンジェント式**という).

次に, (6・86) 式の確率を考えてみよう. $\phi(\boldsymbol{K})$ は 0 から 2π の間の連続関数であるから, 対称心をもつ場合のように, ある角度の確率ということはまったく意味がない. このような連続変数の場合は, $\phi(\boldsymbol{K})$ の近辺にある領域の中にどのくらいの確率で入るかを考える. この領域のとり方としては, 通常はこの変数の**標準偏差** (分散の平方根) をとる. (6・78)式は正規分布であるから, 平均値から標準偏差の範囲にある確率は 0.6827, 平均値から標準偏差の 2 倍の範囲にある確率は 0.9545, 標準偏差の 3 倍の範囲にある確率は 0.9973 である. したがって, (6・78)式を使うよりも, (6・78)式で表される確率変数の標準偏差を表す式の方が実用的である. (6・78)式の確率分布の分散 $V(\alpha)$ は次の式になる.

$$V(\alpha) = \pi^2/3 + \{J_0(\alpha)\}^{-1}\sum_{n=1}^{\infty}J_{2n}(\alpha)/n^2 - 4\{J_0(\alpha)\}^{-1}\sum_{n=0}^{\infty}J_{2n+1}(\alpha)/(2n+1)^2$$
(6・87)

$J_{2n}(\alpha)$, $J_{2n+1}(\alpha)$ も**ベッセル関数**である. α に対する V や標準偏差の値は表 6・2 に示してある. この式から (6・86)式を適用して位相を求めるときの確かさの目安を考えることができる. 後に述べる記号和の方法では, 位相決定初期の段階では $V = 0.5$ をその関係式が確からしいとする目安にしている.

表 6・2 α, 分散(α), 標準偏差(α) の関係

α	分散(α)	標準偏差$(\alpha)/°$	α	分散(α)	標準偏差$(\alpha)/°$
0.0	3.290	103.9	6.0	0.184	24.6
1.0	1.604	72.6	8.0	0.134	21.0
2.0	0.764	50.1	10.0	0.106	18.6
3.0	0.437	37.9	14.0	0.074	15.6
4.0	0.298	31.3	18.0	0.057	13.7

これまで複雑な数式を展開して，位相関係式の成り立つ確率を求めてきたが，表 6・2 を見ると，要するに α の大きな組合わせ，つまり $|E(\boldsymbol{K})E(\boldsymbol{K}')E(\boldsymbol{K}-\boldsymbol{K}')|$ や $|E(\boldsymbol{K})|\sum_{\boldsymbol{K}'}|E(\boldsymbol{K}')E(\boldsymbol{K}-\boldsymbol{K}')|$ の大きな組合わせが，成り立つ確率が大きいことを示している．したがって，位相決定にあたって，α が大きいことが重要なことであり，特に厳密な確率関数の値（表6・2）を知らなくてもよいことを示している．

■ **その他の位相関係式**　(6・51)式で，$\boldsymbol{K}'$ や $\boldsymbol{K}-\boldsymbol{K}'$ は独立な変数と考えていたが，$\boldsymbol{K}' = \boldsymbol{K} - \boldsymbol{K}'$ の場合もある．ただし，この場合は sin 項を無視できない．なぜかというと，$\boldsymbol{K} = 2\boldsymbol{K}'$ となるので，$\boldsymbol{K}' = \boldsymbol{K}$，$\boldsymbol{K} = 2\boldsymbol{K}$ と置き換えると，

$$E(2\boldsymbol{K}) = 2\sum_{j=1}^{N/2} q_j [\cos^2\{2\pi(\boldsymbol{K}\cdot\boldsymbol{r}_j)\} - \sin^2\{2\pi(\boldsymbol{K}\cdot\boldsymbol{r}_j)\}]$$
$$= 2\sum_{j=1}^{N/2} q_j [2\cos^2\{2\pi(\boldsymbol{K}\cdot\boldsymbol{r}_j)\} - 1] \qquad (6\cdot 88)$$

となり，《$E(2\boldsymbol{K})$》は (6・45)式から，

$$《E(2\boldsymbol{K})》 = 2\sum_{j=1}^{N/2} q_j \left[2[(1/2) + (q_j^2/4)\{E(\boldsymbol{K})^2 - 1\}] - 1 \right]$$
$$= 2\sum_{j=1}^{N/2} q_j^3 [(1/2)\{E(\boldsymbol{K})^2 - 1\}]$$
$$= (1/2)\sigma_3 \sigma_2^{-3/2} \{E(\boldsymbol{K})^2 - 1\} \qquad (6\cdot 89)$$

となるからである．この式から

$$S(2\boldsymbol{K}) = S\{E(\boldsymbol{K})^2 - 1\} \qquad (6\cdot 90)$$
$$P\{S(2\boldsymbol{K})\} = (1/2) + (1/2)\tanh\{(1/2)\sigma_3 \sigma_2^{-3/2}|E(2\boldsymbol{K})|\{E(\boldsymbol{K})^2 - 1\} \qquad (6\cdot 91)$$

となる．これらは1個の $E(\boldsymbol{K})$ のみから別の $E(2\boldsymbol{K})$ の位相が決まるので，Σ_1 式と名付けられている．前項の Σ_2 式と異なり，$E(\boldsymbol{K})^2$ から位相が決まるので，$E(\boldsymbol{K})$ の位相が未定のままでも $E(2\boldsymbol{K})$ の位相が決まるという式で便利である．しかも対称が高くなると類似の Σ_1 位相関係式もあって有望に思われるが，対称心をもたない空間群では適用できず，通常はあまり高い確率の関係は得られないので，実際にはそれほど利用されていない．

その他にも，3個の規格化構造因子とその位相から別の新たな1個の規格化構造因子の位相が決められる **Σ_3 式**，4個の規格化構造因子とその位相から新たな1個の規格化構造因子の位相が決められる **Σ_4 式** などがカールとハウプトマンによって提案された．しかし，さらに複雑な式の形になる上に，すでに3個，4個の構造因子の位相が既知である場合は少ないので，実際には有効な式とはいえない．

この式の他にも数多くの位相関係式が提案されたが，どの式も位相決定の一般式としては使えず，1960年代になると新たな理論の発展は期待できなくなった．その結果，直接法による位相決定の論文もほとんど報告されなくなり，直接法は一般の構造解析法としては役に立たないとみなされるようになった．しかしその後，**カール夫妻** (I. Karle & J. Karle) によって，実は Σ_2 式で位相決定に充分役立つことが証明されて，Σ_2 式を適用する方法が最も重要であることが明らかになった．これ以後はコンピューターの特長を生かした解析ソフトが急速に発展し，ほとんどの有機結晶が Σ_2 式を使った直接法で解析されるようになった．

6・1・5 位相の決定法

カールとハウプトマンによって導かれた Σ_2 式をまとめてみよう．

対称心をもつ空間群：

$$S(\boldsymbol{K}) = S\{\sum_{\boldsymbol{K'}} E(\boldsymbol{K'})E(\boldsymbol{K}-\boldsymbol{K'})\} \tag{6・92}$$

$$P_+(\boldsymbol{K}) = 1/2 + (1/2)\tanh\{\sigma_3\sigma_2^{-3/2}|E(\boldsymbol{K})|\sum_{\boldsymbol{K'}} E(\boldsymbol{K'})E(\boldsymbol{K}-\boldsymbol{K'})\} \tag{6・93}$$

対称心をもたない空間群：

$$\tan\{\phi(\boldsymbol{K})\} = \frac{\sum_{\boldsymbol{K'}}|E(\boldsymbol{K'})E(\boldsymbol{K}-\boldsymbol{K'})|\sin\{\varphi(\boldsymbol{K'})+\varphi(\boldsymbol{K}-\boldsymbol{K'})\}}{\sum_{\boldsymbol{K'}}|E(\boldsymbol{K'})E(\boldsymbol{K}-\boldsymbol{K'})|\cos\{\varphi(\boldsymbol{K'})+\varphi(\boldsymbol{K}-\boldsymbol{K'})\}} \tag{6・94}$$

$$\alpha(\boldsymbol{K}) = 2\sigma_3\sigma_2^{-3/2}|E(\boldsymbol{K})|\sum_{\boldsymbol{K'}}|E(\boldsymbol{K'})E(\boldsymbol{K}-\boldsymbol{K'})| \tag{6・95}$$

$$V\{\alpha(\boldsymbol{K})\} = \pi^2/3 + [J_0\{\alpha(\boldsymbol{K})\}]^{-1}\sum_{n=1}^{\infty} J_{2n}\{\alpha(\boldsymbol{K})\}/n^2$$
$$- 4[J_0\{\alpha(\boldsymbol{K})\}]^{-1}\sum_{n=0}^{\infty} J_{2n+1}\{\alpha(\mathrm{K})\}/(2n+1)^2 \tag{6・96}$$

これらの位相関係式は基本的にはセイヤーの等式と同じであるが，その関係式が成り立つ確率や分散を導き出した点は大きな発展である．さらに，Σ_1 式，Σ_3 式，Σ_4 式と系統的に位相関係式を導き出し，統計的に考えられる位相決定の方式を確立したことも大きい．

1960年代の後半になって，カール夫妻が Σ_2 式を実用的に適用する**記号和の方法**を考え出した[1]．この方法は，最初から多くの位相が既知でないと次々と他の位相を決められないという Σ_2 法の弱点をうまく解決する方法であった．しかしこの方法は記号を使うために膨大な手計算が必要であり，熟練した結晶研究者以外には使いにくい方法であった．この難点を解決したのはウールフソンで，**多重解法**とい

う大量の計算を短時間で行えるコンピューターの能力を最大限生かした解析プログラムを製作した[2]．このプログラムはそれほど結晶学の知識をもたなくても，回折データを入力すれば結晶構造がディスプレイ上に描き出されるという利点があり，そのため利用者が爆発的に増えた．そして有機結晶に関する限り，位相問題はほぼ解決したといわれるまでになった．この記号和の方法と多重解法について述べる．

具体的な解析法の手順を説明する前に，規格化構造因子の逆フーリエ変換について注意が必要である．初期の構造モデルを決定する段階では，5000 個以上もあるすべての規格化構造因子 $E(\boldsymbol{K})$ を使って位相を決める必要はないということである．規格化構造因子の逆フーリエ変換を $\rho'(\boldsymbol{r})$ とすると，$\rho'(\boldsymbol{r})$ は原子核の位置を示す確率関数であり，$\rho'(\boldsymbol{r})$ のピークに原子核の位置が存在する確率が最大となる．

$$\rho'(\boldsymbol{r}) = (1/V)\sum_{\boldsymbol{K}} E(\boldsymbol{K}) \exp\{-2\pi i(\boldsymbol{K}\cdot\boldsymbol{r})\} \qquad (6\cdot 97)$$

この式で描かれる**確率密度図**を **E-マップ**という．このマップは確率の高い原子核の位置が区別できれば，必ずしもすべての $E(\boldsymbol{K})$ を使う必要がないことである．$E(\boldsymbol{K})$ の大きい方から 300〜500 個程度の $E(\boldsymbol{K})$ を使ったフーリエ逆変換で決まるピーク位置は，すべての $E(\boldsymbol{K})$ を使って決まるピーク位置とそれほど違わない．そのため，以後の段階では，$|E(\boldsymbol{K})|$ の大きい方から 300〜500 個程度の $E(\boldsymbol{K})$ を選び出し，それらの $E(\boldsymbol{K})$ の位相決定を行うことにする．

■ **記号和の方法**　位相関係式を使って位相決定を行うには，① 連続的に次々と位相が決まること，② 1 個の $\boldsymbol{K}'$ だけではなく複数の $\boldsymbol{K}'$ から位相が決まること，の二つの条件を満足する方式を考え出すことにあった．記号和の方法の特徴は，最初に原点を決める三つの構造因子（対称心をもたない空間群では左右像の選択を決める構造因子 1 個を含む）の位相だけでは関係式が広がらないときは，関係式 $\sum E(\boldsymbol{K}')E(\boldsymbol{K}-\boldsymbol{K}')$ の組合わせをできるだけ多くもつ構造因子 $E(\boldsymbol{K})$ を選び，その位相を仮に記号 a として，位相関係式を使って位相を広げていくことである．これ以後の位相は a の関数として表される．途中で位相関係式がなくなったときは，次に関係式を多くもつ構造因子の位相を記号 b として位相を広げる．これ以後の位相は a と b の関数になる．この方式を続けていけば，40〜50 個の位相がいくつかの記号の関数として表される．記号の数はできるだけ少ない方が後の処理が簡単になる．

　40〜50 個の位相を比べると，

6・1 直接法

$$\phi(\boldsymbol{K}_1) = a = b + c - \pi = \cdots \quad (6\cdot98)$$

$$\phi(\boldsymbol{K}_2) = \pi + a = b - c - \pi = \cdots \quad (6\cdot99)$$

などのように，**記号間の関係式**が表れてくる．これらの式を集めて，記号間の関係式から，いくつかの記号を消去することが可能になる．その結果，最終的に n 個の記号が残ったとすると，対称心をもつ空間群では，これらの記号は＋か－，あるいは 0 か π であるので，それぞれの記号に代入する．そうすると，記号 a, b, …, n に対して，2^n 通りの位相をもった構造因子の組合わせができる．もし $n=4$ なら 16 通りの組合わせの 40〜50 個の位相の決まった構造因子の組ができるので，それ以後は，各組合わせについて (6・92) 式を使って，位相決定を広げて，約 300 個の $E(\boldsymbol{K})$ の位相を決めることができる．これらの $E(\boldsymbol{K})$ を使って，E-マップを計算して，妥当な結晶構造が見つけられたら，構造解析に成功したので，全部の $F(\boldsymbol{K})$ を使って，次章で説明する構造の精密化の段階進めばよい．

対称心をもたない空間群でも同様で，最初の段階は，

$$\phi(\boldsymbol{K}) = \phi(\boldsymbol{K}') + \phi(\boldsymbol{K} - \boldsymbol{K}') \quad (6\cdot100)$$

として位相を広げていき，40〜50 個の位相が記号を含んで決められたら，位相間の関係式を使って，記号を減らす．そして最終的に残った記号のうち，m 個は対称性から 0 か π の位相に限られる構造因子で，n 個は 0 から 2π まで任意の値をとりえるとする．任意の値では処理できないので，初期値として，$\pm(1/4)\pi$ と $\pm(3/4)\pi$ の四つの値のどれかの値とする．そうすると，記号に代入する実際の位相の組合わせの数として，$2^m 4^n$ 通りとなる．たとえば，$m=2$ 個と $n=3$ 個の位相を初期位相として仮定すると 256 通りとなり，組合わせの数はかなり大きな数になる．これらの組合わせそれぞれについて，タンジェント式〔(6・94)式〕を使って位相を広げ，約 300 個の構造因子の位相を決める．この中から，適当な結晶構造が見つかれば，構造解析に成功したことになる．

しかし，フーリエ級数を計算して，その中から妥当な構造モデルを探すことはそれほど容易ではないので，それぞれの組合わせについて E-マップを計算すると，膨大な時間と労力が必要となる．2^n あるいは $2^m 4^n$ 通りの組合わせの中から最も確からしい組合わせを選択して，確からしさの順番に E-マップを計算する方が正解に近づきやすい．そこで次のように，$E(\boldsymbol{K})$ の計算値 $E_c(\boldsymbol{K})$ を定義する．

$$E_c(\boldsymbol{K}) = [\langle \sum_{\boldsymbol{K}'} |E(\boldsymbol{K}')E(\boldsymbol{K}-\boldsymbol{K}')|\cos\{\phi(\boldsymbol{K}') + \phi(\boldsymbol{K}-\boldsymbol{K}')\}\rangle^2$$
$$+ \langle \sum_{\boldsymbol{K}'} |E(\boldsymbol{K}')E(\boldsymbol{K}-\boldsymbol{K}')|\sin\{\phi(\boldsymbol{K}') + \phi(K-\boldsymbol{K}')\}\rangle^2]^{1/2} \quad (6\cdot101)$$

ここで和は異なる K' についてとる．実測の $F_o(K)$ から得られた規格化構造因子を $E_o(K)$ とし，$\sum |E_o(K)|$ と $\sum |E_c(K)|$ を一致させる尺度因子 C を次式で求める．

$$C = \sum_K |E_o(K)| / \sum_K |E_c(K)| \qquad (6\cdot102)$$

そして，$E_o(K)$ と $E_c(K)$ の一致度 R_E を次のように定義する．

$$R_E = [\sum_K ||E_o(K)| - C|E_c(K)||] / [\sum_K |E_o(K)|] \qquad (6\cdot103)$$

R_E を直接法の**信頼度因子**（reliability factor）という．初期の位相のそれぞれの組合わせについて，300〜500 個程度の構造因子の位相が決まった段階で，この R_E の値を計算して，R_E の最も小さい組合わせから E-マップを計算すれば，4〜5 番目くらいまでに正解の構造が得られることが多い．もし駄目なときは，別な構造因子で初期の位相の組合わせをつくった方がよい．

■ **多重解法** 記号和の方法は個々の記号の位相を決める過程が手作業なので，いかにも構造解析しているという実感はつかめるが，実際に行ってみると非常に手間のかかる方法である．この難問を解決したのがウールフソンらの多重解法であり，すべてコンピューターが位相決定を行うことになった．現在の直接法はすべてこの手法の延長上にある．

記号和の方法の最大の弱点は，初期の段階で (6・92)式や (6・94)式を使って 1 個の組合わせの位相を求めるが，この関係式は誤差が大いので，成り立たない場合も数多くあり，構造決定できないことも珍しくなかった．そこで，《$\alpha(K)^2$》$^{1/2}$ の期待値を参考にして，この値の大きいものから 10 個程度の $E(K)$ を取出した．《$\alpha(K)^2$》$^{1/2}$ の期待値の大きい $E(K)$ は数多くの位相関係式に関与しているからである．この中から，原点を指定する 3 個（対称心をもたない場合は 4 個）を選び，残りは 0 か π の位相しかとり得ない m 個の $E(K)$ と，0 から 2π まで任意の位相をとりえる n 個の $E(K)$ に初期位相を与えることにした．そうすると，$2^m 4^n$ 通りの組合わせができることは同じである．それぞれの組合わせについて (6・92)式や (6・94)式を適用して，位相を広げることになる．その中から，(6・103)式の R_E 値が最小の組合わせを選ぶところは記号和の方法と同じである．ただし，最適の組合わせを推定するもう一つの指標，**ABSFOM**（absolute figure of merit）がある．この指標はいくつもの組合わせから位相が決まるときに，それぞれの組合わせでほとんど差がないときには α 値は大きな値となる．それぞれの構造因子について α 値を足し合わせると ABSFOM の値が得られるが，この ABSFOM が最も大きい組

が正解と考えられる.通常は R_E も最小の組となっている場合が多いが,似たような R_E 値をもつ組が多いときは有力な判別法となる.その他にも,いくつかの指標があり,最適な組合わせを効果的に探し出す方法が提案された.

その後,コンピューターの高速化が進むと,タンジェント式を使って位相を展開する計算が非常に速くなった結果,初期位相を仮定する構造因子の数を最小に制限せず $n=15$ 個程度に増やしても,それほど時間がかからなくなってきた.さらに,$2^m 4^n$ 通りの組合わせが 100 万通り以上あっても,端から少しずつ位相の組合わせを変える**グリッド法**(grid method)ではなく,ランダムにいろんな位相の値を変える**モンテカルロ法**(Monte Carlo method)を導入すると,1 万通り目くらいで正解にたどり着けることも明らかになった.実際に,スーパーコンピューターを使って,100 万通り全部の組合わせを 1 週間程度で計算すると,その中に正解は数千~数万通りあるという結果も得られている[3].そのため,最近では 20~30 個の初期位相をいきなり導入してモンテカルロ法を実行すると,実は 1 万通り目くらいで,つまり数分~数十分で R_E が他とは格段に小さい正解の組に到達できることになった.しかも,いくつかの位相関係式に統計的な誤りがあっても,それを上回る数の正しい関係式によって,誤りが無視されて正解が得られるようになったのである.

この結果,直接法は結晶学の知識がなくとも自動的に位相決定を行うことができ,R_E や ABSFOM などの指数で最適値を示した組合わせの位相を使って,コンピューター上に E-マップから得られた分子構造図や結晶構造図まで描いてくれるので,その構造で正解かどうかだけをコンピューターに教えるだけでよいという段階にまで達してきた.この簡便さのために 1990 年代から結晶構造解析は爆発的に発展し,それまで結晶研究者に限られてきた結晶構造解析という手法を,物質を扱うほとんどの領域の研究者の基本的な研究手段にまで発展させたのである.しかし,ここで「正解」とは,科学的にみて真の正解ではなく,あくまで統計的にみて「確からしい」というだけなので,真の正解であるかどうかは,コンピューターに「正解」だと教えた解析者自身の責任であることを忘れてはならない.

6・2 パターソン法

実測の回折強度から構造因子を求めて逆フーリエ変換で結晶内の電子密度を求めることが結晶構造解析の手段であるが,その際に構造因子の位相を決めるという段階が難問であるなら,構造因子の逆フーリエ変換ではなく,実測から得られる構造

因子の二乗の逆フーリエ変換なら，位相問題にとらわれることなく計算が可能である．問題は，そのフーリエ図から何が得られるかである．この問題に取組んだのは**パターソン**（A. L. Patterson）で，その名前からこのフーリエ変換を**パターソン関数** P とよんでいる．

$$P(\boldsymbol{r}) = (1/V) \sum_{h=-\infty}^{+\infty} \sum_{k=-\infty}^{+\infty} \sum_{l=-\infty}^{+\infty} |F(\boldsymbol{K})|^2 \exp\{-2\pi i (\boldsymbol{K} \cdot \boldsymbol{r})\} \quad (6 \cdot 104)$$

この和は $-\infty$ から $+\infty$ であるが，$|F(-\boldsymbol{K})| = |F(\boldsymbol{K})|$ だから，

$$P(\boldsymbol{r}) = (2/V) \sum_{h=0}^{+\infty} \sum_{k=0}^{+\infty} \sum_{l=0}^{+\infty} |F(\boldsymbol{K})|^2 \cos\{2\pi (\boldsymbol{K} \cdot \boldsymbol{r})\} \quad (6 \cdot 105)$$

となる．この式の物理的な意味を調べてみよう．

単位胞内の任意の原子の位置を $\boldsymbol{r}$ とし，この原子から $\boldsymbol{u}$ だけ離れた原子との**原子間ベクトルの集合**を $Q(\boldsymbol{u})$ とすると，$Q(\boldsymbol{u})$ は次の式で表される．

$$Q(\boldsymbol{u}) = \int_{V_K} \rho(\boldsymbol{r}) \rho(\boldsymbol{r} + \boldsymbol{u}) V \, dv_K \quad (6 \cdot 106)$$

この式の形から，$Q(\boldsymbol{u})$ は原子が $\boldsymbol{r}$ と $\boldsymbol{r} + \boldsymbol{u}$ にあるとき大きな値となる．この式の $\rho(\boldsymbol{r})$ は電子密度だから，(3・71)式を代入して，

$$\begin{aligned} Q(\boldsymbol{u}) = \int_{V_K} &[(1/V) \int_{V_K} F(\boldsymbol{K}) \exp\{-2\pi i (\boldsymbol{K} \cdot \boldsymbol{r})\} \, dv_K] \\ &\times [(1/V) \int_{V_K} F(\boldsymbol{K}') \exp\{-2\pi i (\boldsymbol{K}' \cdot \boldsymbol{r})\} \, dv_K] \\ &\times \exp\{-2\pi i (\boldsymbol{K} \cdot \boldsymbol{u})\} V \, dv_K \end{aligned} \quad (6 \cdot 107)$$

この式は $\boldsymbol{K} = -\boldsymbol{K}'$ のときのみ値をもつので，第1項と第2項の積分は打ち消されて，

$$Q(\boldsymbol{u}) = (1/V) \int_{V_K} |F(\boldsymbol{K})|^2 \exp\{-2\pi (\boldsymbol{K} \cdot \boldsymbol{u})\} \, dv_K \quad (6 \cdot 108)$$

となる．積分を和に変えると，

$$P(\boldsymbol{r}) = (2/V) \sum_{h=0}^{+\infty} \sum_{k=0}^{+\infty} \sum_{l=0}^{+\infty} |F(\boldsymbol{K})|^2 \cos\{2\pi (\boldsymbol{K} \cdot \boldsymbol{r})\} \quad (6 \cdot 109)$$

となり，パターソン関数と同じになる．すなわち，パターソン関数とは，原子間ベクトルの集合であり，単位胞内で原子間ベクトルの位置にピークをもち，そのピークの高さは原子間ベクトルに関与した二つの原子の電子密度の積に対応する．

パターソン関数のピークは，電子雲の広がりと原子の熱運動のために分離が悪くなり，原子間ベクトルを求めにくい．そこで，構造因子 $F(\boldsymbol{K})$ の代わりに，$F(\boldsymbol{K})$

$\exp\{B(\sin^2\theta)/\lambda^2\}$ を使うと,熱運動による電子雲の広がりを補正することができ,パターソン関数のピークが鋭くなる.B は平均の等方性温度パラメーターである.このように $F(\boldsymbol{K})$ にある種の関数を掛けてパターソン関数のピークを鋭くする方法を**先鋭化パターソン法**(sharpened Patterson method)といい,重原子の寄与が少ない場合などに使われている.

6・2・1 ベクトルサーチ法

　パターソン法を使うと,分子の一部あるいは全部の構造が既知の結晶の構造解析に応用することができる.たとえば,図6・4(a)に示すような四つの原子からなる分子構造が結晶内にあるとすると,この四つの原子でつくられる原子間ベクトルは図6・4(b)に示すようなベクトル集合がつくられる.この集合はパターソン関数に含まれているはずである.ベクトル集合は逆向きのベクトル集合もあるので,パターソン関数は必ず対称心をもっている.図6・5のパターソン関数の中に同じベクトル集合のパターンがあるので,ここから原子の結晶内での方位が明らかになる.各原子の位置は対称心で向き合った原子間のベクトルから求められる.この方法を**ベクトルサーチ法**(vector search method)とよんでいる.複雑な分子には適用できないが,比較的簡単な分子やほぼ全部の分子構造が知られていて,結晶内での分子の重心の位置と分子の方位を決めればよいという場合などに適用できる.モデルから計算したベクトル集合とパターソン関数とをコンピューターでサーチするプログラムも提案されている.この場合,パターソン関数のピークの高さは同じ程度がベクトル集合と対応しやすいので,比較的軽い原子で構成される結晶の構造解析に適している.

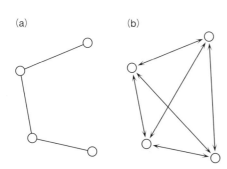

図 6・4 四つの原子からなる分子(a)と四つの原子からできる原子間ベクトル(b)

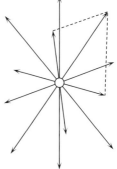

図 6・5 パターソン関数のピーク位置

6・2・2 重原子法

　一方，分子構造に 1 個か 2 個の電子数の多い重原子を含む場合には，逆にパターソン関数でその重原子間ベクトルのピークが非常に大きくなり，他の軽原子間のベクトルは無視できる．たとえば，$P1$ あるいは $P\bar{1}$ の空間群で，(x, y, z) の位置に重原子があると，パターソン関数では $(2x, 2y, 2z)$ に大きなピークが表れ，そのピークの位置から重原子の座標 (x, y, z) が容易に求められる．

　その他にも，結晶の対称性が高くなると，さらに有利な条件が表れる．たとえば空間群が $P2_1/c$ の結晶で等価点の座標は，

$$(x, y, z), \quad (-x, -y, -z), \quad (-x, 1/2+y, 1/2-z), \quad (x, 1/2-y, 1/2+z)$$

であるが，その等価点の位置に重原子も存在するから，重原子間のベクトルは，

$$(2x, 2y, 2z), \quad (-2x, 1/2, 1/2-2z), \quad (0, 1/2-2y, 1/2)$$

となり，パターソン関数の中にみられるはずである．そこで，$y = 1/2$ のパターソンピークを探して，$(-2x, 1/2-2z)$ の座標から重原子の x と z の座標が求められる．また，$x = 0, z = 1/2$ の軸上でピークを探すと，$(1/2-2y)$ の座標から重原子の y 座標が得られる．対称要素から導かれるパターソンピークを**ハーカー・ピーク**（Harker peak）という．この方法の提案者の**ハーカー**（D. Harker）の名前からとられている．このようにして決められた重原子 (x, y, z) の座標から得られる $(2x, 2y, 2z)$ の位置にパターソンピークがあれば，重原子の位置はほぼ確かである．

　重原子の位置が決められると，この重原子の位置から位相を計算して，フーリエ変換を行い，その重原子以外の原子の座標を求めることができ，この方法を**重原子法**（heavy atom method）とよんでいる．構造因子 $F(\boldsymbol{K})$ を重原子の寄与 $F_H(\boldsymbol{K})$ と軽原子の寄与 $F_L(\boldsymbol{K})$ に分けると，

$$F(\boldsymbol{K}) = F_H(\boldsymbol{K}) + F_L(\boldsymbol{K}) = \sum_{j=1}^{N_H} f_{Hj} \exp\{2\pi i(\boldsymbol{K} \cdot \boldsymbol{r}_j)\} + \sum_{j=1}^{N_L} f_{Lj} \exp\{2\pi i(\boldsymbol{K} \cdot \boldsymbol{r}_j)\} \quad (6 \cdot 110)$$

となる．ここで，N_H と N_L はそれぞれ重原子と軽原子の数である．第 1 項が重原子の寄与で，第 2 項が軽原子の寄与である．図 6・6 が示すように，$F(\boldsymbol{K})$ に対する $F_H(\boldsymbol{K})$ の寄与は大きいので，

$$\phi(\boldsymbol{K}) \fallingdotseq \phi_H(\boldsymbol{K}) \quad (6 \cdot 111)$$

と推定できる．すべての構造因子の $\phi_H(\boldsymbol{K})$ を求めて逆フーリエ変換すると，重原子の存在する位置にピークが表れ，その周辺に新たにピークがいくつか表れる．これが軽原子のピークである．化学的に妥当な原子が見つかったら，それらの原子位置

も重原子の位置と同様に，位相計算に入れて，新しい位相を計算する．この位相を使って逆フーリエ変換すると，さらに多くの軽原子の位置が見つかる．この方法を繰返して，全原子を見つける方法を**逐次フーリエ法**（successive Fourier method）という．

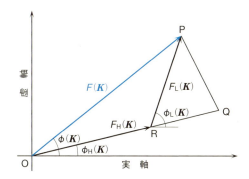

図 6・6　重原子法における $F(\boldsymbol{K})$, $F_H(\boldsymbol{K})$ と $\phi(\boldsymbol{K})$, $\phi_H(\boldsymbol{K})$ の関係

　この方法は重原子の位置を決めて順次軽原子の位置を決めるという点で，確実な方法であるが，重原子に比べてあまり軽原子の数が多すぎると，重原子の位置が決まらなくなる．重原子の電子数の二乗の和を $\sum Z_H^2$，軽原子の電子数の二乗の和を $\sum Z_L^2$ とし，その比を γ とすると，

$$\gamma = \sum_{j=1}^{N_H} Z_H^2 / \sum_{j=1}^{N_L} Z_L^2 \tag{6・112}$$

という量が定義される．γ が 1 程度までなら，重原子法が適用できると考えられている．C, N, O 原子を軽原子として 30 個程度含む分子なら，臭素（Br）原子 1 個を重原子として含めばよいことになる．重原子を含まない分子の場合には，分子のどこかに重原子を置換した結晶をつくれば，重原子法を適用することができる．直接法が登場する前の 1970 年代までは，天然有機化合物の結晶構造解析の最も有力な方法であった．ただし，天然有機化合物は微量しか得られないうえに，重原子を導入した結晶は一般に結晶性が悪く，構造解析には多大の苦労を伴っていた．

　なお，先のベクトルサーチ法で分子の部分構造が決められた後は，これらの原子の座標を使って重原子法と同様に残りの原子の座標を求めることができる．ベクトルサーチ法や重原子法は重要な位相決定法であったが，直接法が広範に使われるようになった 1990 年代以降には特殊な目的以外には使われなくなった．

6・2・3 分子置換法

　同じタンパク質でも生物種が異なると，活性点から離れた部分では異なる構造になっている場合が多い．あるいは同じタンパク質でも異なる結晶形に結晶する場合もある．このようなときには，すでに解析された既知の構造を使って，構造解析する方法がある．そこで，この構造既知の部分の構造を表すベクトルの組を X とし，これが別の結晶の中で，ある種の回転操作 C と並進操作 t で X' に変換されるとすると，

$$X' = C \cdot X + t \qquad (6 \cdot 113)$$

と表される．ここで，C は回転行列であり，t は並進ベクトルである．パターソン関数を使って，この回転行列と並進ベクトルを求める方法が，**分子置換法** (molecular replacement method) といわれている[4]．最初の段階で**回転関数** (rotation function) $R(C)$ から回転行列 C を求める．これには，実空間で適合するベクトル組を求める方法と，逆空間のパターソン関数の中で適合するベクトルの組を求める方法がある．第二段階で**並進関数** (translation function) $T(t)$ から並進ベクトル t を求めて，未知の結晶の中で最も回折強度に適合するベクトルの組の傾きと重心の位置を決める．そして，残りの原子はこの座標を使って重原子法と同様に逐次フーリエ法で求めることになる．MOLREP という便利なプログラムがつくられている．

6・3 同形置換法

　重原子法は実験的に位相を決定するために，重原子を分子の一部に導入して，粗い近似の位相を求める方法である．しかし，C, N, O 原子などの軽原子の数が圧倒的に多いタンパク質結晶の場合は，どんな重原子を導入しても γ 値が 1 に近づくことはあり得ないので，重原子法を適用することはできない．しかしタンパク質結晶には溶媒の水を 60〜70％ 程度含むものが普通であり，タンパク質分子の側鎖に重原子が結合しても，周囲の水の位置が少しずれるだけで，タンパク質分子の構造もほとんど同じで，結晶構造ももとのタンパク質結晶と**同形結晶** (isomorphous crystal) のものが多い．

　このことを利用して，**ペルツ** (M. Perutz) は**同形置換法** (isomorphous replacement method) という位相決定の方法を提案した．もとのタンパク質結晶の構造因子を $F_P(K)$ とし，重原子を導入した結晶の同じ指数の構造因子を $F_{PH}(K)$ とする．この重原子結晶の構造因子のうち，重原子の寄与する部分を $F_H(K)$ とする．

6・3 同形置換法

タンパク結晶も重原子結晶も同形であるから，

$$F_{\mathrm{PH}}(\boldsymbol{K}) = F_{\mathrm{P}}(\boldsymbol{K}) + F_{\mathrm{H}}(\boldsymbol{K}) \tag{6・114}$$

と表せる．このことを図6・7のベクトルで示している．重原子法と異なる点は，$F_{\mathrm{H}}(\boldsymbol{K})$ の寄与が実際はかなり小さいことである．そこで，

$$||F_{\mathrm{PH}}(\boldsymbol{K})| - |F_{\mathrm{P}}(\boldsymbol{K})||^2 \fallingdotseq |F_{\mathrm{H}}(\boldsymbol{K})|^2 \cos^2 \gamma \tag{6・115}$$

ここで，$\langle \cos^2 \gamma \rangle \fallingdotseq 1/2$ であるから，

$$||F_{\mathrm{PH}}(\boldsymbol{K})| - |F_{\mathrm{P}}(\boldsymbol{K})||^2 \fallingdotseq (1/2)|F_{\mathrm{H}}(\boldsymbol{K})|^2 \tag{6・116}$$

となる．したがって（6・116）式の右辺，すなわち重原子結晶の構造因子の絶対値から，同じ指数のタンパク質結晶の構造因子の絶対値を差し引いた値の二乗のフーリエ変換は，重原子の寄与する部分のみのパターソン関数となるので，重原子の座標はいっそう明確に決まるはずである．そうすると，その座標を使って $F_{\mathrm{H}}(\boldsymbol{K})$ が計算で求められるから，$|F_{\mathrm{PH}}(\boldsymbol{K})|$，$|F_{\mathrm{P}}(\boldsymbol{K})|$，$F_{\mathrm{H}}(\boldsymbol{K})$ を使って，図6・8のような作図ができる．まず原点 O からベクトル $F_{\mathrm{H}}(\boldsymbol{K})$ ($\overrightarrow{\mathrm{OQ}}$) を描く．次に，原点 O を中心にして，半径が $|F_{\mathrm{P}}(\boldsymbol{K})|$ の円を描く．さらに $F_{\mathrm{H}}(\boldsymbol{K})$ ベクトルの先端 Q を中心にして，半径が $|F_{\mathrm{PH}}(\boldsymbol{K})|$ の円を描く．二つの円は一般的には P と P' の2点で交わる．ここで，P 点と Q 点と原点 O の3点は先の図6・7の実線の三角形と同形であり，タンパク質結晶の位相 $\phi_{\mathrm{P}}(\boldsymbol{K})$ は P 点を仮の原点として複素座標を描き，その実軸との間の角度から容易に計算できる．この方法は1個の重原子同形結晶を使っているので，**単一結晶同形置換法**（single isomorphous replacement, SIR）といわれている．

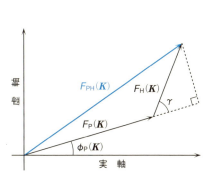

図 6・7 同形置換法における $F_{\mathrm{PH}}(\boldsymbol{K})$，$F_{\mathrm{P}}(\boldsymbol{K})$，$F_{\mathrm{H}}(\boldsymbol{K})$ の関係

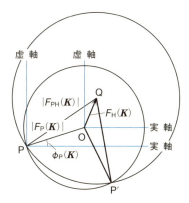

図 6・8 $F_{\mathrm{H}}(\boldsymbol{K})$ と $|F_{\mathrm{PH}}(\boldsymbol{K})|$ と $|F_{\mathrm{P}}(\boldsymbol{K})|$ から $\phi_{\mathrm{P}}(\boldsymbol{K})$ の作図

しかし，SIR では P′ 点でも同様に三角形ができて，$\phi_{P'}(\boldsymbol{K})$ が計算できる．どちらかが正しいが，これだけでは区別ができないので，もう一つ異なる重原子結晶をつくると，同様に位相が求められるが，最初の重原子結晶を使って得られたときの $\phi_P(\boldsymbol{K})$ と同じ角度のものが正しい位相である．この方法は**多結晶同形置換法**（multiple isomorphous replacement，MIR）といわれている．

有機結晶などでは，重原子を分子の一部に置換すると，結晶構造が変わってしまうので，同形置換法は適用できないが，タンパク質結晶では大量の溶媒水が存在するので，重原子を導入しても同形が保たれるのである．しかし有機結晶でもフタロシアニン分子の結晶のように，中心の金属原子が異なっても全体の構造がほとんど変わらない場合はこのような同形置換法が適用できるであろう．

6・4 多波長異常散乱法

同形置換法では 1 種類の重原子同形結晶ができても，一義的に位相を決定することができないので，さらにもう 1 種の重原子同形結晶をつくる MIR 法を行う必要がある．しかし重原子を入れた同形結晶をうまくつくれるか，タンパク質の構造が同形を保っているかという難点があり，またそのために多くのタンパク質試料を用意しなければならないという困難も伴っていた．

しかし放射光を使うことで，任意の波長の X 線を使えることになったので，重原子結晶の異常散乱効果を使って，この難点が克服できることになった[5]．5・10 節で述べたように，結晶中に異常散乱を示す原子が存在すると，その原子の原子散乱因子は，(5・26) 式のように表される．最近はタンパク質のアミノ酸にメチオニンが含まれているときは，メチオニンの S 原子を Se 原子に置き換えたセレノメチオニンを使ったタンパク質結晶が使われることが多い．Se 原子の異常散乱項 f' と f'' は図 5・12 のように表されるので，K 吸収端より少し短波長 λ_1 の X 線を使って測定した構造因子を $F_{\lambda 1}(\boldsymbol{K})$，少し長波長 λ_2 を使って測定した構造因子を $F_{\lambda 2}(\mathrm{K})$ とすると，

$$F_{\lambda 1}(\boldsymbol{K}) = \sum_{j=1}^{N'} f_j \exp(\boldsymbol{K} \cdot \boldsymbol{r}_j) + \sum_{m=1}^{N''} f_m \exp(\boldsymbol{K} \cdot \boldsymbol{r}_j) + \sum_{m=1}^{N''} f_m'(\boldsymbol{K} \cdot \boldsymbol{r}_j) + \sum_{m=1}^{N''} f_m''(\boldsymbol{K} \cdot \boldsymbol{r}_j)$$

(6・117)

と表せる．ここで，N'' は Se 原子の数であり，N' はそれ以外の原子の数である．また，f_m, f_m', f_m'' は Se 原子の原子散乱因子であり，Se 原子の数だけ和をとる．一方，λ_2 の波長では，f' と f'' の項は無視できるので，

$$F_{\lambda 2}(\boldsymbol{K}) = \sum_{j=1}^{N'} f_j \exp(\boldsymbol{K} \cdot \boldsymbol{r}_j) + \sum_{m=1}^{N''} f_m \exp(\boldsymbol{K} \cdot \boldsymbol{r}_j) \quad (6 \cdot 118)$$

と表せる.そうすると,その差 $\Delta F_\lambda(\boldsymbol{K})$ は,

$$\Delta F_\lambda(\boldsymbol{K}) = F_{\lambda 1}(\boldsymbol{K}) - F_{\lambda 2}(\boldsymbol{K}) = \sum_{m=1}^{N''} f_m{}'(\boldsymbol{K} \cdot \boldsymbol{r}_j) + \sum_{m=1}^{N''} f_m{}''(\boldsymbol{K} \cdot \boldsymbol{r}_j) \quad (6 \cdot 119)$$

となる.これは,同形置換法の (6・115) 式を変形した,

$$F_H(\boldsymbol{K}) = F_{PH}(\boldsymbol{K}) - F_P(\boldsymbol{K}) \quad (6 \cdot 120)$$

と同様な形をしているので,同形置換法の (6・116) 式と同様に,

$$||F_{\lambda 1}(\boldsymbol{K})| - |F_{\lambda 2}(\boldsymbol{K})||^2 \fallingdotseq |F_H(\boldsymbol{K})|^2 \cos^2 \gamma \quad (6 \cdot 121)$$

となる.同形置換法と同様にして,このパターソン関数から重原子の位置が決まり,図 6・8 と同様に位相を求めることができる.この方法を**多波長異常散乱法**(multi-wavelength anomalous dispersion method,MAD)という.この結果,重原子結晶を 1 個つくれば,異常散乱が無視できる波長を使って同形置換法でタンパク質結晶の位相を推定し,MAD 法で同様にしてそのうちの一方の位相を確定することができる.MAD 法の二つの波長による構造因子の絶対値の差は,同形置換法でのタンパク質結晶と重原子結晶の構造因子の絶対値の差ほど大きくないが,同形結晶の構造因子の差ではなく,同一結晶での X 線の測定波長の差による構造因子の差であるので,誤差ははるかに少ないと考えられ,充分解析可能となる.しかし注意すべき点は,λ_1 と λ_2 の波長の選択は位相決定に大きな影響がある.しかも吸収端波長は結晶中での重原子のまわりの環境に依存するので,重原子結晶を使って事前に厳密に選択しておくことが必要である.

最近では吸収端前後の 2 波長ではなく,1 波長だけの構造因子だけで位相決定する**単一波長異常散乱法**(single-wavelength anomalous dispersion method,SAD)も使われるようになった[6].

6・5 デュアルスペース法

直接法をはじめ,従来の手法は「逆空間」における結晶構造因子の位相に焦点を当てて解決をはかる手法であった.これに加え近年では,「実空間」における電子密度の情報を位相の決定・改善に利用する**デュアルスペース法**(dual-space method)がタンパク質の構造解析を中心に導入され,現在では大部分の解析ソフトウェアに取入れられて,使用されている.

基本的な手順としては,図 6・9 に示すように,① まず回折強度から得られた

$|F_o(hkl)|$ に直接法やパターソン法,乱数を使って位相を割り当てる,② フーリエ合成で電子密度を計算する,③ 実空間においては,「原子間の空間には電子密度が分布しない」や「電子密度は必ず正の値になる」などの条件を付けて電子密度を加工する,④ 加工された電子密度から構造因子を計算し,位相 $\phi(hkl)$ を求めて ① に戻る,の繰返しとなる.初期位相・構造の割り当て方や電子密度加工の手順はソフトウェアによって異なっており,従来の解析手順の前半部分を自動化したようなものもあれば,初期位相として乱数値を用いるもの,原子割り当てを行わずに直接電子密度分布を取扱うものもなどもある.モデル改善の成否を表す指標もソフトウェアによって様々なものが使用されている.

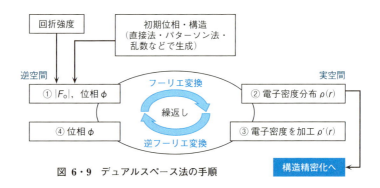

図 6・9 デュアルスペース法の手順

一例として,**チャージフリッピング法**(charge flipping method)の実装であるソフトウェア Superflip[7] の手順を紹介すると,① ランダムな位相を出発点として用いる,② 測定した回折強度と位相から構造因子を計算,③ 構造因子から電子密度を計算,④ 電子密度が一定値以下の部分を反転,⑤ 電子密度から位相を計算,⑥ 再度 ② の段階に戻る,という手順を繰返して位相の決定を行っている.

■ 参考文献 ■

1) J. Karle and I. L. Karle, *Acta Cryst.*, **21**, 849 (1966).
2) G. Germain, P. Main and M. M. Woolfson, *Acta Cryst.*, **B26**, 274 (1970).
3) C. Giacovazzo, Private communication
4) M. G. Rossmann and D. M. Blow, *Acta Cryst.*, **A15**, 337 (1962).
5) W. A. Hendrickson, *Science*, **254**, 51 (1991).
6) C. Yang ほか, *Acta Cryst.*, **D59**, 1943 (2003).
7) L. Palatinus, *Acta Cryst.*, **B69**, 1 (2013).

構造の精密化

　第6章で述べられているように，測定した回折強度データから求めた実測の構造因子 $|F_o(hkl)|$ に直接法などで位相を割り当て，逆フーリエ変換して実空間に変換することで，単位胞中の電子密度を計算することができる．この電子密度のピーク位置に原子座標を設定していけば，構造モデルが作成できる．この構造モデルをもとに構造因子 $F_c(hkl)$ が計算される．しかし，直接法などの結果から求めた初期構造モデルは粗い近似であり，原子座標の精度は低く，原子の熱振動の効果などは考慮されていないモデルとなっている．そこで，$F_o(hkl)$ と $F_c(hkl)$ がよりよく一致するように構造モデルを改善していく作業が必要となる．これを**構造の精密化**とよぶ（図 7・1）．

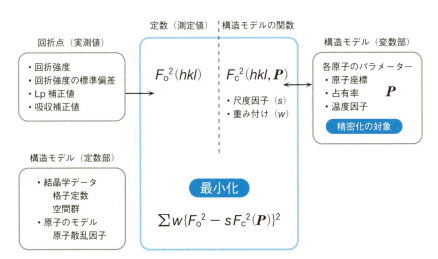

図 7・1 精密化の概略 精密化とは，構造因子の計算値 F_c が実測値 F_o と一致するようにパラメーター群 P を変化させ，構造モデルを改善していくこと．粉末 X 線回折法などでは格子定数も変数として扱うことがある．

7・1 精密化の前提条件

通常の構造精密化において,結晶中の各原子による散乱(**原子散乱因子** f)は球対称のモデルが広く用いられており,これは原子座標を中心に電子が等方的に分布しているとして扱う近似である.3・5節の原子散乱因子の (3・26)式,5・10節の異常散乱と絶対構造の (5・26)式をまとめて,次の関数式で近似される.

$$f(\sin\theta/\lambda) = \sum_{j=1}^{4} a_j \exp\{-b_j(\sin^2\theta)/\lambda^2\} + c + f' + if'' \qquad (7・1)$$

通常はパラメーター a_j, b_j, c は「International Tables for Crystallography」Vol. C に記載されているものを用いる.**異常散乱項**(anomalous scattering)f', f'' は主要な波長については記載されたものを使用できるが,任意波長のものが必要であれば計算で求めたものを使用する.

結合電子などは異方的な分布をするはずであるが,内殻の電子に比べて数が少なく回折に寄与する割合は小さいため,通常の解析では無視して球対称分布しているものとして取扱う.この球対称の電子分布に対して,5・1節と5・3節で述べた熱振動による分布の広がり,5・4節で述べた占有率による寄与の減少を考慮に入れたモデルで $F_c(hkl)$ を計算し,$F_o(hkl)$ と比較して各パラメーターを調整することになる.したがって,構造モデルから求めた

$$F_c(hkl) = \sum_{j=全原子} m_j f_j(\sin\theta/\lambda) T_j \exp\{2\pi i(hx_j + ky_j + lz_j)\} \qquad (7・2)$$

が測定値 $F_o(hkl)$ と一致するように構造のパラメーターの精密化を行うことになる.

精密化の対象となるパラメーターは,結晶中の原子 j について**分率座標** (x_j, y_j, z_j),**占有率**(m_j),**温度因子**(T_j)である.温度因子のパラメーターである温度パラメーターは,解析の初期においては等方的(球対称)な熱振動(パラメーター数 1)を用いて近似し,非水素原子については最終的には楕円体で示されるような異方的な熱振動(パラメーター数 6)を近似として用いる.水素原子については回折強度に対して寄与が小さく,異方的な熱振動モデルでの精密化が困難なため通常は最後まで等方的な熱振動として取扱うことが多い.また,通常の構造では大部分の原子の占有率は1に固定する.したがって,一般位置にある原子のパラメーター数は,非水素原子では原子座標と異方性温度パラメーターをあわせて9個,水素原子については熱振動のモデルを簡略化し,原子座標と等方性温度パラメーターの4個となる.特殊位置上の原子のパラメーターの対称要素による増減や束縛条件による増減

もあるが，おおまかに系全体では非水素原子数の十数倍程度，精密化を行うべきパラメーターが存在する．

7・2　最小二乗法による精密化
7・2・1　精密化の原理

$F_o(hkl)$ と $F_c(hkl)$ を一致させるため，構造モデルの各パラメーターを精密化していくことになるが，一般にこのような精密化に際し，**残差の二乗和**が最小となるような**最小二乗法**による最適化を行う．実際の計算においては $F_o(hkl)$ と $F_c(hkl)$ の平均を一致させる**全体の尺度因子**（overall scale factor）s が $F_c(hkl)$ の係数に含まれ，

$$F_c(hkl)' = s F_c(hkl) \tag{7・3}$$

となる．5・2節の尺度因子 C は $C = 1/s$ の関係にあるが，精密化では $F_c(hkl)$ を $F_o(hkl)$ に合わせるように逆数の関係にとり，この尺度因子自体も精密化対象のパラメーターの一つとする．以下の式では式が煩雑になるのを避けるため，s を省略して単に $F_c(hkl)$ と表記している．

$F_o(hkl)$ と $F_c(hkl)$ の残差の二乗和の最小化を行う最も単純な最小二乗法計算においては，

$$R_{\text{res}} = \sum_{hkl} (|F_o(hkl)| - |F_c(hkl)|)^2 \tag{7・4}$$

を最小化する．$F_o(hkl)$，$F_c(hkl)$ は一般に複素数であるが，測定される回折強度 $I(hkl)$ は実数であり，そこから求められた実数値 $|F_o(hkl)|$ に $|F_c(hkl)|$ を一致させるように最小二乗計算を行うことになる．この (7・4) 式では，各回折強度の信頼性が含まれておらず，強度の大きな回折点もノイズに埋もれた回折点と同じ**重み付け**（weight）w で計算することになる．そこで，これに各回折強度の信頼性に応じた重み付けを加えた次式が以前は広く使われていた．

$$R_{\text{res}} = \sum_{hkl} w(hkl) (|F_o(hkl)| - |F_c(hkl)|)^2 \tag{7・5}$$

現在は，より直接的に測定値 $I(hkl)$ と対応する $F_o^2(hkl)$ に $F_c^2(hkl)$ を一致させるように，次式を最小化する精密化が広く使われるようになっている．

$$R_{\text{res}} = \sum_{hkl} w(hkl) \{F_o^2(hkl) - F_c^2(hkl)\}^2 \tag{7・6}$$

ここでは (7・6) 式の R_{res} を最小化する精密化を説明する．精密化を行う m 個のパラメーターの列ベクトルを $\boldsymbol{P} = (p_1, p_2, \cdots, p_m)$ として，その精密化前の**初期値**を $\boldsymbol{P}_0$，**変分量**を $\Delta \boldsymbol{P} = \boldsymbol{P} - \boldsymbol{P}_0$ とし，$F_c(hkl)$ を $\boldsymbol{P}$ の関数 $F_c(hkl, \boldsymbol{P})$ として表現する．

(7・2)式で示したようにこれは p_i ($i = 1, 2, \cdots, m$) の一次式では表せないため，R_{res} を**非線形最小二乗法**を用いて最小化する〔式が煩雑になるため，以下では $F_{\mathrm{o}}(hkl)$, $F_{\mathrm{c}}(hkl)$, $w(hkl)$ の (hkl) を省略して表記する〕．(7・6)式が最小となるとき，その極小値においては，次式が成立する．

$$\frac{\partial R_{\mathrm{res}}}{\partial p_i} = 0 \qquad (i = 1, 2, \cdots, m) \tag{7・7}$$

この式からパラメーター数 m 個の以下の連立方程式が成立する．

$$\sum_{hkl} w \{F_{\mathrm{o}}^2 - F_{\mathrm{c}}^2(\boldsymbol{P})\} \frac{\partial F_{\mathrm{c}}^2(\boldsymbol{P})}{\partial p_i} = 0 \qquad (i = 1, 2, \cdots, m) \tag{7・8}$$

ここで $F_{\mathrm{c}}^2(\boldsymbol{P})$ を $\boldsymbol{P}_0$ 近傍で一次の項まで展開し，

$$F_{\mathrm{c}}^2(\boldsymbol{P}) \fallingdotseq F_{\mathrm{c}}^2(\boldsymbol{P}_0) + \sum_{j=1}^{m} \left\{ \frac{\partial F_{\mathrm{c}}^2(\boldsymbol{P})}{\partial p_j} \right\} \Delta p_j \tag{7・9}$$

として計算を行う．(7・8)式に，(7・9)式を代入すると，

$$\sum_{hkl} w \left(F_{\mathrm{o}}^2 - F_{\mathrm{c}}^2 - \sum_j \frac{\partial F_{\mathrm{c}}^2}{\partial p_j} \Delta p_j \right) \frac{\partial F_{\mathrm{c}}^2}{\partial p_i} = 0 \tag{7・10}$$

これを整理して，

$$\sum_{hkl} w \sum_j \frac{\partial F_{\mathrm{c}}^2}{\partial p_i} \frac{\partial F_{\mathrm{c}}^2}{\partial p_j} \Delta p_j = \sum_{hkl} w (F_{\mathrm{o}}^2 - F_{\mathrm{c}}^2) \frac{\partial F_{\mathrm{c}}^2}{\partial p_i} \tag{7・11}$$

となる．これは，各成分が次式で表される行列表記で書き直すことができ，

$$A_j = \sum_{hkl} w (F_{\mathrm{o}}^2 - F_{\mathrm{c}}^2)^2 \frac{\partial F_{\mathrm{c}}^2}{\partial p_j} \qquad B_{ij} = \sum_{hkl} w \frac{\partial F_{\mathrm{c}}^2}{\partial p_i} \frac{\partial F_{\mathrm{c}}^2}{\partial p_j} \tag{7・12}$$

A_j, B_{ij} を列ベクトル $\boldsymbol{A}$，行列 $\boldsymbol{B}$ の成分と考えると，

$$\boldsymbol{B}\Delta \boldsymbol{P} = \boldsymbol{A} \tag{7・13}$$

$$\Delta \boldsymbol{P} = \boldsymbol{B}^{-1} \boldsymbol{A} \tag{7・14}$$

と表せる．この $\Delta \boldsymbol{P}$（変分量）は非線形最小二乗法の 1 サイクル分の増分となり，新しいパラメーターは次式で表される．

$$\boldsymbol{P} = \boldsymbol{P}_0 + \Delta \boldsymbol{P} \tag{7・15}$$

非線形最小二乗法の場合，1 回の実行では各パラメーターは最適値に収束しないため，何サイクルか逐次計算を繰返し，変分量が減少して無視できる値になる時点で最小二乗計算は**収束**したとする．

収束後に得られた原子パラメーターを用いて**位相** $\phi(hkl)$ を求め，$F_{\mathrm{o}}(hkl) = |F_{\mathrm{o}}(hkl)| \cdot \exp\{i\phi(hkl)\}$ を用いて**電子密度**を計算する．結晶中の分率座標 (x, y, z)

における電子密度 ρ は，次の式の**フーリエ合成**（Fourier synthesis）により計算することができる（V は単位胞の体積）．

$$\rho(x, y, z) = \frac{1}{V} \sum_{hkl} F_o(hkl) \exp\{-2\pi i(hx + ky + lz)\} \quad (7\cdot16)$$

新たに生じた電子密度ピークに対して原子を割り当て，この原子も含めて精密化を繰返していく．ある程度構造が確定してきたら $F_o(hkl)$ の代わりに $\{F_o(hkl) - F_c(hkl)\}$ の逆フーリエ変換，**差フーリエ合成**（difference Fourier synthesis）を行うと，すでに割り当てた原子の電子密度が差し引かれた**差電子密度図**が得られ，新たなピークを見つけやすくなる．

最小二乗法は原理的に決定すべきパラメーター数に対して十分大きなデータ数が必要であり，最低でもパラメーター数の 4 倍以上の独立な回折データ数が必要である．通常の解析を滞りなく行うためにはパラメーター数の 10 倍以上のデータ数があることが望ましい．

7・2・2 精密化における調節因子

初期値 $\boldsymbol{P}_0$ が最適値から大きく離れている場合，1 サイクル当たりのパラメーター変動量が一次式で近似しきれなくなり，最適化の誤差が大きくなって計算が発散していく場合があり，注意が必要である．このような場合，

$$\boldsymbol{P} = \boldsymbol{P}_0 + q\Delta\boldsymbol{P} \quad (7\cdot17)$$

のように，**調節因子**（damping factor）q を導入し，1 回当たりのパラメーター変動量を抑えることで精密化が安定する場合がある．この値を設定しても最終的な精密化結果は同じになることが期待されるが，(7・6)式の残差の**局所的な極小値**（local minimum）に落ち込んで**全体的な最小値**（global minimum）にならない可能性が増大するので，濫用は避けるべきである．

7・2・3 パラメーターの標準偏差

各原子パラメーターの信頼性は，**標準偏差**（standard uncertainty, estimated standard deviation, esd）σ の形で表現され，最小二乗法の計算過程で (7・12)式の B_{ij} を用いて，

$$\sigma(p_j) = \sqrt{B_{jj}^{-1} \frac{\sum_{hkl} w(F_o^2 - F_c^2)^2}{N_{hkl} - N_P}} \quad (7\cdot18)$$

で計算される（N_{hkl} はデータ数，N_p はパラメーター数）．

なお，この式で計算される値は**ランダム誤差**（random error）だけであり，**系統誤差**（systematic error）は考慮されていない．そのため実際の誤差と比べて常に小さい値となっているので注意が必要である．また，たとえば原子間距離の標準偏差を議論する場合，ここで求めた原子座標（分率座標）の標準偏差だけでなく，格子定数の標準偏差やパラメーター間の相関も考慮する必要がある．パラメーター間の相関を含めた計算には精密化時に使用した B_{ij} 行列が必要となるため，通常は構造精密化プログラムの機能を用いて精密化時に同時に結合距離などの標準偏差の計算を行う．

結晶学関連の論文では，標準偏差は最終桁を合わせた括弧表記で行われることが多い．その場合，括弧内の数値は1～9または2～19となるように切り詰めて表記するのが一般的であるが，目的によっては表全体で桁数をそろえて表記する場合などもある．他分野の論文誌に投稿する場合には，投稿先に応じて記載する．

　　　例：値 1.2345・標準偏差 0.0123 ⟶ 1.23(1)　　ないし　　1.234(12)
　　　　　値 1.2345・標準偏差 0.0789 ⟶ 1.23(8)

7・2・4　最小二乗法の収束

7・2・1節で述べたように非線形最小二乗法は，最適解に収束するまでに複数回実行する必要がある．このとき，1サイクルごとの各パラメーターの変分量をパラメーターの標準偏差で割った値の最大値が収束の度合いを表す数値として使用される．(7・15)式，(7・18)式より，(7・19)式で計算できる．

$$(\text{shift/error})_{\max} = \max \{\Delta p_i / \sigma(p_i)\} \quad (7 \cdot 19)$$

さまざまな表記があり，"shift/error"，"delta over sigma"，"shift/esd"，"Δ/σ" などと表記される．この値は小さいほどよく，精密化の最終段階において，この値の最大値が0.05以下になるまで収束させるのが目安となる．

7・3　精密化に関する用語

7・3・1　信頼度因子

通常，精密化の過程で $F_o(hkl)$ と $F_c(hkl)$ の一致度を示す指標として，**信頼度因子**（reliability factor） R 因子($R1$)，$wR2$ が計算される．これらは

$$R1 = \frac{\sum_{hkl} |(|F_o| - |F_c|)|}{\sum_{hkl} |F_o|} \quad (7 \cdot 20)$$

$$wR2 = \sqrt{\frac{\sum_{hkl} w(|F_o|^2 - |F_c|^2)^2}{\sum_{hkl} w(|F_o|^2)^2}} \qquad (7\cdot21)$$

と定義されている. 通常, $wR2$ 値は $R1$ 値と比べると 2 倍強大きな値となる. 昔の論文では, 強い回折点 $[|F_o| > 3\sigma(F_o)]$ のみを用いて精密化を行い, そのときに使用した回折点についての $R1$ 値を示した. 近年では全データを用いて計算した $wR2$ を用いるのがよいとされているが, 参考値として $R1$ 値も併記することが多い.

7・3・2　構造因子の重み付けと goodness of fit（S 値）

前述したように, 精密化の式にはデータの重み付けを表す $w(hkl)$ が含まれている. この重み付けの設定は精密化プログラムにより異なっている. 歴史的には, $\sum_{hkl}^{N} w(|F_o| - |F_c|)^2$ を最小化する際には F_o の標準偏差 $\sigma(F_o)$ の二乗の逆数を重み w として,

$$w = \frac{1}{\sigma^2(F_o)} \qquad (7\cdot22)$$

をベースに補正項を加えた重み, たとえば $w = 1/\{\sigma^2(F_o) + aF_o^2\}$ などが使われてきた.

近年の $(F_o^2 - F_c^2)$ ベースの精密化の場合も基本的には同じであり, F_o^2 の標準偏差の二乗の逆数を重みとして,

$$w = \frac{1}{\sigma^2(F_o^2)} \qquad (7\cdot23)$$

をベースにした重み付けが行われている. たとえば, 精密化プログラムの一つである SHELXL-2013 においては,

$$w = \frac{1}{\{\sigma^2(F_o^2) + (aP)^2 + bP\}}$$
$$P = \frac{\{2F_c^2 + \max(F_o^2, 0)\}}{3} \qquad (7\cdot24)$$

が使用されている（ここで, a, b は使用者が指定することのできるパラメーターとなっている. また実際にはより詳細な設定も可能）.

重み付けの評価関数として **goodness of fit** とよばれる値（S 値）が使用される. これは, N_{hkl} をデータ数, N_p をパラメーター数として,

$$S = \sqrt{\frac{\sum_{hkl} w(F_o^2 - F_c^2)^2}{N_{hkl} - N_P}} \qquad (7 \cdot 25)$$

で定義される値であり，適切な重み付けを使用した場合，残差 × 重みは均等に分布するようになるので，1 に近い値となる．精密化プログラムによっては，この値が 1 に近くなるような重み付けを自動的に行うものや，重み付けのパラメーターの候補を示すものもある．解析の序盤ではあまり変更する必要はなく，標準的な値を使用すればよいが，精密化の終盤で S 値が 1 に近づくよう重み付けを調整する．

7・3・3 熱振動と温度因子

5・1 節や 5・3 節で述べたように，非水素原子については**熱振動**に異方性があることを考慮に入れて**楕円体で近似し**，U_{ij} の 6 個の**異方性温度パラメーター**で表現する．水素原子については散乱能が小さく回折への寄与が少ないことから，より簡略化し，**等方性温度パラメーター** U_{iso} 1 個で処理を行う．これらは計算上，(7・2)式に T_j として付与されるパラメーターとなる．

$$T = \exp\{-8\pi^2 U_{iso} (\sin^2\theta)/\lambda^2\} \qquad (7 \cdot 26)$$
$$T = \exp[-2\pi^2\{U_{11}h^2(a^*)^2 + U_{22}k^2(b^*)^2 + U_{33}l^2(c^*)^2$$
$$+ 2U_{12}hka^*b^* + 2U_{13}hla^*c^* + 2U_{23}klb^*c^*\}] \qquad (7 \cdot 27)$$

U_{ij}, U_{iso} のほか，単位の異なる B, β などが使われることもある（5・2 節参照）．

$$B_{iso} = 8\pi^2 U_{iso} \qquad (7 \cdot 28)$$

熱振動の程度を図示する場合，一般にプログラム ORTEP（オルテップ）が出力する図またはそれに相当する図をつくる．これは熱振動する原子の存在確率が一定となる表面を楕円体で表した図である．単に **ORTEP 図**とよばれることもある（図 5・4 参照）．

異方性温度パラメーター U_{ij} の値から熱振動の程度を頭の中で見積もることは難しいので，精密化後に**等価等方性温度パラメーター** U_{eq} を計算し，作表することもある（5・3 節参照）．

$$U_{eq} = (1/3)\{U_{11}(aa^*)^2 + U_{22}(bb^*)^2 + U_{33}(cc^*)^2$$
$$+ 2U_{12}a^*b^*ab\cos\gamma + 2U_{13}a^*c^*ac\cos\beta + 2U_{23}b^*c^*bc\cos\alpha\} \qquad (7 \cdot 29)$$

温度因子は原子の平均二乗変位を示す物理量であり，異方性温度パラメーターから変換した熱振動楕円体の三つの主軸方向の大きさが対応し，**熱振動楕円体パラメーター**（thermal ellipsoid paramator）という．この値は，正の値しかとりえない．しかし，最小二乗法の計算上は負の値になることがあり，これが **non**

positive definite（**NPD**）とよばれる現象である．これは物理的にありえない構造モデルであるので修正を行う必要がある．直接熱振動楕円体パラメーターの値を設定するのは好ましくないので，負になる原因を見つけて取除く必要がある．また，元素の種類や占有率などを誤って指定して精密化を進めると，誤りのしわ寄せは熱振動楕円体パラメーターに現れてくることが多く，本来の熱振動と異なる異常値をとる．そのため，精密化の過程では頻繁に各原子の熱振動楕円体パラメーターをチェックしておいたほうがよい．

異常な熱振動楕円体パラメーターの主要な原因と対策は以下の四つである．

① 無機結晶に見られるように，そもそも原子の熱振動が極端に小さく0に近いため，誤差の範囲で負の値に振れてしまう場合．この場合は異方性温度パラメーターの精密化をあきらめ，等方性で処理を行うと安定することがある．ただし，有機結晶の一般的な測定の場合，通常考慮する必要はない．

② 元素のとり違えによりモデルよりも高い電子密度が生じている場合．構造モデルを修正し，より重い元素に入れ替えることで解決する．化学的な情報との整合性に注意が必要である．

③ **乱れた（ディスオーダー）構造**（disordered structure）の影響で構造モデルが電子密度をうまく近似できていない場合．構造モデルを修正し，電子密度に対応する占有率で原子を配置していく．原子座標や占有率のモデルに問題があった場合にも，熱振動楕円体パラメーターに対するしわ寄せが起こりやすいので注意しておく．

④ データの精度が悪い場合やデータ数がパラメーター数に対して不足する場合（結晶性が悪い，貼り合わせ結晶，割れた結晶などの場合を含む）．この場合は精密化時の対策は困難であり，測定時に十分注意しておく必要がある．結晶の質が根本的に悪い場合には異方性温度パラメーターによる精密化を断念するのも選択肢の一つであるが，その場合には微妙な結合距離の違いなど，詳細な構造の議論は困難になる．

②と③の場合は精密化を進め，モデルが整えば解消する場合が多い．元素の指定の誤りの可能性を考慮しつつ，占有率を調整していく必要があるだろう．単一の原子として見たときには異常な熱振動でなかったとしても，周辺の結合している原子と明らかに異なる熱振動を示している場合は注意が必要である．

軽い原子ほど，また，占有率が低いほど回折強度への影響が小さくなり，熱振動の正確な見積もりは難しくなるため，通常の解析においては占有率を考慮に入れた

電子数換算で1電子以下の原子については異方性で精密化するのは困難である．

また，通常の解析で用いる熱振動楕円体パラメーターには熱振動とは直接関係のないさまざまなパラメーターの影響が表れることは頭に入れておく必要がある．上述したようにモデルの占有率や原子のパラメーターの誤りが熱振動楕円体パラメーターに影響するだけでなく，そもそも原子散乱因子を球対称近似することや熱振動を楕円体で近似すること自体の問題が表れることもあり，熱振動を定量評価する場合には値の信頼性を慎重に検討すべきである．

7・3・4 相関係数

最小二乗法の前提条件として最適化を行うパラメーターはそれぞれ独立である必要がある．最適化を行うパラメーター間に相関があると正常な精密化を行うことができない．たとえば二つのパラメーターに強い相関がある場合には，一方のパラメーターを変化させるともう一方のパラメーターが影響を受けるということである．相関の大きさを示す**相関係数**（correlation coefficient）δ は（7・12）式の B_{ij} を用いて，

$$\delta_{ij} = \frac{B_{ij}}{\sqrt{B_{ii}}\sqrt{B_{jj}}} \tag{7・30}$$

と定義されており，完全に独立な場合は0となり，強い相関があると ±1 に近い値をとる．相関係数が ±1 になる条件では，（7・14）式の $\boldsymbol{B}^{-1}$ が正常に計算できない，つまり $\boldsymbol{B}$ の行列式が0になることを意味している．また，完全な相関がなくても $\boldsymbol{B}$ の行列式が0に近づくと（7・14）式よりパラメーターの変動量が過剰になり，最小二乗法が不安定になることがある．この場合には7・2・4節で示した shift/error の値にも異常が表れる．

対策としては，強い相関をもったパラメーターは一つの変数で表記する（次の節に述べる"constraint"），あるいは，そこまで強い相関でない場合には"restraint"（次節参照）によって値が発散することを防ぐ，などの対策もある．偽対称構造，偽並進構造，長周期構造などで，すべてのパラメーターを独立にして精密化を行った場合，共通する局所構造の部分で多くのパラメーターの相関が大きくなるほか，占有率と熱振動楕円体パラメーターを同時に精密化した場合や，近接して存在するディスオーダーした原子同士で占有率を奪い合うような状況で強い負の相関が見られることがある．空間群の選定を誤って対称性を低く見積もった場合にも異常な相関が表れるが，偽対称などの場合とよく似た構造，症状であるため注意深く判断す

る必要がある．通常，精密化プログラムは一定以上大きな相関について警告を出力するので，精密化がうまく進んでいるように見える場合でもときどき出力ファイルを確認しておく（第8章参照）．

7・3・5 束縛条件

最小二乗法を用いて (7・6) 式を最小化する際，得られるパラメーターが化学的，物理的にありえない値となることがある．これを防ぐための手法の一つが**束縛条件**の設定である．データの質が悪い場合や乱れた構造の解析などに用いられることが多い．束縛条件には**強制的束縛**（constraint）と**抑制的束縛**（restraint）の2種類がある．

constraint は，数学的に厳密なパラメーターの対応関係を導入する方法であり，たとえば剛体モデルを用いて構造の一部パラメーターを連動させる場合のような手法である．この場合，精密化を行うパラメーター数が減少するので，データ数/パラメーター数比が低い場合などに効果的である．また，同一サイトを占める原子の占有率の合計が1となるような束縛をかける場合などにも用いる．水素原子の座標などを根元の炭素原子に連動させる**乗馬モデル**（riding model）による精密化も constraint の一種である．

一方 restraint では，(7・6) 式にパラメーターが目標の値に近づくと小さくなる補正項を追加する．これには座標値，温度因子など単体のパラメーターに関与するものだけでなく，結合距離や角度など複数のパラメーターが関与する束縛条件も設定されることがある．

$$R_{\text{res}} = \sum_{hkl} w(F_o^2 - F_c^2)^2 + \sum_{\substack{r= \\ \text{全 restraint}}} w_r (T_{r,\text{目標値}} - T_{r,\text{現在値}})^2 \quad (7\cdot 31)$$

この式で w_r が各束縛条件の束縛の程度を表す数値で，値が大きいほど強い束縛条件となる．

束縛条件を用いた精密化では精密化の結果のモデル依存性が大きくなるため，束縛が影響する領域の構造を細かく議論することはできない．したがって，可能な範囲で少ない条件，かつ物理的，化学的に合理的な束縛条件を設定すべきである．理想的には束縛条件なし，あるいはゆるい restraint の利用で精密化を進めるのが望ましい．

constraint は，上述した例の他，乱れた構造で二つ以上の部分構造が極端に近接して重なっている場合など restraint でうまく解決できない場合などにも用いら

れる．また，鏡面や対称心など特殊位置上に原子・分子が存在する場合や，座標原点に任意性のある空間群の場合などに，一部のパラメーターに対して constraint をかけて固定する必要がある．現在のほとんどの精密化ソフトウェアは自動的に特殊位置上の原子の constraint の取扱いを行うが，特殊位置に「近接した」原子の取扱いがうまくいかない場合もあるので，注意しておく．

7・3・6 絶対構造の決定

対称心をもたない空間群（non-centrosymmetric space group）〔**キラリティのある空間群**（chiral space group），**極性のある空間群**（polar space group）など〕の結晶の場合，絶対構造を決定しておく必要がある．構成分子にキラリティがない場合でも，結晶としてはキラリティが生じる場合がある．

5・10 節で述べたように，絶対構造の決定には原子の**異常散乱**による**フリーデル対**の強度の違いを利用する．指標としては，精密化の際に得られる**フラックパラメーター** x が用いられることが多い（5・10 節参照）．

$$|F_c(hkl)|^2 = (1-x)|F_c(hkl)|^2 + x|F_c(\overline{hkl})|^2 \qquad (7・32)$$

この式を用い，x もパラメーターとして精密化を行う．モデルの絶対構造が正しければ，x の値はほぼ 0 になり，逆の絶対構造であれば 1 に近い値となる．このパラメーターの標準偏差が大きい場合には絶対構造の信頼性が低いことになる．わずかな強度差を利用して解析するため，精密化の序盤では正確に決定することが難しい場合もある．その場合は解析を進めた後にチェックし直す．多数の測定値を用いることで絶対構造を明確に決めることができることが多いが，うまく決定できない場合は，異常散乱が大きくなる波長（理想的には重原子の吸収端近傍）を選択して測定し直すとよい．有機物の場合，通常は Mo Kα 線による測定でも十分な精度を得ることができるが，Cu Kα 線を用いるとより明確になる．x パラメーターが 0.5 近傍の値になる場合や標準偏差が大きい場合には，双晶の可能性，および空間群選択の誤りの可能性を検討したほうがよい．

この x パラメーターを精密化のパラメーターとせず，精密化終了後に次式の Q の値を，

$$Q = \frac{\{I(hkl) - I(\overline{hkl})\}}{\{I(hkl) + I(\overline{hkl})\}} \qquad (7・33)$$

測定値と計算値の各フリーデル対で計算し，用いることもある．解析ソフトウェアの SHELX-2013 では後者の値を x パラメーターとして出力するようになっている．

7・3 精密化に関する用語

精密化の過程で絶対構造が反転していることが明らかになった場合,原子座標を反転して解析を進める.一般には,次式のように座標を反転させればよい.

$$(x', y', z') = (-x, -y, -z) \qquad (7・34)$$

この反転操作によって原子座標が単位胞から大きく外れると,一部のソフトウェアが誤動作する場合があるので,必要に応じて次式の例のように並進を加え,原点付近に維持しておくとよい.

$$(x', y', z') = (1-x, 1-y, 1-z) \qquad (7・35)$$

また,一部の空間群では座標の反転とともに空間群のらせん軸の向きも反転(たとえば 3_1 らせんと 3_2 らせんの相互の変換)する必要がある〔表7・1(a)〕.複合格子の空間群 $I4_1$ などでは,単位胞中に 4_1 らせんと 4_3 らせんの両方を含んでいるため,空間群を変える必要がない代わりに 1/2 離れた逆向きのらせん軸の周囲に分子を集める必要があり,原点とは異なる反転中心を選択する〔表7・1(b)〕.同様に,極性のある空間群 $Fdd2$ などは映進面対称をもちキラルな空間群ではないが,対称心をもたないので,絶対構造の決定が必要となる.その際に反転したときは鏡面や映進面の対称要素を考慮した位置で反転させる必要がある.これらの特に注意が必要な空間群をまとめて表7・1に示す.

表 7・1 絶対構造反転時に注意が必要な空間群

(a) らせん軸の反転が必要な空間群 (11組)

$P4_1 \leftrightarrow P4_3$	$P4_122 \leftrightarrow P4_322$	$P4_12_12 \leftrightarrow P4_32_12$
$P3_1 \leftrightarrow P3_2$	$P3_112 \leftrightarrow P3_212$	$P3_121 \leftrightarrow P3_221$
$P6_1 \leftrightarrow P6_5$	$P6_2 \leftrightarrow P6_4$	$P6_122 \leftrightarrow P6_522$
$P6_222 \leftrightarrow P6_422$	$P4_332 \leftrightarrow P4_132$	

(b) 原点以外の反転中心が必要な空間群 (7種類)

空間群	反転中心例	座標反転例
$Fdd2$	(1/8, 1/8, 0)	$(1/4-x, 1/4-y, -z)$
$I4_1$	(1/4, 0, 0)	$(1/2-x, -y, -z)$
$I4_122$	(1/4, 0, 1/8)	$(1/2-x, -y, 1/4-z)$
$I4_1md$	(1/4, 0, 0)	$(1/2-x, -y, -z)$
$I4_1cd$	(1/4, 0, 0)	$(1/2-x, -y, -z)$
$I\bar{4}2d$	(1/4, 0, 1/8)	$(1/2-x, -y, 1/4-z)$
$F4_132$	(1/8, 1/8, 1/8)	$(1/4-x, 1/4-y, 1/4-z)$

実際の構造解析
解析ソフトウェアの取扱いと CIF ファイル

　本章では一般的な結晶構造解析の手順を示すとともに，広く使用されている構造解析ソフトウェアパッケージ **SHELX** に含まれるソフトウェア **SHELXD**，**SHELXT** を用いた直接法による解析の具体例を示していく．また，SHELX による構造解析がうまくいかない場合の代替手段として，**SIR**，**Superflip** など特性の異なる解析ソフトウェアの使用例も示していく．構造精密化に関しては，乱れた（ディスオーダー）構造の解析を含む複雑な精密化に応用可能なソフトウェア **SHELXL** を用いた解析の例を示す．なお，それぞれのソフトウェアは原稿執筆時の最新版 SHELX-2013，SIR 2014，Superflip 2013 年版を用いた．ソフトウェアの改版などに伴ってパラメーターの意味や順番などが変化する場合があるので，各ソフトウェアのマニュアルを確認して使用することを勧める．

　結晶構造解析全体の流れを図 8・1 に示す．

① データ測定・データ処理
- 回折角，方位　→　格子定数
- 回折強度 $I(hkl)$　→　構造因子 $F_o^2(hkl)$
- $I(hkl)$ の消滅則など　→　空間群

結晶学データと構造因子 $F_o^2(hkl)$ の抽出

② 初期位相・初期構造の決定

直接法・パターソン法など
- $F_o^2(hkl)$　→　位相 $\phi(hkl)$
- $F_o^2(hkl)$，$\phi(hkl)$　→　電子密度 $\rho(x,y,z)$
　　　　　　　　→　構造モデル

構造モデルの概略を得る

③ 構造の精密化
- 構造モデル（原子座標，熱振動など）
　　→　$F_c^2(hkl)$，$\phi(hkl)$
- 非線形最小二乗法
　最小化 $\sum w\{F_o^2(hkl) - F_c^2(hkl)\}^2$

構造モデルを改善

④ まとめ・データチェック
- 構造モデルの確認
- 作図・作表
- CIF ファイルの作成

図 8・1　結晶構造解析の流れ

SHELX には初期位相の決定に用いる SHELXD や SHELXT, SHELXS, 構造精密化に用いる SHELXL のほか，解析結果の CIF ファイルを取扱うプログラムなどが含まれており，乱れた構造などの複雑な解析にも対応したソフトウェアパッケージとなっている．SHELX 単体では，入出力はテキストファイルで扱うことになるので，このファイルをもとにコンピューターの画面上で立体的な解析結果を表示・編集できるソフトウェアを併用するのが一般的である．回折装置に添付されているソフトウェアの多くが利用できるほか，**WinGX**, **Yadokari**, **SV** などの支援ソフトウェアが利用できる．

8・1 データ測定とデータ処理

結晶の性質や使用する回折装置によって手順や設定項目，注意点は大きく変わることになるため，ここでは一般的な注意点のみ取上げておくことにする．

結晶の選択にあたっては，現実的な範囲で「小さくても綺麗な単結晶を選択する」ということになる．また，極端に異方的な結晶では吸収補正が難しくなるので，選択可能ならば立方体ないし球形に近い結晶のほうがよい．偏光顕微鏡を用いると，「こぶ付き」の結晶を容易に見分けることができる．平板結晶や針状結晶の場合には貼り合わせ結晶になっている可能性が大きいので特に注意が必要となる．

空気中で不安定な物質などでは，キャピラリー中に少量の溶媒と共に封じる，あるいはオイル中で処理してオイルごとナイロンループでサンプリングして冷却する方法がある．その際，溶媒やオイルが結晶化しないよう注意するほか，多量のオイルによりバックグラウンドのX線散乱が上昇しないよう注意する．冷却して低温下で測定する場合，乱流により結晶付近に空気が流れ込み，霜が付く場合がある．これも測定値の精度を低下させるので霜が付かないよう調整しておく．また，相転移などで構造変化が起こったり結晶が割れたりする場合があるので注意する．

回折装置は **X 線発生装置** (X-ray generator)，**ゴニオメーター** (goniometer)，**検出器** (detector) で構成されている．結晶の任意の回折点の強度を測定するためには，X 線に対して結晶の方位と検出器の方位を自在に設定できるようにする必要があり，これを担うのがゴニオメーターである．従来広く使われていたシンチレーションカウンターを検出器に使う回折計はゴニオメーターの角度設定用の回転軸の数が計 4 軸（検出器用の 2θ，結晶用の ω, χ, ϕ）あることから **4 軸型回折装置** とよばれている．近年では測定時間を短縮するために位置分解可能な **二次元検出器** を用いて複数の回折点を同時測定する装置が主流となっており，**イメージングプレート**

(imaging plate, IP, 定量的な X 線強度の記録ができる記録材料) や CCD カメラ, 半導体検出器などが使用されている. これらの回折装置ではゴニオメーターが簡略化されていることが多い.

　結晶を回折装置に取付けるにあたっては, 結晶がゴニオメーターの中心 (各回転軸の交点) になるようにしっかり固定する〔**センタリング** (centering)〕. 調整の際にはゴニオメーターの各軸を大きく動かしてみて結晶が動かないことを確認するとよい. 中心からずれると, 格子定数の精度が落ちて標準偏差が大きくなるほか, 指数付けがうまくいかなくなる場合や, 結晶の方位によって等価回折点の回折強度にばらつきが出たりする場合がある.

　二次元検出器を用いた測定では, まず予備測定を行って方位の異なる数枚の回折像を取得し, 指数付けを行う. このとき, 回折ピークの形状に注意し, 異常があれば結晶の交換を行う. また, 指数付けの結果, 説明できないピークが残っていないか確認しておく. 逆に, この段階で正しい格子の 2 倍の格子をとってしまった場合などでは, 半数程度のピーク強度が 0 もしくは極端に小さな値となるため判別可能である.「全自動測定」を使用した場合でも, 測定終了後に記録を確認しておいたほうがよい. 長周期構造に由来する回折点は, 通常の回折点の間に非常に弱い回折として表れるので, 積算時間を長くする, 表示コントラストを調整して弱い回折点を表示するなどして確認することになる.

　本測定では, できる限り多くの指数を網羅しつつ短時間で測定を終わらせるよう, 回折装置のソフトウェアの補助機能を利用して測定パラメーターを設定する. 結晶をゆっくり連続的に回転させながら回折点の強度を積算する**回転写真法** (rotating-crystal method), 回転範囲を狭い区間に区切って何度も往復させて積算する**振動写真法** (oscillation method) などが用いられる. 前述の予備測定のデータをもとにこの回転範囲や積算時間, 撮影枚数などを設定する. できるだけ回折点同士が重ならないこと, 十分な S/N 比 (シグナル/ノイズ比) が得られること, 指数が網羅されることに注意する. 4 軸型回折装置が主流の時代の教科書には測定時間短縮のために独立な最小限の回折点の測定を行うよう書いてあるが, 現在では特に理由がなければ等価回折点の強度も積極的に測定し, 後の解析に備えておくほうが一般的である. また, 格子定数や空間群の正確な決定のためにもさまざまな結晶方位でデータを測定しておいたほうがよい.

　データ測定後 (あるいは測定中に順次), 各回折点の回折強度の積分, 吸収補正, Lp 補正 (5・5 節) と空間群の判定 (第 4 章), 格子定数の精密化を行う. このと

き，晶系を誤判定してしまうと格子定数の精密化に余分な束縛条件が導入される（あるいは束縛条件が不足する）ことになるので注意が必要である．通常の単結晶の構造精密化過程では格子定数は定数として扱うため，格子の誤判定が判明した場合にはここまで戻って格子の精密化をやり直すことになる．

回折装置のソフトウェアと独立した構造解析ソフトウェアを利用する場合，吸収補正，Lp補正済みの回折強度データ〔構造因子 $F_o^2(hkl)$〕を取出しておく必要がある．吸収補正のパラメーターは，実験的に吸収の方位依存性を求めるか，結晶の形状と方位をもとに計算で求める場合が多く，通常はデータ測定手順に吸収補正パラメーターの算出手順も含まれている．多くの場合には補正済みの回折強度データがテキストファイルとして出力されているか，出力することが可能なので，それをそのまま用いるか，あるいは変換して用いればよい．そうでない場合も回折強度データを各種の形式で書き出し可能なソフトウェアが多い．古い測定プログラムを利用している場合には，対称要素のモデルに応じてフリーデル対や等価回折点のデータが平均化されて出力される場合がある．しかし，空間群などの妥当性をあとで検討するためにも，平均化されていないデータを用いて新しいソフトウェアを用いて解析するべきである．

8・2 初期構造の決定
8・2・1 初期構造モデルの構築

$F_o^2(hkl)$ と結晶学データ（格子定数，空間群など）が得られたら，まず，直接法などの手法を用いて構造因子の**初期位相の決定**を行う．SHELXD や SHELXT，SIR，**DIRDIF** など最近使われている一般的なソフトウェアでは，**直接法**などで求めた初期位相をもとに 6・5 節で述べた**デュアルスペース法**などにより構造モデルの改善が行われ，おおまかな原子の配列の決定まで自動的に行われる．SHELXT や SIR の場合には簡易的な構造精密化までも含まれており，単体で分子骨格の決定程度までを比較的高い精度で行うことができる．よく使われる構造解析ソフトウェアのいくつかを章末の表 8・4 にまとめた．

単純な構造の場合，得られた分子骨格を予想される構造と比較し，原子の割り当ての誤りを修正するだけで構造解析がほぼ完了しているように見えることもある．構造解析の用途によってはこの段階で十分だと考える人もいるかとは思うが，分子末端部などに異常な構造が残されていたり，溶媒の含有が見落とされたり，絶対構造に誤りがあったりすることもあるので，**信頼度因子** $R1$, $wR2$ が十分に小さくな

るまで精密化を進めるべきである.

以下では，SHELXD, SHELXT, SIR, Superflip を使った初期構造決定について，タウリンの結晶構造解析を例にあげて説明する.

8・2・2　SHELXD を用いた初期構造決定の例

この節では SHELXD による初期構造決定を説明する. SHELXD は ① ランダムに配置した原子を開始点としたデュアルスペース法による構造決定, ② パターソン関数をもとに配置した原子を開始点としたデュアルスペース法による構造決定, ③ 決定済みの原子座標値を入力して構造の拡張, ④ 部分構造を入力して構造決定, の四つの動作モードがあるが, ここでは ① の利用法について説明する. ② については 8・2・6 節で説明する.

SHELXD におけるデュアルスペース法は, 実空間における電子密度に対して原子の割り当て, 逆空間における位相の改善（直接法, タンジェント式ベース）の組合わせとなっている. また, 実空間において各原子が存在する場合と削除した場合の構造因子の測定値との一致度を比較し, 結果に応じて再割り当てが行われて構造が改善されていく.

SHELXD の入力ファイルは二つで, "*filename*.ins", "*filename*.hkl" である（図 8・2）. *filename* 部分は任意だが, 二つのファイルで共通の名前にしておく. また,

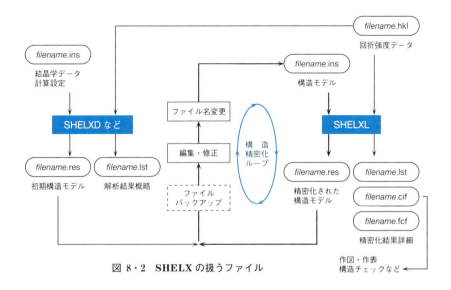

図 8・2　SHELX の扱うファイル

8・2 初期構造の決定

周辺ソフトウェア利用時のトラブル防止のため，スペースや記号を含まない半角英数字で 8 文字以内としておくのが無難である．*filename*.ins は SHELXD の結晶学データや計算のパラメーターを設定するファイルで，*filename*.hkl が回折強度データファイルである．作成は Windows であれば"メモ帳"や"WordPad"などが使用できるほか，一般的なテキストエディターが利用できる．編集に使用するフォントはいわゆる等幅フォントを用い，80 文字幅にしておくとよい．また，ファイル名拡張子（.ins, .res, .hkl）などが見えないと取扱いが難しくなるので表示するように設定する．SHELXD などの実行には，コマンドプロンプトを使用することになる．回折装置付属のソフトウェアや Yadokari などの支援ソフトウェアを用いると，入力ファイルの作成やコマンドの実行を簡略化できる場合もあるが，内部の動作はほとんど共通である．

以下では，有機低分子タウリンの結晶構造解析を例に取上げ，具体的な設定ファイルの例を示して説明する．使用するタウリンの結晶学データは図 8・3 のとおりである．

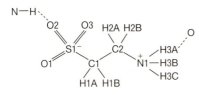

構造式

結晶学データ

空間群　$P2_1/c$
対称要素　(x, y, z)，$(\bar{x}, y+1/2, \bar{z}+1/2)$，
　　　　　$(\bar{x}, \bar{y}, \bar{z})$，$(x, \bar{y}+1/2, z+1/2)$
$a = 5.2818(10)$ Å，$\beta = 94.01(3)°$，
$b = 11.645(3)$ Å，$V = 486.4$ Å^3，
$c = 7.9268(15)$ Å
測定波長　1.54184 Å（Cu Kα 線）
分子式　$C_2H_7NO_3S$，分子量　125.15
結晶密度　1.73 g·cm^{-3}

図 8・3　タウリンの構造式と結晶学データ

■ **SHELXD 用入力ファイルの例**（*filename*.ins）　　まず，新規のファイルを作成し，"*filename*.ins" という名前で保存する．

SHELX では行頭の 4 文字は特別扱いされ，コマンドないし原子名となる．その後にスペースが入り，残りはフリーフォーマット，スペースで区切ってパラメーターを入力する（図 8・4）．TITL コマンドを除き，大文字，小文字は区別されず，処理ではすべて大文字として取扱われる．SHELX は 80 文字以上の行も扱えるが，出力は 80 文字以内に分割され，継続行（行末に等号"="，次の行の行頭にスペース）として出力される．

```
TITL taurine
CELL 1.54184 5.2818 11.6450 7.9268 90.0000 94.0100 90.0000
ZERR 4 0.0010 0.0030 0.0015 0.0000 0.0030 0.0000
LATT 1
SYMM -X, 1/2+Y, 1/2-Z
SFAC C H N O S
UNIT 8 28 4 12 4
FIND 5
PLOP 8 9 11
NTRY 100
HKLF 4
```

図 8・4 SHELXD の入力ファイル（*filename*.ins）の例 コマンド（4 文字），スペース，以下スペースで区切るフリーフォーマット．行末に ＝ があると次の行への継続行となる．

TITL, CELL, ZERR, LATT, SYMM, SFAC, UNIT の各コマンドはこの順番で指定する必要がある．順番を入れ替えるとエラーになる場合がある．FIND, PLOP, NTRY が最小限のパラメーター指定のコマンドである．そのほか必要に応じて TEST コマンドなどを追加してもよい．ファイルの末尾は HKLF, END コマンドとする．これら SHELX の主要コマンド一覧と簡単な説明を表 8・1 に示す．

まず，結晶学データのパラメーターを入力する．CELL, ZERR に測定波長，格子定数およびその誤差，Z 値（単位胞中の単位構造数）を記載する．単位は Å，度（°）である．ZERR の行の値は SHELXD では使用されず，そのまま書き出されて次の精密化過程で使用される．Z 値については結晶の密度がわかっていれば，格子定数と分子量から単位胞中の原子数をほぼ正確に見積もることができる．有機結晶の場合，溶媒分子を無視すれば単位構造は 1 分子なので，次式で計算できる．

$$Z 値（単位胞中の分子数）＝（密度）\times \frac{（単位胞の体積）}{（分子の質量）} \qquad (8・1)$$

密度の実測値がない場合には標準的な値（純粋な有機物で 1.2〜1.4 g·cm^{-3}，ハロゲン入りで 1.4〜1.7 g·cm^{-3} 程度）を参考に考えるとよい．タウリンの場合，1.73×10^6 (g·m^{-3}) $\times$ 486.4 $\times 10^{-30}$ (m^3)/{125.15 (g·mol^{-1})/6.022 $\times 10^{23}$ (mol^{-1})} $\fallingdotseq$ 4 となる．この値を ZERR 行の第 1 項に転記しておく〔これは非対称単位当たり（対称要素 1 個当たり）1 分子ということを意味しており，妥当な値である．この値が非整数の場合には溶媒の混入や空間群の誤りの可能性が高くなる〕．

8・2 初期構造の決定

空間群は LATT コマンドと SYMM コマンドを組合わせて記入する．空間群 $P2_1/c$ は単純格子 (P) で対称心ありなので LATT コマンドでは 1 を指定する．SYMM コマンドでは (x, y, z) と，対称心による反転は省略し，この場合は一行だけ，$(x, y + 1/2, z + 1/2)$ に相当する行を書く．

次に単位胞中の原子数を SFAC, UNIT コマンドを用いて書く．通常の測定では，

表 8・1　SHELX の主要コマンド一覧

SHELXD, SHELXT, SHELXL 共通部分（結晶学データの指定など）	
TITL	データ名，分子名など．解析自体には影響しないが，各出力ファイルに表示される．トラブルのもととなるので日本語は使用しないほうがよい．
CELL	測定波長と格子定数．通常，原子散乱因子は測定波長から計算される．波長および格子定数の単位は Å, 度 (°) である．
ZERR	単位胞中の分子数（Z 値）と格子定数の標準偏差．SHELXD では使用されないが，後の精密化の計算にそのまま引き継がれる．
LATT	格子を表す．1 は単純格子，2 は体心格子，3 は菱面体格子，4 は面心格子，5, 6, 7 は底心格子を表す．正負は対称心の有無で，負のときは対称心なし．
SYMM	個別の対称要素．必要に応じて複数行入力できる．LATT コマンドと SYMM コマンドを組合わせて空間群に対応する対称要素を表現する．
SFAC	原子散乱因子の指定．測定波長が Cu Kα 線や Mo Kα 線など一般的なものの場合は，通常は単に元素名を並べて順に入力すれば，内蔵された原子散乱因子が使用される．また，詳細指定を行う場合には元素ごとに複数行に分割してもよい．
UNIT	単位胞中の全原子数．SFAC コマンドと対応する順に入力する．
HKLF	回折強度データのファイル形式の指定．
END	ここでファイルの読み込みを終了する (HKLF コマンドがある場合省略できる)．

SHELXD に関するコマンド	
FIND	初期配置時に自動的に割り当てる原子数．予想される構造に合わせて非水素原子数より少な目の値を入れておく．
PLOP	電子密度ピーク検出数．こちらは非水素原子より大きめの値を入れておく．10 個まで指定でき，サイクルごとに検出する数を変えることができる．各サイクルで，ピークリスト最適化後に残ったピークに原子の割り当てが行われていくため，未検出のピーク数を確保するよう後のほうにいくほど大きな値を入力する．予想される非水素原子数の 1.2 倍から 1.5 倍程度を指定しておくとよい．
NTRY	初期位相をランダムに変更する回数．指定しない場合，*filename*.fin ファイルを作成するまで実行を続ける．通常は計算機の能力に応じて 100～1000 程度を指定しておくのがよい．
PATS	パターソン法による初期構造を利用する場合に指定する．
PSMF	パターソン法で用いるパターソン関数のパラメーターを指定する．

単に元素名を並べればよく，"SFAC C H N O S"などと記述する．UNIT コマンドでは SFAC で指定した順に単位胞中の原子数を記入するので，先ほど求めた Z 値に相当する 4 分子分の $C_8H_{28}N_4O_{12}S_4$ に対応する "UNIT 8 28 4 12 4" を記入することになる．

次に計算設定のパラメーターを記入する．

FIND コマンドではデュアルスペース法で割り当てる原子数を記入する．通常は分子骨格を構成する非水素原子数より少し少なめの値を書いておく．タウリンでは非水素原子数は 7 個なので，5, 6 程度が妥当な値となる．

PLOP コマンドでは，電子密度図からひろい出すピークの個数を指定する．こちらは非水素原子数より 1.2 倍から 1.5 倍程度多めの値を指定しておく．ここでひろい出されたピークを最適化した後に原子割り当てが行われるが，最適化でピーク数が減少するほか割り当て済みの原子位置にも電子密度ピークがあるため，予想される非水素原子数より大きな値を指定しておく．複数指定しておくと，解析の段階ごとに見つけるピーク数を変化させることができる．ここではタウリンの非水素原子数 7 に対して 8, 9, 11 を指定している．

NTRY コマンドは初期ランダム構造の試行回数を指定する．計算機の能力に応じて 100〜1000 程度を指定しておくとよい．

最後に HKLF コマンドを用いて回折強度データファイルの形式を指定する．たいていの場合，"HKLF 4" 形式（詳細は次節）で回折強度データファイルを作成しておけばさまざまなプログラムで使用できるので便利である．

■ **SHELXD で用いる回折強度データファイルの例（*filename*.hkl）** 通常は "HKLF 4" 形式の固定フォーマット（3I4, 2F8.2, I4）〔3 個の 4 桁の整数，2 個の 8 桁（小数点以下 2 桁）の浮動小数点数，4 桁の整数〕で h, k, l, F_o^2, $\sigma(F_o^2)$, Batch Number の順で指定する（図 8・5）．

```
   -6   -7    0     23.07     15.07
   -6   -7    1     73.10     26.13
          ：(略)
    0    0    0      0.00      0.00
```

図 8・5 SHELXD の入力ファイル（*filename*.hkl）の例 h, k, l (4 桁 × 3)，F_o^2 (8 桁), $\sigma(F_o^2)$ (8 桁) の固定フォーマット．最終行はすべて 0 とする．

filename.ins と異なり，数値の間に区切りとしてのスペースをあける必要はないが数字や符号とスペースをあわせて所定の桁数にそろえておく必要がある．また，実際には F_o^2 や $\sigma(F_o^2)$ の項の小数点以下の桁数指定は無視してよく，スペースや符号と小数点も数えて 8 桁になっていればよい．Batch Number は複数のデータセットを組合わせて解析するときにその所属を表す数値で通常は省略する．最終行はすべての数値を 0 とする．通常は回折装置のソフトウェアから吸収補正済みのデータを書き出したものをそのまま用いればよい（他にも使用可能な形式が存在する．詳細は SHELX マニュアルの HKLF コマンドに記載がある）．

■ **SHELXD の解析結果**　入力ファイルができたら SHELXD を実行する．*filename*.ins, *filename*.hkl ファイルを作成したのならば，同じディレクトリ（フォルダ）内に両ファイルが存在する状態で "shelxd *filename*" でプログラムを走らせる．このときファイル名に ".hkl" や ".ins" をつけて実行するとエラーとなる．

出力されるファイルは "*filename*.lst"，"*filename*.res" の二つである．*filename*.

```
REM Best SHELXD solution    FINAL CC 83.54
REM Fragments: 7
REM
TITL taurine
CELL 1.54184 5.2818 11.6450 7.9268 90.0000 94.0100 90.0000
ZERR 1.0 0.0010 0.0030 0.0015 0.0000 0.0030 0.0000
LATT 1
SYMM -X, 1/2+Y, 1/2-Z
SFAC C H N O S
UNIT 8 28 4 12 4
S001  5  0.80299  0.15176  0.15137 11.00000 0.1    99.00
C002  1  1.06040  0.15827  0.20799 11.00000 0.1    40.22
C003  1  0.75986  0.08877 -0.00539 11.00000 0.1    36.42
C004  1  0.74306 -0.13289  0.16465 11.00000 0.1    32.57
C005  1  0.65305  0.25418  0.14123 11.00000 0.1    27.79
C006  1  0.64429  0.05969  0.29956 11.00000 0.1    19.19
C007  1  0.79560 -0.05093  0.32378 11.00000 0.1    15.96
HKLF 4
END
```

図 8・6　SHELXD の解析結果（*filename*.res）の例

lst には初期位相ごとの結果の概略が示されている．そのうち，総合評価点 **CFOM** (combined figure of merit) が最大のものについて原子割り当てが行われ，構造モデルが *filename*.res に出力される．得られた構造を確認し，妥当であれば精密化過程へ進む．

先ほどのタウリンの例の場合，*filename*.res に図 8・6 のような結果が得られる．これは後で述べる SHELXL で構造精密化を行うときに雛形として使用することができる．この例では UNIT 行の次の行から原子リストとなっており，最大のピークに硫黄が割り当てられ，残りのピークには炭素が割り当てられたことを示している．窒素，酸素はすべて炭素として割り当てられているため，あとで精密化の過程を通じてモデルを修正していく必要がある．解析結果は原子リスト（S001～C007）に原子パラメーターとして，「自動割り当てされた原子名」，「SFAC 番号（SFAC コマンドに指定した順序）」，「原子の分率座標 x, y, z」，「占有率 1.0（固定）」，「等方性温度パラメーター U_{iso}（ダミー値）」，「ピーク強度」となっている（詳細は 8・3・2 節）．

8・2・3 SHELXT を用いた初期構造決定

SHELXT は 2014 年より一般向けに配布が開始された新しいプログラムで，SHELXD より自動化が進んだプログラムとなっており，構造と空間群を同時に決定できる．SHELXT では，SHELXD と異なり，デュアルスペース法の過程では原子の割り当てを行わず，直接電子密度を操作している．具体的には，ピーク位置にガウス関数型のマスクを作成し，負の密度部分は 0 として扱うようになっている．原子の割り当ては電子密度がある程度確定した後に行われる．SHELXT は SHELXD と比べてより少ない情報（空間群未知の場合や，不完全なあるいは偏った回折強度データ）であっても使用できるが，一方で巨大分子を扱う場合や，双品解析などの特殊な設定で解析を行いたい場合には SHELXD がより適合するとされている．原子の自動割り当ては SHELXD よりもうまくいくことが多く，また，絶対構造の自動判別機能により高い確率で最終結果と同じ正しい絶対構造が出力される．

入力ファイルの例を図 8・7 に示す．SHELXD の入力ファイルをそのまま流用することができ，単に "shelxt *filename*" を実行すれば SHELXT による解析が行われる．入力ファイルに必要な項目は CELL, LATT, SYMM, SFAC, UNIT, HKLF コマンドのみとなっている（SHELXT のマニュアルでは UNIT については必須項目に含まれていないが，現時点では指定がないとエラーになる．将来的に変更される

8・2 初期構造の決定

可能性あり). LATT, SYMM 行はそのまま使用されるのではなく, ラウエ群の決定に用いられ, 設定されたラウエ群内の空間群が自動的に探索されるようになっており, 後述するラウエ群指定オプションで代替, 上書きできる. 必須ではないが, 入力ファイルに ZERR 行がない場合, 出力ファイルの ZERR 行はダミー値となるため, あらかじめ入力ファイルで指定しておくとよい.

```
CELL 1.54184 5.2818 11.6450 7.9268 90.0000 94.0100 90.0000
ZERR 4 0.0010 0.0030 0.0015 0.0000 0.0030 0.0000
LATT 1
SYMM -X, 1/2+Y, 1/2-Z
SFAC C H N O S
UNIT 8 28 4 12 4
HKLF 4
```

図 8・7 SHELXT の入力ファイル (*filename*.ins) の例 最小限の例. SHELXD の入力ファイルをそのまま用いてもよい.

このファイルに対して, "shelxt *filename*" を実行すると, 実行画面の最後に, 解の候補の一覧が表示されている. 図 8・8 に SHELXT の画面出力の例を示す.

```
R1    Rweak Alpha Orientation       Space group Flack_x  File   Formula
0.092 0.006 0.040 as input          P2(1)/c              tau_a  C2NO3S
0.443 0.497 0.808 a'=c, b'=-b, c'=a P2/c                 tau_b  C5N6O5S7
```

図 8・8 SHELXT の画面出力の例

出力ファイルは SHELXD と同じように取扱えるが, 解の候補が複数ある場合, 画面に出力された解候補一覧の File 項目で示されているように, *filename*.ins に対して *filename*_a.res から始まる一連のファイルが解の候補となる. 一般には, 解の候補のうち, R1 (精密化の信頼度因子と同じ), Rweak (実空間の電子密度ピークから計算された構造因子が弱い F_o を正しく表現できているかの指標), Alpha (位相の平均二乗誤差, 空間群と原点の正さの指標) の値が小さいものほど解の可能性が高い. Orientation の項目が "as input" になっていないものは格子変換が行われており, 入力ファイルの *filename*.hkl とは異なる指数付けとなるため取扱いに

注意が必要となる．それぞれの解に対して格子変換された .hkl ファイルも出力されているので，対応関係を崩さないよう注意しておく．

ファイル名を指定せずに SHELXT を実行すると，先ほどのラウエ群の指定を含め，さまざまなコマンドラインオプションが表示されるようになっている．うまく解が求まらない場合，SHELXD のように .ins ファイルを編集してパラメーターを変更するのではなく，このコマンドラインオプションにより条件を変更することになる．たとえば SHELXD の NTRY コマンドと似たような機能を行うのが "-m" 指定であり，起動時に "shelxt -m1000 *filename*" などとして，大きめの数値を指定してみるとうまくいく場合がある．同様に，対象が有機物や錯体であれば "-y" を指定して結合情報を判定条件に加える（無機物には適さない），"-a" を指定して空間群の探索範囲を変更する，"-d" を指定して使用する回折データの分解能を指定するなどが例示されている．また，"-l" を使用して .ins ファイル上のラウエ群の指定を上書きすることができる．

8・2・4　SIR を用いた初期構造決定

SIR は，その名称の由来となった semi invariants representation を含む 2 種類の**直接法**，**VLD 法**（vive la difference，デュアルスペース法の一種），**パターソン法**を中心に**焼きなまし法**（simulated annealing method）や構造精密化などさまざまな解析法を含む複合ソフトウェアである．また，パッケージ内に三次元モデルの表示，編集機能まで含まれており，外部プログラムを用いなくともある程度の解析が可能になっている．この節では初期構造決定までの最小限の設定法を紹介する．

SIR も SHELXD の入力ファイルをそのまま読み込んで使用することができる．そのため，SHELXD でうまく解析できなかった場合の代替手段としても使用できる．その場合，File メニュー―Import―SHELX file と進み，*filename*.ins, *filename*.hkl を読み込んで解析を進める．*filename*.ins ファイル中に最低限必要なコマンドは，CELL, LATT, SYMM, SFAC, UNIT, HKLF のみである．

結晶学データの読み込みが終わったら，Solve メニューから，"Develop New Trial" を選択する．解法として "Let the program to decide" を選択した場合，ほぼ自動的に非水素原子の決定が行われる．最終結果を見て，温度因子が異常に大きい原子を削除してから精密化に移行する．手動で解法の選択とパラメーター入力を行う場合は，直接法のランダム初期位相の数と目標の信頼度因子（R 因子）を入力することになる．

8・2 初期構造の決定

初期構造が決まったら，File メニュー―Export から構造データを書き出すことができる．SHELXL を用いて構造精密化を行う場合は SHELX 形式を指定する．

もし，SHELXD を試さず，最初から SIR で解析を始めるのであれば，File メニュー―New を選択し，"Ab initio/Simulated Annealing" モードを選択して進めていけばよい．ファイル名などの指定にひき続き，格子定数，空間群などの結晶学データ入力画面になる．指定した空間群でうまくいかなければ "Auto" にしておいて SIR に判定させる方法もある．また，SHELX 同様にパラメーターファイルをつくって実行する方法もある．この場合，*filename*.sir ファイルを作成して行う．図 8・9 は File メニュー―New を選択して作成したパラメーターファイルの一例である．メニューには波長の入力欄がなく，X 線源を指定するとデフォルト値の Mo Kα 線の値が使用されるため，例では直接法実行直前に編集画面に入り Fosq 行の次に手動で "Wave Cu" を指定してある．Wave コマンドで指定できる値は "Cu"，"Mo"，および数値（Å）となる．各コマンドの詳細はオンラインヘルプの "Directives" で見ることができる（波長を指定しなくても直接法による初期位相の決定には支障はないが，精密化を行う過程でトラブルのもとになる）．

```
%Structure taurine
%Job taurine
%Data
    Cell 5.2818 11.6450 7.9268 90.0000 94.0100 90.0000
    Errors 0.0010 0.0030 0.0015 0.0000 0.0030 0.0000
    Space p 21/c
    Formula C8H28N4O12S4
    Reflections tau1.hkl
    Format (3I4, 2F8.2)
Fosq
Wave Cu
%Phase
Resid 25.00
%End
```

図 8・9　**SIR の入力ファイルの例**

解析結果は SHELX 形式をはじめ，さまざまな形式で出力できる．SHELXD のファイルを取扱うことができるソフトウェアであればほぼそのまま読み込み可能と

なる．波長指定を省略した場合，Mo Kα 線の波長が仮定されて出力されるため，精密化前に確認しておく．

8・2・5　Superflip を用いた初期構造決定

Superflip はデュアルスペース法の一つである**チャージフリッピング法**（6・5 節）を用いた構造決定プログラムであり，直接法でうまく構造決定できない場合の代替手段の一つとなる．SHEXLT と比較した場合，大きな乱れ構造がある場合や変調構造がある場合に有利であるとされている．Superflip の主要部分は，本体となる"Superflip"と，その出力電子密度図の解釈を行う"EDMA"の二つに分割されている．直接入力ファイルを書いてもよいが，SHELX 形式の入力ファイルを Superflip 用に変換する外部スクリプトを利用すると手軽である．Superflip ウェブサイトでは Python script で記述された"flipsmall"スクリプトが配布されている．また，Windows 環境では Windows HTA script の"wflip"が手軽に利用できる．

あらかじめ対称性を仮定せずに計算を行うことができ，三次元以外のデータも扱えるなど汎用性の高いプログラムであり，多岐にわたる設定が可能である．上で紹介した変換スクリプトでは生成されないような設定もできるが，ここではシンプルな例を示すにとどめる．まず慣れるまではスクリプトが出力する入力ファイルをもとにコマンドを追加して調整を行うとよいだろう．SHELXD とのコマンドの対応関係は，

　　　　SYMM/symmetry,　LATT/centers,　NTRY/repeatmode,
　　　　SFAC/UNIT/composition

となっている．図 8・10 と図 8・11 に Superflip と EDMA の入力ファイルの例を示す．

Superflip の入力ファイルは，SHELX 形式の回折強度ファイルを使用することができる．この指定は"dataformat shelx"と"fbegin filename.hkl"と"endf"で行う．symmetry 行を記入せずに，"derivesymmetry yes"とすると，解析結果として得られた電子密度をもとに自動的な対称性決定を試みた後終了するので，求められた対称性を記入して再実行する．"derivesymmetry no"行の記載がある場合，Superflip によって推定された対称性と異なっていても処理は symmetry 行の指定で継続される．SHELX の SFAC, UNIT に相当するコマンドが composition である．

EDMA の入力ファイルは別途用意してもよいし，Superflip 入力ファイルに書き

足して使用することもできる．numberofatomsに"-1"を指定すると，compositionの指定に準じて原子の割り当てが行われる．注意点としてはSuperflipのoutputfileで指定したファイルをEDMAのinputfileで指定するということと，SuperflipとEDMAで矛盾するデータを入れた場合，Superflip側の設定が優先される場合があるということがあげられる．

```
title taurine
cell 5.2818 11.6450 7.9268 …
symmetry
X,Y,Z
-X,1/2+Y,1/2-Z
-X,-Y,-Z
+X,-1/2-Y,-1/2+Z
endsymmetry
centers
0.000 0.000 0.000 0.000
endcenters
composition C8H28N4O12S4
voxel AUTO
normalize wilson
missig bound 0.4 4
maxcycles 10000
repeatmode 10
searchsymmetry average
derivesymmetry no
outputfile tau.m81
dataformat shelx
fbegin tau.hkl
endf
```

```
cell 5.2818 11.6450 7.9268 …
inputfile tau.m81
outputbase tau
export tau.ins
composition C8H28N4O12S4
numberofatoms -1
maxima all
fullcell no
scale fractional
plimit 1.5 sigma
centerofcharge yes
chlimit 0.25
```

図 8・10 **Superflip** 入力ファイルの例　　図 8・11 **EDMA** 入力ファイルの例

出力はSHELX形式で得られる．ここでは出力例は省略するが，CELL行の波長，UNIT行の原子数などに問題があるほか，精密化時に必要なパラメーターが不足しているため，精密化前に修正し，補っておく必要がある．格子定数などの数値の精度が劣化している場合もあるので他のプログラムで結果を読み込む場合には誤った値が読み込まれないよう確認したほうがよい．

8・2・6 パターソン法などによる初期構造決定

構造中に重原子が含まれている場合，**パターソン法**（6・2節）によって重原子位置を決定し，フーリエ合成によって残りの原子位置を見つけていくこともできる．たとえば，図8・4にある SHELXD の入力ファイル例の FIND コマンドの前に，PATS コマンドを書き加えると初期構造としてランダム構造の代わりにパターソン法で求めた構造を使用した解析モードとなる．

パターソン法の利用にあたっては同じ FIND コマンドであってもパラメーターの適正値が異なり，重原子の個数程度を指定するのがよい．先ほどのタウリンの例では重原子は硫黄原子1個なので1を指定する．PATS の後ろに PSMF コマンドを追加して負の値を指定することで**先鋭化パターソン法**（F^2 の代わりに $\sqrt{E^3F}$ を用いたパターソン法，6・2節）を用いることもできる．先鋭化パターソン法ではピークが鋭くなるため"-4"程度を指定し，通常より細かいメッシュで電子密度解析を行う．

また，分子中に剛体部位が含まれていれば，その構造をもとに回転，並進をかけて適合する条件を探す**ベクトルサーチ法**（SHELXD では GROP コマンド，6・2・1節）や，剛体間の結合の回転の自由度など多くのパラメーターを同時に最適化する**焼きなまし法**などを使用することもできる．この場合はもととなる剛体構造などを用意する必要がある．プログラムの入力ファイルの例など，詳細は SHELXD や SIR のマニュアルを参照してほしい．

8・2・7 支援ソフトウェア

ここまで取上げた例でもわかるとおり，SIR など一部の例外を除くほとんどの構造解析ソフトウェアはパラメーター設定の入力や解析結果の出力はテキストファイルで行う．テキスト形式の出力はソフトウェア間でのデータの授受には便利である．共通データ形式としては解析途中ではシンプルな SHELX 形式のファイルが使用されており，最終的な解析結果の扱いでは CIF 形式（8・9節）が広く使用されている．

一方で解析結果を人間が判断するにはテキスト形式の出力は不便である．そこで，通常はこのファイルをもとに三次元モデルを表示できる各種のソフトウェアを併用し，結果を確認，操作することになる．簡単に入力ファイルを生成する機能をもつものも多い．

各種回折装置に添付されているソフトウェアにおいても SHELX/CIF 形式のファ

イルを入出力できるものは多く,独立した解析の際にも流用可能である.また,回折装置とは独立したソフトウェアとしても SHELX 形式のファイルを扱えるものは多い.ここでは,SHELX 形式の出力ファイルが扱え,ORTEP 図に相当する熱振動の作図が行えるいくつかのソフトウェアを章末の表 8・4 にまとめた.

8・2・8 初期構造決定がうまくいかない場合

初期構造の決定がうまくいかない場合,初期ランダム構造の試行数を増やす (SHELXD では NTRY コマンドの第 1 パラメーターを増やす),実空間と逆空間の処理の割合を調整する (同,TANG コマンド),1 回折点当たりのタンジェント式の適用数を調整する (同,NTPR コマンド) などのパラメーター調整を行う.特性の異なる他のソフトウェアを使ってみてもよい.重原子が含まれている場合にはパターソン法も有効であるし,チャージフリッピング法などの手法を使ってみてもよい.

構造の一部でも現れているのならば次の精密化へ進み,少しずつ構造モデルを改善していってもよい.また,分子の一部が対称操作により分割されていて,一見部分構造しか見えない場合があるので,結晶構造図を作図して確認してみるのも有効な場合がある.特に長鎖状の分子の結晶構造解析では構造の乱れた部分などで分子が分断されることが多いので注意しておく.

そのほか,仮定した空間群や格子,Z 値の妥当性を確認するなどを行うことも重要である.モデルの原子数,Z 値,格子体積から計算した結晶の密度と実測した結晶の密度が一致するか,あるいは一般的な値の範囲におさまっているか,などの情報を検討してみるとよい.らせん軸の判定や対称心の有無は誤判定が起こりやすく (4・7 節),必要に応じて両方の可能性を試してみるとよい.

空間群の再判定には各ステップで対話的に判定条件を確認,設定できる Yadokari-SG というソフトウェアが便利である.また,**PLATON** というソフトウェアの lepage コマンドを用いると格子形状の確認を行うことができる (詳しくは 8・8・3 節).

対称性が不確実な場合には,空間群 $P1$ (あるいは予想の範囲内で最も低い対称性) で解析を始め,解が求まってから対称性の判定を行う方法もある.

空間群の再判定などで,格子の取直しが発生した場合 (単位格子精密化の束縛条件が変化した場合) には,格子精密化からやり直す必要があるので注意する.

また,予想される分子構造だけでなく,原料や副生成物,溶媒の添加物などが結晶化している可能性も検討しておいたほうがよい.水やトルエンなどの溶媒が結晶

に取込まれている可能性もあり，注意が必要である．溶媒分子が軽原子だけで構成されている場合にはこの段階で問題になることは少なく精密化過程で溶媒分の原子数を補えばよいが，重原子が含まれている場合などは溶媒の重原子をパラメーターに追加しておかないと自動的な原子割り当てがうまく働かず，うまく解析できない場合がある．また，測定中に溶媒が抜けて回折強度が低下するような場合も多く，その場合には回折強度の測定法から再検討が必要となる．

平板結晶の場合，厚さ方向に貼り合わせ結晶が析出することが多く，回折強度の指数付けを行って $F_o(hkl)$ を取出す段階で双晶として扱わないと解析できない場合がある．この場合は注意深く単結晶を選び直して測定するのが最善である．相転移に伴って対称性が変化する場合などでは，双晶としてのデータ測定・解析が避けられない場合もある．

8・3 構造の精密化 I ── 分子骨格の決定
8・3・1 分子骨格の精密化

この節では，直接法などでおおまかに求められた初期構造をもとに構造精密化を行い，分子骨格の構造を確定させる過程を取扱う（図 8・1 の 3 番目）．実例では，複雑な構造解析において広く使用されている構造精密化プログラム SHELXL を用いて，SHELXD によって求められた初期構造モデルを精密化する手順を示すことにする（図 8・2 の右側に相当）．他のプログラムを用いて初期構造を決定した場合も，たいてい SHELX 形式で結果を出力できるので同様に解析できるが，一部項目が不足している場合やダミーデータにおき換わっている場合があるので，精密化に入る前にデータを点検し，必要な情報を補っておく必要がある．

分子骨格がおおまかに決まるまでの精密化の初期の段階では，すでに決定した原子の**原子座標**と**等方性温度パラメーター**を**最小二乗法**で精密化し，得られた構造モデルをもとに $F_o(hkl)$ の位相を求め，**フーリエ合成**を行って**電子密度**の計算でピーク位置を決定し，未知の原子を配置する．昔はこの段階では $F_o(hkl)$ に位相情報を単純に加えたフーリエ合成が使われていた．現在では，精密化に入るまでに主要な分子骨格まで決まっていることが多く，構造因子の位相の概略は求まっているので，精密化に入ったら最初から**差フーリエ合成**（7・2・1 節）を用いてよい．

まず，初期構造をもとに，あるいは，初期構造の代替として同形結晶の構造などをもとに構造の精密化を開始する．同形結晶の構造モデルを用いて解析を進める場合には，精密化が局所的な極小値に落ち込むのを防ぐため，いったん水素などの軽

原子を取除き，熱振動のモデルも等方性に戻して取扱うとよい．精密化の途中で絶対構造を反転させた場合など，構造に大きく手を加えた場合も同様である．

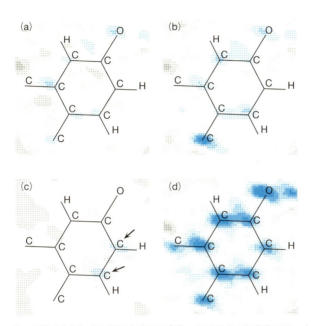

図 8・12 解析の進行に伴う電子密度図の変化　原子位置は解析終了時のものを表示している．(a) 解析初期．重原子（図の範囲外）のみ座標が決まった状態．(b) 解析中期．約半分の非水素原子の座標が決まった状態．(c) 解析終盤．右下二つの炭素を割り当てていない状態の差電子密度図．(d) 解析終了．すべての非水素原子のパラメーターが設定された状態．

図 8・12 に構造モデルから計算した電子密度図の例を示す．(a) はパターソン法などで重原子位置のみが決まった状態に相当する図で，位相情報の精度が悪いため原子に対応するピーク位置もあまり正確でない．この状態で精密化を始めてもなかなか最小二乗法が安定しないため，精密化せずに**逐次フーリエ法**（ピーク位置に原子をおき，位相情報を更新して再度フーリエ計算を行ってピークを探す，6・2・2節）などで位相の改善を試みることになる．(b) は直接法などで半分程度の原子位置が正しく決まった状態に相当する図で，非水素原子位置に対応するピークがほぼ現れている．(c) は右下 2 個の炭素を除いて構造が決まった状態の差電子密度図．差フーリエ合成では割り当て済みの原子に対応するピークがなくなり，割り当てていない二つの炭素原子位置のピークだけが現れている．(d) は最終的な電子密度図

となっている．最近の解析ソフトウェアを用いる場合，内部である程度自動的に解析が進められ，分子骨格程度まで決定されているため，このうち (b) ないし (c) の状態から精密化を始めていくことになる．多くのソフトウェアではこの電子密度図そのものではなく，ピークの座標と強度のみが出力される．

8・3・2　SHELXL の入出力ファイルの概略

SHELX-2013 のパッケージには精密化のためのプログラム SHELXL が含まれている．SHELXL の入力ファイルは前述した SHELXD の入力ファイルと同様の構造となっており，1 行 80 字以下のテキストファイルとして記述される．図 8・2 に示すように，SHELXD と SHELXL は同じ名前のファイルを使用するため，このまま解析を進めると SHELXD の入出力ファイルを上書きすることになる．そこで，精密化に入る前に，*filename*.ins, *filename*.res, *filename*.lst ファイルのコピーを保存しておくとよい．精密化用の最初の入力ファイルは SHELXD の出力を雛形にして項目を追加して作成する．具体的には SHELXD の出力ファイル *filename*.res を *filename*.ins に名前を変え，編集したのちに SHELXL による精密化を行う．SHELXL は SHELXD と同じ回折強度データファイル *filename*.hkl を使用することができる．SHELXL の結晶学データ指定部分は 8・2・2 節の表 8・1 に示した SHELXD と共通である．SHELXL の *filename*.ins の最小限の記述は表 8・1 の共通部分のほか，表 8・2 に示す項目となる．

表 8・2　SHELXL の必須コマンド

CELL	測定波長 $a\ b\ c\ \alpha\ \beta\ \gamma$	
ZERR	Z 値　$\sigma(a)\ \ \sigma(b)\ \ \sigma(c)\ \ \sigma(\alpha)\ \ \sigma(\beta)\ \ \sigma(\gamma)$	
LATT	晶　系	表 8・1 の共通部分
SYMM	対称要素	
SFAC	構成元素と原子散乱因子	
UNIT	単位格子中の全原子数	
TEMP	測定温度	
SIZE	結晶の大きさ	
L.S.	精密化の回数	
FMAP 2	(フーリエ合成のパラメーター)	
原子リスト	原子名　SFAC 番号　$x\ y\ z$　占有率　温度パラメーター	
⋮		
HKLF 4	(回折強度データのファイル形式)	

原子リストの原子パラメーターは，原子名（4文字以内），SFAC番号（"SFAC C H N O"と指定した場合ではC = 1, H = 2, N = 3, O = 4），原子座標，占有率，温度パラメーター（等方性温度パラメーター U_{iso} または異方性温度パラメーター U_{ij}）となっている．異方性温度パラメーターを用いる場合には1行が80字を超えるため，2行に分かれた継続行として扱われている．SHELXでは，大文字，小文字は区別されず，また原子種は原子名ではなくSFAC番号で識別されている．そのため原子名を元素名と異なるものに指定することもできるが，周辺のソフトウェアで識別できないことがあり，混乱のもととなるので，一般には元素名と数字を組合わせた原子名とすることが多い．座標値などの原子の各パラメーター p は $-5 < p < 5$ の範囲で入力することができ，10を加えると精密化対象から外れる．たとえば，SHELXDの出力（図8・6参照）では各原子の占有率は通常11.0となっており，これは，占有率を1.0に固定して精密化しないことを意味している．温度パラメーターについては，$-5 < p < 0$ の値を設定したとき，直前の非水素原子の温度パラメーターの $-p$ 倍に設定したriding model（7・3・5節）での精密化を意味する．たとえばメチル基の水素の温度パラメーターに -1.3 を指定すると，結合している炭素の1.3倍の温度パラメーターとして取扱うことになる．

また，原子の各パラメーターは媒介変数を介して連動させることもできる．媒介変数の定義はFVARコマンドの2番目以降のパラメーターが使用される．媒介変数による指定は乱れた構造の解析によく使われ，$15 < |p|$ の値が用いられる．利用例は8・7・2節に示す．

8・3・3　SHELXDからSHELXLへのデータ変換の例

この節では，8・2・2節で示した手順によりSHELXDによって解析されたタウリンの構造をもとにSHELXLによる精密化の実例を示していくことにする．

まず，SHELXDの入出力ファイル（tau.ins, tau.res, tau.lst）をバックアップしてから，tau.res（図8・6）をtau.insというファイル名に変えて編集し，解析を進めていく．最初に，SHELXDの解析では挿入されていない以下のデータをUNIT行の次に追加する．

```
TEMP 296              測定温度（K）
SIZE 0.3 0.2 0.2      結晶の大きさ（mm）
L.S. 5                精密化の回数（最初は1回から数回程度）
FMAP 2                フーリエ合成のパラメーター（差フーリエ合成）
```

放射光で測定した場合は，この段階で DISP コマンドを SFAC コマンドの次に入力しておく（詳細は 8・3・5 節）．

次に，得られた構造（図 8・13）と予想される分子構造（図 8・3）を比較し，修正を行っていく．この SHELXD の解析結果では炭素，窒素，酸素の区別ができていないが，骨格の非水素原子は一通り表示されていることがわかる．

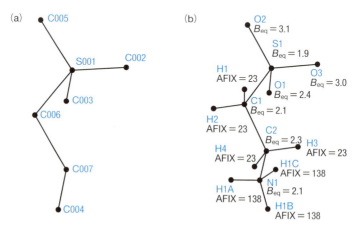

図 8・13 (a) SHELXD の解析結果．窒素，酸素は炭素として誤判定されている．
(b) 最終的な構造．この例では水素は riding model を用いて精密化している．

まずは，予想される分子構造にあわせ，原子名や並び順を修正していく（8・3・2 節）．このとき，2 番目の項目の SFAC 番号も下記のように忘れずに書き換えておく．たとえば原子名 C004 を単に N1 に書き換えると，N1 という名前の「炭素原子」となり，非常に紛らわしい状況となるので注意する．

```
    SFAC  C H N O S
    C004  1  0.74306 -0.13289  0.16465  11.00000  0.1  32.57
          ↓（原子名変更）
    N1    3  0.74306 -0.13289  0.16465  11.00000  0.1  32.57
```

複数の独立な分子が構造中に含まれる場合には，分子ごとに分けてわかりやすい順番に並べ直しておくとよい．

解析の進め方によっては，原子の番号の付け方が電子密度ピークをひろった順番

8・3 構造の精密化 I —— 分子骨格の決定　　163

であったり，番号がとんだりする場合がある．精密化後の表の作成などでは，精密化時の原子名がそのまま使用されることが多いため，非水素原子がひととおり見つかった段階で原子名を指定し直しておくとよい．番号の付け方は論文の投稿先や構造データの利用先などによって異なるが，一般的には原子種ごとの通し番号にするか，有機物命名法の番号付けに準じた番号とすることが多い．また，精密化や作図などに利用する各種の古いソフトウェアの制限を避けるため，元素記号と番号・記号をあわせ，4文字以内の重複しない原子名としておくのが無難である．

　この状態で "shelxl *filename*" を実行し，第1回目の精密化を実行する．

　先ほど，"FMAP 2" の指定を追加したので，精密化終了後，差フーリエ合成が行われ，電子密度が計算されて（差）電子密度ピークの座標値が出力される．これは，$(F_o - F_c)$ のフーリエ合成であり，全体の電子密度から，既存の構造モデルに対応する電子密度を差し引いたものに相当する．つまり，すでに原子を割り当てた部分の電子密度分布は平坦になっており，未割り当ての領域には未割り当て原子に相当する電子密度が現れることになる．得られた電子密度ピークは出力ファイル *filename*.res の原子リストの下側，END 行より後に，Q で始まるピークリストとして出力されている（図 8・14）．最後のカラムが電子密度（電子数・$Å^{-3}$）を表している．そのまま原子リストに行単位でコピーできるように，占有率と等方性温度パラメーターにダミーの数値 (11.0, 0.05) が入っている．

```
REM Highest difference peak   2.498,   deepest hole -1.152,
1-sigma level  0.293
Q1   1   1.0610   0.1626   0.2476   11.00000   0.05   2.50
Q2   1   0.7017   0.2734   0.1725   11.00000   0.05   1.99
Q3   1   0.7909   0.1542   0.0953   11.00000   0.05   1.93
Q4   1   0.8061   0.1513   0.1979   11.00000   0.05   1.88
 :      (略)
```

図 8・14　**SHELXL** のピークリストの例（*filename*.res）

　まだ見つかっていない原子がある場合，隣接原子やピークとの距離や角度を検討して妥当であればピークに原子の割り当てを行う．このピーク行を原子リストにコピーして，原子名，SFAC 番号を編集してやればよい．*filename*.lst 上には近接原子までの距離も出力されており，これを参考にしてもよいが，このままでは立体的

な構造を把握するのは困難なので，8・2・7 節（章末の表 8・4 参照）で紹介したような三次元構造を表示する支援ソフトウェアを使用して確認するとよい．編集した *filename*.res ファイルのバックアップをとってからファイル名を *filename*.ins として次の入力ファイルとして精密化を繰返し，おおまかに非水素原子すべてが見つかる程度までピーク割り当てを進めていく．新たに原子を追加して精密化を行ったときに構造が崩れる場合には，元素の選択（SFAC 番号）が誤っているか，乱れた構造（詳細は 8・7 節）の可能性がある．乱れた構造の可能性が高い場合，仮に小さめの占有率を与えておくか，次の段階まで保留しておけばよい．

得られた電子密度ピーク位置と決定済の原子位置との距離や角度を考慮に入れつつ必要に応じて原子をおき，繰返し精密化を行う（この例の場合では，すでにすべての非水素原子位置は決定されており，ピーク位置を考えると残りのピークは熱振動と水素によるものと推定される）．非水素原子がだいたい見つかったところで精密化サイクル数を大き目に設定し，いったん精密化を完全に収束させる．この段階で途中経過のバックアップをとり，異方性温度パラメーターの精密化に進む．

8・3・4 SHELXL の経過表示

SHELXL で精密化を実行すると，実行画面に以下のような表示が行われる．この意味を簡単に説明しておく．

```
Data: 1100 unique, 0 suppressed ① R(int) = 0.0263 R(sigma) = 0.0427
② Systematic absence violations: 0 ③ Bad equivalents: 0
④ wR2 = 0.0471 before cycle 1 for ⑤ 1100 data and 66 / 66 parameters
⑥ GooF = S = 0.781; Restrained GooF = 0.781 for 0 restraints
⑦ Mean shift/esd = 0.018 Maximum = -0.053 for z C2 at 17:57:11
Max. shift = 0.000 A for H1A Max. dU = 0.000 for C1
wR2 = 0.0471 before cycle 2 for 1100 data and 0 / 66 parameters
GooF = S = 0.781; Restrained GooF = 0.781 for 0 restraints
⑧ R1 = 0.0194 for 989 Fo > 4sig(Fo) and 0.0201 for all 1100 data
⑨ wR2 = 0.0471, GooF = S = 0.781, Restrained GooF = 0.781 for all data
⑩ 0 atoms may be split and ⑪ 0 atoms NPD
R1 = 0.0200 for 1100 unique reflections after merging for Fourier
⑫ Highest peak 0.18 at 0.2932 0.6341 0.0489 [ 0.55 A from H1 ]
⑬ Deepest hole -0.25 at 0.4852 0.5387 0.2217 [ 0.23 A from H2 ]
```

① R(int) は等価回折点の強度の一致度を示す値で小さいほどよい．回折強度データの精度が低いと大きくなるほか，空間群や格子のとり間違いがあると等価でない回折点を平均することになるのでこの値が大きくなることがある．また，吸収補正やデータセット間でのスケーリングの異常などでも増加する．0.12 を超えると後述する checkCIF で警告が表示される．

$$R(\mathrm{int}) = \frac{\sum_{hkl}|F_\mathrm{o}^2 - F_\mathrm{o}^2(\mathrm{mean})|}{\sum_{hkl}F_\mathrm{o}^2}$$

② 消滅則の異常．多重散乱の影響がある場合，らせん軸の消滅に対して 1, 2 個，複合格子の消滅に関して数個の強い回折強度が表れる可能性がある．*filename*.lst ファイルを見て異常な回折の指数をチェックし，等価回折点強度の一致度などを確認して問題なければ無視する．回折強度の S/N 比が低いと誤検出によりここに現れることがある．

③ 等価回折点強度の一致度が悪い回折点の数．①，② と考え合わせ，数が多ければ対称性の間違いを疑う．

④ と ⑨ 精密化前後の信頼度因子 $wR2$ 値（7・3・1節）

⑤ データ数，パラメーター数．通常の解析ではデータ数がパラメーター数の 10 倍程度あったほうがよい．精密化を進めるに従いパラメーター数は増加するので，おおまかにはデータ数が非水素原子数の数十倍以上必要となる．

⑥ goodness of fit（7・3・2節），モデルや重み付けの妥当性を表す数値の一つ．最終的には 1 に近いほどよい．

⑦ 精密化の収束度合いを表す数値（7・2・4節）．小さいほどよい．最終的には Maximum の値が 0.05 以下程度が目安となる．

⑧ 信頼度因子 $R1$ 値（7・3・1節）．歴史的な古い評価基準であり，現在使われている④，⑨ の $wR2$ の半分程度となる．

⑩ 乱れた構造の可能性が高い異常な異方性の熱振動をもつ原子の数．具体的な原子分割の座標の候補は *filename*.lst ファイル中の "Principal mean square atomic displacements U" 項目中に示されている．

⑪ 負の熱振動パラメーターをもつ原子数．物理的な意味をもたない異常値となっている．原子種や占有率を間違えている場合や，データの質が悪い場合によく表れる．一つでも現れていれば精密化をやり直す必要がある．

⑫ と ⑬ 差電子密度ピークの大きさ．小さいほどよい．

8・3・5　SHELXL による放射光・中性子データの利用

SHELXL-2013 では精密化に用いる原子散乱因子, 異常散乱項, 線吸収係数 (μ) のデータとして, Cu Kα 線, Mo Kα 線, Ag Kα 線のほか, 中性子回折用のデータを内蔵しており, 中性子回折の場合は SFAC コマンドの前の行に NEUT コマンドをおくことで, X 線の場合と同様に扱うことができる (詳細は 10・4 節).

放射光を利用するなど, 一般的でない波長で X 線回折データ測定を行った場合, 波長に応じた異常散乱項などのデータを設定する必要がある. 文献から計算値をひろって利用する方法もあるが, ソフトウェア PLATON の ANOM コマンドを利用して計算するのが簡単である. たとえば測定波長 1.00Å の炭素原子の異常散乱項などは PLATON で下記のように求められる (PLATON のコマンドを青で示した).

```
>>ANOM 1.00 C
K: 283.8 L1: 19.5 L2: 6.4
Ka2: 277.4
Element: C, WaveLength: 1.00000, f': 0.0074, f": 0.0035, Mu: 25.3
```

この値をもとに SHELXL の DISP コマンドで異常散乱項を設定する. 上記の場合, "DISP C 0.0074 0.0035 25.3" を SFAC 行と UNIT 行の間におくことになる.

8・3・6　精密化をうまく始められない場合

初期構造の決定の段階では, 位相の精度が悪く, フーリエ合成時の電子密度の精度も悪くなるために, 似た原子番号をもつ原子がとり違えられていることも多い. そこで, まずは予想される分子構造をもとに分子の骨格のチェックを行い, 修正を行う. 場合によっては分子の一部が対称要素により離れた座標に位置づけられていることもあるので, その場合は対称要素を用いた座標変換によって近くに移動しておくとよい.

また, 第 1 回目の精密化で求まっていた分子骨格が崩壊するようなことが起こることもある. この際, よくあるのが構造因子に対する重み付け (WGHT コマンド) や尺度因子 (FVAR コマンドの第 1 パラメーター) が適切でない場合である. その場合には, 原子のパラメーターをいったん固定し, これらの値だけをパラメーターとした精密化を行った後, 座標値の精密化を再開するとよい. 調節因子 (DAMP コ

マンド）を一時的に設定するなどの対策も有効である．精密化の途中で使用するソフトウェアを切り替えた場合なども，回折強度の重み付けなどが異なる場合があるので，局所的な極小値に落ち込む可能性を考慮して，いったん等方性温度パラメーターを用いた精密化の段階まで戻ってから継続したほうがよい．

初期構造のパラメーターがあまりよくない場合には精密化の段階で分子構造が崩れる場合も多い．このように精密化が不安定な場合は，いったん精密化前の座標データに戻し，軽原子の座標などを固定し，重原子から順に少しずつ原子座標と等方性温度パラメーターの精密化を行う．1, 2 サイクル程度最小二乗法による精密化を行いながら，構造モデルが大きく崩れないことを確認して，順に軽原子まで精密化を進めていく．この段階においては，必ずしも精密化を完全に収束させる必要はないので，非水素原子がすべて見つかる程度まで，精密化の設定を変更するたびに1〜5サイクル程度精密化を実施していく．構造モデルが大きく歪んだ場合にはいったん異常な原子を消して精密化をやり直すことも必要である．予想される構造に対して電子密度ピークが小さい場合には仮に小さめの占有率を与えておいてもよい．こまめに解析経過のバックアップをとっておくと，設定を失敗した場合や精密化が発散した場合などにバックアップから戻すことで時間を短縮できる．

8・4 構造の精密化 II —— 熱振動の解析

8・4・1 異方性熱振動を考慮した精密化

目安として，非水素原子の分子骨格について座標がほぼ確定したら，重原子から順に**温度パラメーター**を等方性から**異方性**に変換して精密化を繰返す．一度に異方性に変換すると精密化が発散する場合があるので，その場合にはいったん等方性に戻し，影響の大きい重原子から順に少しずつ進めるとよい．

異方性温度パラメーターだけでなく，原子間の**結合距離**や**角度**，**信頼度因子**に注意を払い，精密化が順調に進んでいることを確認しながら精密化を進めていく．異常があれば前の構造ファイル（*filename*.ins）に戻ってやり直すことになるので，適宜構造ファイルのバックアップをとりながら進めていくとよい．

データの質が悪い場合，あるいは構造モデルがあまりよくない場合，精密化過程でしわよせが異方性温度パラメーターに現れてくることが多い．しばしば精密化プログラムが **non positive definite**（**NPD**）として警告を発してくるが，これは正の値であるべき熱振動の平均二乗変位が計算上負になってしまったことを示しており，モデルを修正する必要がある（7・3・3 節）．元素の指定の誤りや構造の乱

れなども温度因子の異常として現れるので,熱振動楕円体パラメーターが周辺原子と異なる原子には注意が必要である.

8・4・2 SHELXL における異方性温度パラメーターの取扱い

SHELXL では各原子のパラメーター数が 12 個のとき異方性温度パラメーターをもつ原子として取扱われる.パラメーター数が足りない場合には等方性の熱振動が設定される.

精密化された等方性温度パラメーターをもつ原子を,異方性温度パラメーターに切り替えるには ANIS コマンドを利用する.このコマンドはさまざまな原子指定法を組合わせることができ,"ANIS 原子名 1 原子名 2 …"では指定した原子のみを変換する."ANIS $ 元素名"で特定の元素を一括して変更することができ,"ANIS 原子名 1 > 原子名 2"でファイル中の原子名 1 から原子名 2 までのすべての非水素原子を変換することができる.特殊位置上の原子については,自動的に束縛条件が設定されるので特別な指定は不要となっている.

8・4・3 異方性温度パラメーターによる精密化の例

ここでは前節にひき続き,タウリンの構造の精密化の例を示す.

タウリンでは最も重い元素は硫黄なので,ここから手をつけていく.失敗したときの手順を簡略化するために,作業を始める前にいったん .ins ファイルのコピーを保存しておくとよい.

まず,下記のように原子リストの直前に新しい行をつくり,"ANIS $S"を指定して全硫黄原子を異方性熱振動に切り替え,数サイクルの精密化("L.S. 5"など)を実行する.

```
    ANIS $S
    S1   5   0.796668    0.151413    0.149046    11.00000    0.02532
```

この状態で精密化を実行すると,.res ファイルには,

```
    S1   5   0.796855    0.151296    0.149148    11.000000    0.019830 =
        0.017570    0.033130    -0.000840    0.002630    0.001000
```

のように,原子パラメーターの最後にある温度パラメーターの部分が 6 個のパラ

8・4 構造の精密化 II——熱振動の解析

メーターに拡張されて出力される．

　この数値を直接評価するのは難しいので，.lst ファイル中の "Principal mean square atomic displacements U"（熱振動楕円体の主軸）の項目か "Ueq" の項目を確認するとよい．精密化時に "** Warning: 1 atoms may be split" という警告が出た場合，熱振動が異常に大きな異方性をもつ楕円体になっていることを示している．"1 atoms NPD" のような警告は，異方性温度パラメーターの精密化がうまくいかずに熱振動楕円体パラメーターが負の値になっていることを示している．どちらの場合も .lst ファイルで，どの原子が異常になっているかを確認する．下記は警告のない状態である．

```
Principal mean square atomic displacements U
0.0332    0.0203    0.0172    S1
      ：(略)
0 atoms may be split and 0 atoms NPD
```

　この項目に，"x y z 原子名 may be split into x1 y1 z1 and x2 y2 z2" などと記載されている場合には乱れた構造モデルで原子を分割することを考慮しておく．

　NPD の場合には，当該原子をいったん等方性温度パラメーターに戻し，他の部分の精密化を進めた後に再度異方性温度パラメーターを用いた精密化を試みるか，一時的に XNPD コマンド（強制的に温度パラメーターを指定値以上に保ち，他の部位への波及を防ぐ）を設定するとよい．モデルに問題がないにもかかわらず最後まで NPD 原子が残る場合には，該当部位（あるいはその周辺）の異方性温度パラメーターでの精密化をあきらめることになる．

　精密化が収束したら次の元素を指定（たとえば "ANIS $O"）してまた数サイクル精密化を行う．同様に "ANIS $N"，"ANIS $C" などと指定して精密化を繰返し，最後に精密化のサイクル数を増やして完全に収束させる．タウリン程度であれば実際にはまとめて異方性に変換しても問題ないことが多いが，逆にうまくいかずに原子が大きく移動する場合や精密化が発散する場合には，元素ごとの指定ではなく，より細かい指定を行っていくとよい．

　各段階で NPD が生じていないかと，等方性のときと大きく異なる異常な熱振動生じていないかを .lst ファイルで確認しつつ，次のステップに進む．NPD が生じた場合は，原子割り当ての誤りや乱れた構造の可能性も考慮し，対応を行う．手動

で .ins ファイルを編集している場合，原子名と SFAC 番号の対応を間違えている（たとえば，原子名は"S1"（硫黄）なのに，SFAC 番号は"1"（炭素）を指定しているなど）場合もあるので確認しておく．

異方性温度パラメーターによる精密化後の差電子密度図では，非水素原子近傍のピークは大部分消失し，水素原子由来のピークがよりはっきりと現れてくる．

8・5　構造の精密化 III——水素原子の座標決定

8・5・1　水素の座標の決定

水素原子の座標決定，精密化も非水素原子と同様に行うのが理想である．しかし，水素原子に属する電子は 1 個だけであるため X 線の散乱能が小さく，回折強度への影響が小さい．そのため，通常の解析においては**原子座標**と**等方性温度パラメーター**の精密化にとどめるのが普通である．特に重原子が構造に含まれる場合やデータの質が悪い場合には座標の精密化さえ困難となる．また，電子密度の中心は原子核の中心からずれており，X 線回折と中性子回折では異なった原子位置を示すことが知られている（10・5・2 節）．

座標の精密化が困難な場合，幾何学的な計算値をもとに水素原子を配置して結合先の非水素原子の座標に連動させるような **riding model** による精密化が行われることが多い．

水素原子の存在の有無を X 線回折のデータから議論する場合には注意が必要である．特に重原子近傍にはフーリエ計算の**級数打切り誤差**（termination error）による偽のピークが現れることがあるため，慎重に精密化を行うべきである．計算により座標位置を発生させた場合や riding model による精密化を行った場合，その水素原子が関与する結合距離や結合角などの構造を議論することはできない．

また，有機結晶の安定化に水素結合の影響は大きく，一般にファンデルワールス接触より短い距離で水素結合が現れる．水素座標を幾何学計算によって発生させる場合に限らず，N–H⋯O などの水素結合を構成しうる水素の結合方位や距離が妥当かどうかチェックを行うべきである．

8・5・2　SHELXL における水素原子の取扱い

SHELXL においては，X 線回折データの取扱いの場合には水素原子は特別扱いされ，他の非水素原子と異なる扱いを受ける（中性子回折の場合，NEUT コマンドを挿入すると解除される）．そのため，水素原子の行は結合する非水素原子の直後

8・5 構造の精密化 III──水素原子の座標決定

におくことになる．また，水素原子を riding model で扱うためのさまざまな既定の束縛条件が用意されており，幾何学的な計算による座標の発生（HFIX コマンド）と riding model による精密化（AFIX コマンド）を容易に行うことができる．HFIX コマンドは水素座標発生後，自動的に対応する AFIX コマンドに変換される．よく使われる HFIX コマンドをいくつか紹介しておく．

HFIX 23：メチレン鎖
HFIX 43：ベンゼン環など
HFIX 137, HFIX 138：メチル基など

8・5・3 水素原子の riding model による精密化の例

ここでもタウリンの解析を例に SHELXL の水素原子の取扱いを紹介する（タウリン程度の分子であれば，測定がうまくいっていれば水素原子座標まで精密化できてもおかしくないが，ここではそれがうまくいかなかったものとして手順を紹介する）．

タウリン（図 8・3）の場合，メチレン C1, C2, ヒドロキシ基 O3, アミン N1 の 3 種類の水素が存在していると考えられる．解析結果の S-O 結合距離を比較してみると，それぞれ，1.45, 1.46, 1.46 Å とほぼ一致しており，結合距離が等しくなっていることがわかる．ここから，ヒドロキシ基の水素が外れてイオン化し，N1 側に移動していると考えられる．これらを計算により座標発生させ riding model で精密化する．SHELX のマニュアルの"AFIX mn"を参照し，それぞれ，C1, C2 は m = 2（メチレン），n = 3（riding model），N1 は m = 13（メチル），n = 8（riding model, N-H 結合距離を等しくそろえたまま C2-N1 結合を中心に回転できる）を使用することにする．したがって .ins ファイルに"HFIX 23 C1 C2"と"HFIX 138 N1"を追加して精密化を行うことになる．ここでは N1 について示す．

```
HFIX 138 N1
N1  3  0.735827  -0.129626  0.167794  11.000000  0.025070 =
     0.021830  0.034060  0.000030  0.003320  0.000420
```

これが"shelxl *filename*"を実行した精密化後には以下のように変化する．

```
    N1   3   0.736572   -0.129163    0.168899   11.00000    0.02406 =
       0.02185    0.03440    0.00215    0.00420    0.00158
    AFIX 138
    H1A  2   0.570479   -0.129613    0.140727   11.00000   -1.50000
    H1B  2   0.788715   -0.200333    0.193090   11.00000   -1.50000
    H1C  2   0.818504   -0.102249    0.082845   11.00000   -1.50000
    AFIX  0
```

H1A,H1B,H1C が自動発生された水素となっており,温度パラメーターは"−1.5"が設定されている.これは,水素が結合している原子 N1 の等価等方性温度パラメーターの 1.5 倍の値として,riding model による精密化を行ったことを意味している.精密化後の具体的な温度パラメーターの数値は,.lst ファイルに出力されている.また,これらの水素に HFIX 138 から継承された AFIX 138 の束縛がかかっている.これらの条件で精密化した構造を図 8・13 (b) に示す.

8・6 束縛条件をつけた精密化
8・6・1 束 縛 条 件

7・3・5 節で述べたように,精密化がうまくいかない場合,構造の一部に制約をかけ,**constraint** や **restraint** の**束縛条件**を設定して精密化を行うとうまくいく場合がある.8・5・3 節で示した水素原子の riding model による精密化も constraint の一種といえる.

束縛条件をうまく設定することにより,精密化するパラメーター数を減少させてデータ数/パラメーター数比を向上させ,精密化を安定させることが期待できる.一方で,解析結果のモデル依存性が上昇するため,束縛条件を設定した領域周辺の構造の議論が困難になる.また,間違ったあるいは不完全な束縛条件によって信頼度因子 R 値が上昇したり構造が歪んだりするほか,restraint で関連付けたパラメーター間の相関係数が上昇して,精密化が不安定になるなどの弊害があるので過剰な束縛条件は避けなければならない.

8・6・2 SHELXL における束縛条件設定

SHELXL は他の構造精密化プログラムと比較して束縛条件設定の自由度が高く,乱れた構造の解析に便利であるため広く用いられている.参考までに SHELXL で

利用できる主要な**束縛条件を指定する**コマンドを表8・3に示す．利用例については8・7節の「乱れた構造の解析」に示す．

SHELXLでは，剛体近似などのパラメーター束縛条件の設定において，.insファイルの原子リストの並び順が意味をもつため，一連のまとまった部分構造が順に連なるように原子を並べておくとよい．たとえば，ベンゼン環を剛体近似する場合，結合の順番に炭素が6個並んでいる必要があり，ナフタレン環の場合には8の字順に10個並べる必要がある．

表8・3　SHELXLの主要な束縛設定コマンド

restraint		constraint	
DFIX DANG SADI	距離，角度に束縛条件を設定する．	AFIX	剛体近似を使った束縛条件を設定する．
FLAT	平面度に関して束縛条件を設定する．	HFIX	水素原子について座標計算を行い，AFIXコマンドを自動生成する．
CHIV	四面体構造に関して束縛条件を設定する．	EADP	指定した原子群の温度因子が同じになるような束縛条件を設定する．
BUMP	原子同士が近づきすぎないように束縛条件を設定する．	EXYZ	指定した原子群の座標が同じになるような束縛条件を設定する．
NCSY	結晶学的でない対称性を導入する．	FVAR	媒介変数を介した値の設定に用いる．
ISOR	温度因子が極端な異方性をもたないような束縛条件を設定する．	補助命令	
SIMU DELU SADI	温度因子，結合距離などが一致するように束縛条件を設定する．	PART	乱れた構造のグループ分けに用いる．占有率の一括管理などに用いるほか，乱れた部位の結合情報を整理する働きもある．

8・7　乱れた構造の解析
8・7・1　乱れた構造の解析の考え方

実際の解析においては，乱れた構造を考慮に入れずに解析を進めた場合，通常は該当部分の原子の**温度因子の異常**として現れることが多い．極端に異方的な熱振動楕円体パラメーターとして現れる場合には，解析に使用するソフトウェアによっては自動的に原子を分割して乱れた構造として解析するように警告を出すものもある．

原子の熱振動が大きい場合，解析上の電子密度の広がりも大きくなり，乱れた構造の解析も難しくなるため，一般には熱振動が小さくなる低温でのデータ測定が望

ましい．また，精密化が不安定となることが多く，構造が歪む，精密化が発散するなどの問題を生じることが多い．その場合には**占有率**や**原子間距離**，**温度パラメーター**などに一定の**束縛条件**を加えて解析を進めることになる．

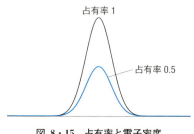

図 8・15　占有率と電子密度

乱れた構造により占有率が低い原子がある場合，図 8・15 に示すように，その占有率に比例して電子密度が低下する．これが回折強度に反映されるわけであり，結晶構造解析の結果としては，回折強度をもとに低い電子密度ピークとして表れる．これに対して占有率を 1 に固定した原子を割り当てると，精密化の段階で，うまくパラメーターを決めることができず，通常はそのしわ寄せは図 8・16 に示すように，差電子密度の異常（負のピーク）や温度因子の異常（周辺原子に比べて大きな値）として表れてくる．

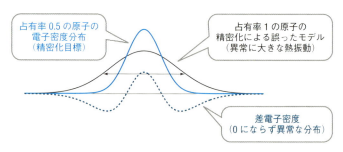

図 8・16　占有率の誤りと温度因子

当然，これではうまく実際の電子密度を表現できないので，信頼度因子 R も大きな値となり，精密化時に原子位置が移動してしまうなどの現象が起こることもある．このような場合には，占有率もパラメーターの一つとして精密化を進めることになる．本来，軽原子が入るピークに重原子を割り当てた場合，たとえば炭素原子

の電子密度に塩素原子を割り当てるような場合も同じような症状となるが，この場合には占有率を精密化する代わりに元素割り当てをやり直すことになる．

このように，電子密度の小さいところに無理に原子を配置した場合など，現実と合わないモデルを構築した場合，温度因子に異常が現れることが多い．周辺原子と異なる熱振動をもつ原子は疑わしく，本当に熱振動が大きいのかどうかを注意深く考えなければならない．

このほか，分子の一部分だけ精密化時に構造が歪んだり，異常な結合距離などを示したりする場合は乱れた構造を疑って構造解析を進めていく．たとえば分子末端部が乱れており，図 8・17 のように分子末端のメチル基が二つの方向 C2A と C2B に一定の割合で乱れているような場合を考える．このとき C2A, C2B の熱振動が小さく，占有率も同程度の場合，比較的容易に解析することができる．

図 8・17 離れた位置にある乱れた原子に対する電子密度ピークの模式図

図 8・17 のようにはっきり電子密度ピークが分離しており，それぞれが十分な密度をもっていれば単純に二つの原子位置の占有率の合計が 1 になるように束縛条件（constraint）を設定して温度因子と占有率を独立したパラメーターとして精密化を行えばよい．しかし，一方の占有率が小さい場合や，二つの原子位置に対応する電子密度ピークが大きく重なるような場合，精密化が困難となる．

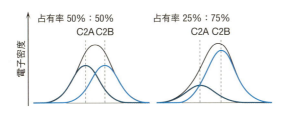

図 8・18 近接した位置にある乱れた原子による電子密度の模式図

図 8・18 のように二つの乱れた原子がごく近接しているような場合，占有率比の大きく異なる左右のどちらのモデルを採用したとしても原子座標や熱振動の微調整

によって，合計の電子密度がほぼ等しくなるようなモデルが得られてしまう．測定された回折強度データの質が十分に高ければ，これらのピークを分離して精密化し，両者のモデルのどちらが正しいか判断することができる．しかし，乱れた構造を伴う結晶では結晶性が低下して高角度の回折強度が弱くなるなど高精度のデータ測定が困難な場合が多く，現実にはこのような乱れた構造に対して単純な精密化では正しい値を求めることが困難な場合がある．そこで，これらに対し一定の束縛条件を付けて精密化を行うことがよく行われる．原子座標，温度因子，占有率のいずれかを固定ないし条件づけすることで，残りのパラメーターを比較的容易に決定することができるのである．

この束縛条件には，対象の**化学的情報**（たとえば，結合している隣接原子と占有率は等しいはず，など），**構造の情報**（ベンゼン環の C−C 結合距離は一般に 0.139 nm 程度である），同じような**化学的環境**にある原子は同じような熱振動をする，などの仮定をおき，モデルを構築する．どのようなモデルがよいかは一概にいうことはできないので，<u>仮定の根拠には十分に注意を払い，束縛条件が極力少ない合理的な仮定でモデルを表現すべき</u>である．

乱れた構造の解析過程では，ちょっとしたパラメーターの変更で精密化が発散することがあり，異常な局所的極小値の構造に陥ることが多いので，頻繁に解析途中の構造データ（.ins ファイル）をバックアップしておいたほうがよい．

8・7・2 SHELXL を用いた乱れた構造解析の例

ここでは SHELXL を用いて乱れた構造を解析する例を示す．前提条件として，乱れていない部分の炭素に対応する電子密度 $\rho \fallingdotseq 5$，乱れていない炭素原子の異方性温度パラメーター $B_{eq} \fallingdotseq 2$ であり，分子末端部で，図 8・19 のような乱れた構造（解析開始時には未知）をしているときの解析を考える．乱れた部分を除き，等価等方性温度パラメーターによる精密化まで進行しているところから始めることにする．

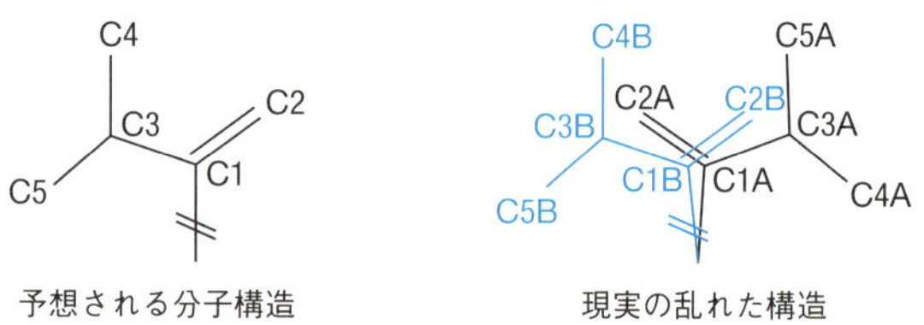

予想される分子構造　　　　　現実の乱れた構造

図 8・19　**乱れた構造解析の例**

8・7 乱れた構造の解析

図 8・20 (a), (b) に乱れた部分の差電子密度図と，対応する SHELXL の出力を図示した．直前の炭素 C0 から Q1 のピークまでの距離は，誤差はあるものの C–C 結合距離に相当しているように見えるので，まず，Q1 を炭素 C1 に割り当て，精密化してみる．

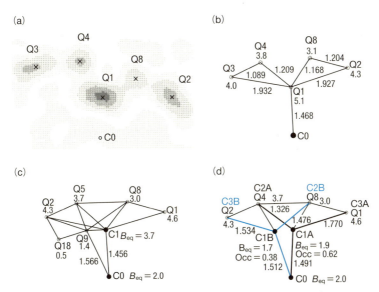

図 8・20 (a) 乱れた部分の差電子密度，(b) 解析前のピーク位置と強度，(c) C1 を占有率 1 で配置したときのピーク図，(d) C1 に乱れた構造を導入したときのピーク図．B_{eq} は等価等方性温度パラメーター，Occ は占有率．Q 付近の数字は電子密度，ピーク間の数字は距離．

図 8・20 (c) が C1 を異方性温度パラメーターで精密化したときの差電子密度図のピークである．C1 の等価等方性温度パラメーターが $B_{eq} = 3.7$ と周辺よりだいぶ大きくなっているのにもかかわらず，近傍に Q9 という比較的大きなピークが現れてきており，また，C0–C1 距離も一般的な C–C 距離より短めとなっていることがわかる．これは C1 のモデルが現実の電子密度をうまく表現できていないことを示している（精密化結果がさらに大きな熱振動になると，SHELXL がそれを検出して 2 分割するように注意を出すようになる．8・4 節参照）．

そこで，まず，C1 の温度パラメーターを等方性に戻し，占有率を下げてみることにする．同時に，Q9 の位置に新しい炭素原子 C1B をおき，合計の占有率を 1 とする束縛条件（7・3・5 節, constraint）を設定する．この束縛条件は **FVAR コ**

マンドの媒介変数を用いて表現する．.ins ファイルの編集前と編集後を下記に示す．

編集前
```
FVAR       0.46759
   ：(略)
C1  1  0.692387  -0.160888  -0.406892  11.00000  0.08103 =
   0.03056   0.03077   0.00271   0.00464  -0.00491
   ：(略)
Q9  1  0.6096   -0.1619   -0.4097   11.00000  0.05  1.42
```

↓

編集後
```
FVAR       0.46759    0.5
   ：(略)
PART 1  21
C1A 1  0.692387  -0.160888  -0.406892  11.00000  0.05
PART 2 -21
C1B 1  0.6096   -0.1619   -0.4097   11.00000  0.05  1.42
PART 0
```

編集後の PART コマンドの 1 番目の数字は，乱れた部位の分類を示すもので，異なる PART の原子間の結合を生成しないという指示である．たとえば，上の例では"PART 1"で指定された C1A と"PART 2"で指定された C1B の距離が適切であったとしても，両者は結合していないとみなされる．"PART 0"（あるいは無指定）は共通部分（乱れていない部分）となる．2 番目の数字は占有率を表す数値で，PART コマンドで指定された全原子が同じ占有率となる．ここでは PART 1（C1A）の占有率の指定は 21 すなわち FVAR(2)（FVAR の 2 番目の数字）を表している．一方 PART 2 の占有率の指定は -21 で，これは $1-\text{FVAR}(2)$ を表しており，PART 1と PART 2 の占有率の合計は 1 となる．FVAR コマンドには，この占有率の初期値として 0.5 を追加した．

この占有率指定の例のように，原子のパラメーター p は，$p = 10m + p'$（m は 2 以上の整数，$-5 < p' < 5$）の値を使って $p' \times \text{FVAR}(m)$ の値を表すことができる．同様に，負の値 $p = -10m - p'$ を用いて，$p' \times \{1 - \text{FVAR}(m)\}$ を表すこと

8・7 乱れた構造の解析

ができる．3 成分以上の乱れた構造の場合には ±21 のような簡単な表現はできないが，**SUMP** コマンドを用いて FVAR の各変数の合計が 1 になるような restraint を指定することで代替できる．

この状態で精密化を行うと，差電子密度のピークは図 8・20 (d) のようになる．占有率を示す FVAR の 2 番目の値は 0.6 となり，6：4 程度の割合で乱れた構造が示唆されている．また，B_{eq} も小さくなり，次のピークとの間の距離も妥当な数値となってきたので，新たに炭素を割り当てることにする．結合距離をもとに，PART 1 に Q4, Q1 を，PART 2 に Q8, Q2 を組込み，それぞれ C2A, C3A, C2B, C3B としていく．ここで，C2A, C3A は C1A に結合しているので，占有率も C1A と等しいと仮定する．同様に C2B, C3B も占有率は C1B に等しいとする．この指定は，占有率を指定した PART コマンドで挟まれた全原子に適用されるので，下記のように指定するとよい．

```
FVAR      0.46714     0.62001
PART 1 21
C1A  1  0.712938  -0.161865  -0.406953   21.00000   0.02411
C2A  …(略)
C3A  …(略)
PART 2 -21
C1B  1  0.639796  -0.158431  -0.408540  -21.00000   0.02154
C2B  …(略)
C3B  …(略)
PART 0
```

この条件で精密化を行うと，下の例のように FVAR(2) = 0.52 となり，だいぶ占有率の変化が見られた．これは C1A, C1B が近接していたためにうまく占有率を精密化できなかったものが，C2A, C3A と C2B, C3B は近接原子が少ないため，より高い精度で精密化できたためと考えられる．これは .lst ファイルに出力された FVAR の各パラメーターの標準偏差が小さくなっていることを確認することで裏付けをとることができる．次に C0－C1A, C0－C1B 距離に注目すると，若干，距離に違いが見られる．このような場合，距離が一致することが妥当だと考えられるならば，**DFIX** コマンドを用いて restraint をかけることができる．"**DFIX 目標距離束縛の強さ**"で指定するが，このとき，目標距離を一般的な C－C 結合距離の固

定値とするのではなく，FVAR を参照することで，"同じ値"であること自体を目標とすることができる．ここでは両方の距離に対し FVAR(3) を示す +31 を指定している．

```
FVAR     0.47335   0.52297   1.55 ←  初期値
DFIX   31  0.03    C0 C1A    C0 C1B
```

このようにして少しずつ精密化を進めていく．あまり同時に多くのパラメーターを追加すると精密化が発散することが多いので，段階を追って，途中経過のバックアップをとりつつ進めていくとよい．

予想される構造に対応する原子をすべて見つけ，パラメーターの精密化を行うことができれば終了となる．占有率の低い水素原子の精密化は困難なため，水素を含む構造では座標値を **HFIX コマンド**で発生させることが多い．また，すべての原子を割り当てた後に大きなピークが残る場合には，溶媒分子などが入っている可能性を考慮して解析を継続する．

8・8 解析結果のチェック
8・8・1 構造モデルのチェック

精密化が一段落したら得られた構造モデルのチェックを行う．回折強度の実験値から得られる構造因子 $F_o(hkl)$ と構造モデルからの構造因子の計算値 $F_c(hkl)$ の一致度を示す $R1$ 値や $wR2$ 値（7・3・1節）が，得られた構造の信頼度を示す一番重要な目安である．値が小さいほど，得られた構造モデルの電子密度から計算された構造因子 F_c で測定値 F_o を正確に表現できていることになる．しかし，モデルの妥当性はこれだけで判断することはできず，さまざまな情報をチェックしていく必要がある．ここではまず主要なチェック事項をあげておく．

① 非線形最小二乗法による精密化が収束している（shift/error 値が 0 に近い）．
② 実験値/計算値の一致度 $R1$，$wR2$ が十分に小さい．
③ 結合距離や角度，ねじれ角などから見て分子構造が妥当で，分子間で異常な接近が見られない．
④ 熱振動パラメーターが負になっていなくて（NPD がなくて），長楕円型の熱振動にもなっていない．
⑤ goodness of fit 値が 1 に近い．

⑥ 差電子密度図に異常に大きな正のピークや負の谷がない.

これらは精密化の終盤において計算を走らせるたびにチェックしておいたほうがよい. 妥当と考えられる構造が得られたら, 最後に 8・9 節で説明する CIF ファイルを作成し, checkCIF プログラムにより全般的な機械的チェックを行う.

8・8・2 熱振動のチェック

7・3・3 節で説明したように, 構造モデルが現実の分子や結晶構造と対応しない場合, そのしわ寄せが温度パラメーターに現れることが多い. そのため, 分子内の平均的な熱振動楕円体パラメーターと極端に異なる熱振動楕円体パラメーターをもった原子を重点的にチェックする. 熱振動が極端に小さい場合, あるいは負の値になる場合には, その原子はより重原子である可能性が高く, また, 熱振動が周囲より大きい場合や極端な異方性がある場合には, 乱れた構造やより軽い原子である可能性を検討する.

8・8・3 対称性のチェック

空間群や格子をとり違えて測定していると, 同一形状の分子が並進して現れたり, ほかの対称要素で関連付けられる位置に現れたりすることがある. この場合, 往々にして精密化が失敗して構造が歪んだりすることになる. この場合の症状としては, パラメーター間の**相関係数が異常**に大きくなっていることが多い. 精密化プログラムはそのような異常を表示しているはずなのでチェックしておく. SHELXL の場合, *filename*.lst ファイル中の "Largest correlation matrix elements" の項目に表示される. 相関値が大きなパラメーターが数十個並んでいたら明らかに異常と考えるべきである (図 8・21).

```
Largest correlation matrix elements
-0.824 U13 F10 / U13 F8    -0.806 U33 F10 / U33 F8
-0.798 U33 F3 / U33 F2
```

図 8・21　SHELXL の相関係数の出力例 (*filename*.lst)

測定時に自動格子決定で対称要素のとり違えなどにより 2 倍格子をとってしまうようなことがあると, この項目に異常として現れることが多いのでチェックしてお

いたほうがよい．**偽対称**，**偽並進**，**長周期構造**の場合も相関係数に異常が表れるため，注意が必要である．また，占有率と異方性温度パラメーターを同時に精密化した場合などにも相関が大きくなることがある．一方で，restraint による束縛条件を強く設定している場合には必然的に相関があらわれることになり，他の場合と区別して取扱う必要がある．

ソフトウェア PLATON の lepage, calc addsym, calc newsym コマンドを使うと，対称性のチェックと格子変換の候補を示してくれる．格子決定の誤りが見つかった場合，格子変換を行い，解析をやり直すことになる．格子変換を行った場合，格子長や角度の精密化時の束縛条件が変化することがあるため，一般に格子の精密化からやり直す必要がある．

lepage は格子定数から，calc addsym はおもに原子座標から対称性のチェックを行い，calc newsym はモデル構造から計算された回折強度（F_c）の面からチェックを行う．ただしこれらは偽対称，偽並進，長周期構造の場合には誤判定する可能性が高いので，注意を要する．calc addsym を実行して，2倍格子のときの格子変換候補表示の例を図 8・22 に示す．

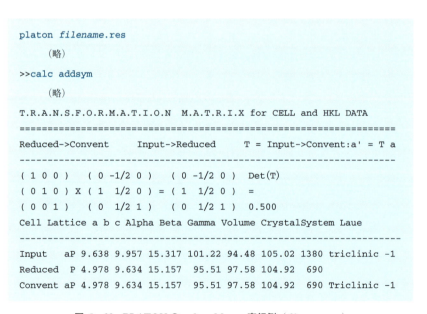

図 8・22 　PLATON の **calc addsym** 実行例（*filename*.res）

8・8・4 回折強度の異常値の確認

多重散乱などの効果により,一部の回折点の回折強度が極端に変化することがある.この場合は,等価回折点の強度を比較することで異常値を取り除くことは可能である.SHELXL では .lst ファイル中の "Inconsistent Equivalents" の項目に**等価回折点の強度異常**がまとめられている(図 8・23).また,統計データとしては $R(\text{int})$ 値(8・3・4 節)をチェックするとよい.

```
Inconsistent equivalents etc.
   h   k   l     Fo^2   Sigma(Fo^2)  N  Esd of mean(Fo^2)
   3   0   0  28258.39     520.91    2       4881.60
  -2   4   0  29336.46     519.88    2       5434.20
```

図 8・23　SHELXL の等価回折点強度の不一致の出力例(*filename*.lst)

等価回折点の強度の不一致が異常に多い場合には,多重散乱の効果よりは対称性のとり違えの可能性が高いので注意が必要である.

また,R 値だけでなく $F_\text{o}(hkl)$ と $F_\text{c}(hkl)$ の個別の不一致についてもチェックしておいたほうがよい.数個程度の不一致であれば異常値としてデータから取除くこともあるが,数十個単位で計算値と不一致な強度が現れるようであれば別の原因を検討する必要があるだろう.

SHELXL では .lst ファイル中の "Most Disagreeable Reflections" の項目に表示される(図 8・24).

```
Most Disagreeable Reflections (* if suppressed or used for Rfree)
   h   k   l    Fo^2    Fc^2  Delta(F^2)/esd  Fc/Fc(max)  Resolution(A)
  -2   4   7   43.67  168.37       8.41          0.042         1.47
  -2  -8   7  262.66  555.73       7.84          0.076         1.06
```

図 8・24　SHELXL の F_o,F_c の不一致の出力例(*filename*.lst)

8・9　解析結果の CIF ファイルへの出力

近年では結晶構造のデータは **CIF**(crystallographic information file/framework)の形式の電子データで取扱われることが多い.論文投稿時にも結晶構造解析結果は CIF ファイルにまとめた形で提出を求められることがある.その他,他の人々と結晶構造データをやりとりする場合には CIF ファイルにまとめておくと便利である.

結晶構造を取扱う各種のソフトウェア，たとえば **WIEN2k** や **Materials Studio** などのソフトウェアは CIF ファイルで構造を入出力する機能をもっており，データの受け渡しに便利である．また，**Open Babel** などの構造データ変換ソフトウェアも CIF 形式をサポートしており，CIF 形式を直接サポートしないソフトウェアでも構造データをやりとりすることができる．CIF に関する情報も章末の表 8・4 にまとめておく．

8・9・1　CIF とは

国際結晶学連合 (IUCr) のウェブサイトの **CIF 関連情報**には，構造データを記述する CIF だけでなく，画像データや粉末 X 線回折データを記述する CIF など，さまざまな CIF 関連の解説がある．このうち，一般的な結晶構造を記述するためのファイルの仕様は core dictionary (**coreCIF**) にまとめられており，以下ではこの coreCIF の定義に従ったデータファイルを CIF と表記し，簡単に解説する．

CIF には格子定数などの結晶学データ，測定条件，解析のパラメーター，構造データ，回折強度データのほか，IUCr の論文誌向けの本文のデータなども含めることができる．一から CIF を作成するのは現実的でないので，通常は回折装置のソフトウェアが出力する結晶学データや測定条件の CIF と，精密化ソフトウェアが出力する解析のパラメーターや構造データ，回折強度データの CIF を結合し，足りない部分を編集して作成する．最近の回折装置付属のソフトウェアの場合には CIF 作成機能まで含まれているのが一般的である．

CIF は **STAR** (self-defining text archival and retrieval，蓄積および送受信用自己定義テキスト) ファイル形式で記述されたテキストファイルである．各行は項目名とデータが順に並ぶのが標準的である．項目名とあわせて 80 文字以内におさまらない長文の場合にはデータ部分を次の行以降にまわし，行頭に " ; " をつけた行でデータを囲んで表す．CIF 内に記載できる記号類は限られており，基本的な英数字と一部の記号のみである [ASCII コードで 9(Tab)，10(LF)，13(CR) の制御コードと，32〜126 の文字コード]．ギリシャ文字や Å などの記号類を直接記載することはできないため，代替表記 (α = ¥a，上付き，下付き文字は Cu^{2+} = Cu^2+^，H_2O = H~2~O など) で書き換える必要がある．

CIF の各項目に記載する内容や，値のとりうる範囲，利用できる単位などは coreCIF に記載されている．この coreCIF 自体も STAR 形式で記述されている．たとえば，図 8・25 に示した coreCIF における格子の角度を表す項目 α, β, γ の定

義では,標準的な単位がラジアンではなく度(°)であり,範囲が 0～180°であること,省略時には 90°とみなされることなどが記載されている.

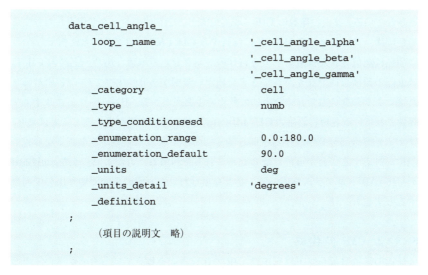

図 8・25　core dictionary の例(格子定数の角度部分)

このような記述に従って,格子定数を CIF に記入すると,以下のようになる.数値に続く括弧内の値は各パラメーターの標準偏差を表している(7・2・3 節参照).下記の例では a 軸長が 5.1342Å で標準偏差は 0.0003Å である.α は 90°で標準偏差なし(直方晶系のため 90°の固定値で,精密化していない)となる.

```
_cell_length_a       5.1342(3)
_cell_length_b       10.316(1)
_cell_length_c       20.7371(8)
_cell_angle_alpha    90
_cell_angle_beta     90
_cell_angle_gamma    90
```

通常は解析ソフトウェアが基本的な CIF データを出力する機能をもっているので,それをもとに編集し,不足するパラメーターを補うとよい.CIF は一般的なテキストエディターでも編集できるが,使用できない文字や文法上の間違いなどが混

入しやすいので，**enCIFer** や **publCIF** などの専用の **CIF 編集用ソフトウェア**を使用するのが便利である．CIF 編集用ソフトウェアには，coreCIF の対応項目の説明を自動的に表示する機能や値が定義の範囲内かどうかをチェックする機能が搭載されている．また，複数の CIF を結合したり，CIF 内のデータで作表したりする場合には，ソフトウェア SHELX に付属する **CIFTAB** プログラムも便利である．

　CIF に記載された構造データを自作のプログラムで取扱う場合，実際の CIF には上記の原則だけでなく，さまざまな細かい規則があり，すべての CIF に対応したプログラムを自力で書くためには多くの手間がかかる．IUCr のウェブサイトで提供されている各種言語用の **CIF Library** を用いてプログラムを書くことにより，ファイル解析部分を作成する手間を省くことができると同時にさまざまな形式のCIF に対応することが可能になるためこれらを利用した方がよい．また，**cif2cif** や CIFTAB プログラムを用いて，必要な項目だけを一定の書式で切り出して利用する方法もある．

8・9・2　CIF の作成

　最近の構造解析ソフトウェアは CIF の作成機能を備えているものが多い．たとえば，構造精密化ソフトウェアである SHELXL では，ACTA コマンドを埋め込んで構造最適化を行うことで，CIF のうちの構造モデル部分を生成することができる．生成される CIF は構造最適化の部分はデータが入力されているが，測定条件などは"?"となっており，情報を補っていく必要がある．

　回折装置に添付されている統合解析ソフトウェアでは，この CIF の作成を一貫して行い，結晶の形状や色などのデータを補うだけでデータ測定条件から精密化後の構造データまでそろった CIF を作成することができる．しかし，精密化の段階でソフトウェアを切り替えた場合や，古い測定ソフトウェアを使用した場合などでは，測定パラメーターを記載したファイルと構造データを記載したファイルを結合する必要がある．この場合には SHELX に付属する CIFTAB などのプログラムでCIF 同士を結合することができる．実際には両者で矛盾したデータが含まれる場合などには，誤ったデータが混入しないようあらかじめ両者のファイルをチェックし，不要な項目を取除いておいたほうがよい．特に解析途中で空間群を変更した場合や吸収補正パラメーターの衝突などに注意が必要である．

　測定温度などのパラメーターは，ソフトウェアのデフォルト値がそのまま CIFに出力されていることがあるので，もし誤りがあれば正しい値に修正しておく．

また，投稿先によっては，解析データの捏造防止のため，CIFに構造因子のF_oやF_cのデータ，最終精密化時の設定ファイルなどの添付を求められることもある．通常は精密化ソフトウェアがこの生成を行う．SHELXLの場合には自動的にCIFファイル中に*filename*.hkl相当の項目と*filename*.res相当の項目が出力される．

　CIFに必要な項目は，オンライン論文誌 *Acta Crystallographica Section E* 投稿用のテンプレートファイル（ftp://ftp.iucr.org/pub/form_e.cifでダウンロードできる）を参考にするとよい．このファイルは必要な項目がそろっていることから，他の用途のテンプレートとしても便利である．このテンプレートファイルの"data_?"の行からあとが構造にかかわる項目で，この"?"をデータ名ラベルにおき換え，そのあとを記入する．「化学的情報 _chemical」，「結晶学データ（対称性 _symmetry，格子定数 _cell，結晶の形状 _exptl_crystal）」，「測定条件など _diffrn」，「精密化条件（回折データ数など _reflns，精密化条件など _refine，原子散乱因子など _atom_type，使用したソフトウェアなど _computing）」，「原子座標 _atom_site」，「結合情報など _geom」および構造因子が必要な情報となる．また，coreCIFを参考に必要に応じて項目を追加することができる．大部分の項目は，測定ソフトウェアの出力と精密化ソフトウェアの出力で埋めることができる．測定時に正しい化学式や結晶の大きさを入力していない場合，あるいは空間群をとり替えた場合などではこの段階でデータを確認し修正する必要がある．**HKL-2000**などの独立したデータリダクションソフトウェアを利用した場合，吸収補正（_exptl_absorpt）などのパラメーターも出力ファイルから転記する必要がある．

　一通りのデータ入力が完了したら，IUCrの**checkCIFサービス**でチェックを行い，**printCIFサービス**でPDF化して確認すると便利である．

　外部に出せない秘密のデータなどの場合には後述するPLATON checkCIFによるチェックなどを併用していくとよい．作表はSHELXのCIFTABプログラムが使用できる．enCIFerなどのCIF編集用ソフトウェアは一部機能でネットワークサービスを利用するので注意が必要である．

8・9・3　checkCIF（PLATON，IUCrオンラインサービス）

　CIFの便利な利用法として，簡単に解析結果のチェックが受けられるというものがある．たとえばIUCrではオンラインでCIFのチェックを受け付けており，CIFを転送するだけで，さまざまな面からの解析結果のチェックを受けることができ

る．また，オンラインで処理するのが不適切な場合（ネットワークに接続されていない場合や機密事項である場合など）には，ソフトウェア PLATON の **CIF validation** 機能を用いると同等のチェックをオフラインで行うことができる．実行は"platon -u *filename*.cif"で行い，結果は *filename*.chk に出力される．このとき，最新のチェックリストファイル check.def をダウンロードして同じディレクトリに置いておく必要がある．CIF 編集用ソフトウェア上の checkCIF を実行するとオンライン版が使用される場合があるので注意が必要である．

　checkCIF のチェック項目は多岐にわたるが，"**ALERT A**" は明らかな問題点であり，"**ALERT B**" は A ほどではないが確認が必要な項目であると考えて解析条件をチェックする必要がある．"**ALERT C**" についても最終的にはチェックすべき項目であり，すくなくとも何故そのような警告が出たのかを査読者に説明できるように準備すべきである．たとえば，最小二乗法の収束度合いを示す shift/error 値の場合，0.05 を超えると ALERT C が出力され，0.2 を超えると ALERT A となる．細かいチェック項目については大きな問題が解決すれば連鎖的に解決するものも多く，解析途中のデータでは警告表示が多すぎるためあまり有効ではない．

checkCIF の警告の例をいくつか示す．

```
SHFSU01_ALERT_2_A  The absolute value of parameter shift to
su ratio > 0.20
Absolute value of the parameter shift to su ratio given
11.250
Additional refinement cycles may be required.
```

これは上記の shift/error 値が大きい場合の警告であり，収束するまで精密化を繰返すよう指示が書かれている．

```
CELL003_ALERT_1_A  _cell_measurement_reflns_used is missing
Number of reflections used to measure unit cell.
```

これは，記載すべき項目，"_cell_measurement_reflns_used" が記載されていない場合の警告である．

8・9 解析結果のCIFファイルへの出力

```
DIFMX02_ALERT_1_C  The maximum difference density is >
0.1*ZMAX*0.75
The relevant atom site should be identified.
```

これは差フーリエ電子密度図にまだ大きなピークが残っていることを示す警告で，なんらかの原子を割り当てる必要を示唆している．

このような警告が重要度・深刻度順に記載され，また，警告の個数が下記のように集計されて出力される．

```
23 ALERT level A = Most likely a serious problem - resolve
or explain
 6 ALERT level B = A potentially serious problem, consider
carefully
18 ALERT level C = Check. Ensure it is not caused by an
omission or oversight
10 ALERT level G = General information/check it is not
something unexpected
```

解析途中のデータをそのまま入力するとこのように多数の警告が出力されるが，精密化が正常終了し，測定条件などのデータを入力すればALERT level A, Bの警告はほぼなくなるはずである．

ただし，checkCIFのチェックは，所定のチェックリストによって行っているだけであり，警告が出なかったからといって解析に問題がないとは限らない．また，逆に解析に問題がなくても解析結果が一般的な値から外れた場合には警告が出力されるため，値を修正する代わりにその値が妥当であることを説明することになる．出力を参考にして解析結果を再検討し，もし問題があれば再解析を行う．対象物の化学的情報なども踏まえて注意深く最終チェックを行い，CIFファイルを仕上げる．

checkCIFのチェックリストは随時更新されるので，オフラインで使用する場合にはPLATONのウェブサイトよりcheck.defファイルをダウンロードして更新しておくとよい．

表 8・4 結晶構造解析でよく使われるソフトウェアおよびオンライン情報（2015 年 10 月現在） URL は変更される場合があるので，検索用キーワードも括弧内に併記した．

初期位相決定・構造精密化ソフトウェア	
SHELX	構造決定用の SHELXD や SHELXT, SHELXS，構造精密化用の SHELXL，CIF 用ツールの CIFTAB などを含む，広く使われているパッケージソフトウェア．乱れた構造の解析や中性子回折の解析にも使い勝手がよい．URL：http://shelx.uni-ac.gwdg.de/SHELX/
SIR	初期構造決定，構造精密化，三次元モデルの表示などを含むパッケージソフトウェア．URL：http://wwwba.ic.cnr.it/content/software（キーワード sir crystal）
DIRDIF	パターソン法，直接法による初期構造決定用ソフトウェア．URL：http://www.xtal.science.ru.nl/dirdif/software/dirdif.html（Windows 版 URL: http://www.chem.gla.ac.uk/~louis/software/dirdif/）
Superflip	チャージフリッピング法による初期構造決定用ソフトウェア．URL：http://superflip.fzu.cz/ Superflip 用ファイル作成支援ソフトウェア "flipsmall" が上記ウェブサイトから，Windows 用のものは "wflip" が http://eels.kuicr.kyoto-u.ac.jp/~tnemoto/sv/download.html から入手できる．

解析支援，作図・作表ソフトウエア	
PLATON	対称性のチェックや格子変換，解析結果の作図，CIF のチェックなど，さまざまな機能が 1 個のプログラムに統合されている．URL：http://www.cryst.chem.uu.nl/platon/（キーワード platon crystal）
Yadokari	日本で開発された解析支援ソフトウェア．空間群の判定を行う Yadokari-SG もパッケージ内に含まれている．日本語によるサポート体制がある．URL：http://chem.s.kanazawa-u.ac.jp/coord/yadokari/index.html
WinGX	世界的に広く使用されている低分子解析向け解析支援ソフトウェア．URL：http://www.chem.gla.ac.uk/~louis/software/wingx/
SV	SHELX 形式の構造表示に特化した解析支援ソフトウェア．入力ファイルの編集は手動で行うため，不用意な操作が勝手に行われる心配がない．SHELX のテキスト形式での操作に慣れた人向け．URL：http://eels.kuicr.kyoto-u.ac.jp/~tnemoto/sv/index.ja.html
Olex[2]	比較的新しい解析支援ソフトウェアで，各種 OS 用の実行形式ファイルが配布されている．URL：http://www.olexsys.org/
ORTEP-III	熱振動楕円体を含む分子構造・結晶構造の描画（ORTEP 図）．各種解析支援ソフトウェアから利用するのが便利．URL：http://web.ornl.gov/sci/ortep/ortep.html 2015 年 9 月現在，上記著者サイトからのダウンロードができなくなっている．代替としてミラーサイトが利用できる．http://www.ccp14.ac.uk/ccp/web-mirrors/ornl-ortep/ortep/ortep.html（Windows 版 URL：http://www.chem.gla.ac.uk/~louis/software/ortep/index.html））

8・9 解析結果の CIF ファイルへの出力   191

CIF に関するウェブサイト・ソフトウェア・オンラインサービスなど	
IUCr ウェブサイトの CIF 情報	URL：http://www.iucr.org/resources/cif
CIF dictionaries	各種の CIF に記入する各項目の定義が記載された CIF dictionary が集められている．8・9・1 節で紹介した core dictionary（coreCIF）もここに格納されている． URL：http://www.iucr.org/resources/cif/dictionaries
CIF 文法	8・9・1 節で紹介した CIF 文法の詳細 URL：http://www.iucr.org/resources/cif/spec/version1.1/cifsyntax （キーワード CIF syntax）
CIF におけるギリシャ文字などの代替表記	URL：http://journals.iucr.org/services/cif/editguide.html （キーワード CIF text typesetting）
CIF の雛形	URL：http://journals.iucr.org/services/cif/templates.html （キーワード CIF templates）
CIF 関連のソフトウェアリンク集	CIF 関連ソフトウェアに関する情報がまとめられている． URL：//www.iucr.org/resources/cif/software
enCIFer	CIF 編集用ソフトウェア URL：http://www.ccdc.cam.ac.uk/Solutions/FreeSoftware/Pages/EnCIFer.aspx
publCIF	CIF 編集用ソフトウェア URL：http://journals.iucr.org/services/cif/publcif/
CIFTAB	CIF の結合や項目の抽出，作表などを行うソフトウェア．SHELX に付属．
PLATON CIF Validation Test（checkCIF）	ソフトウェア PLATON に含まれる CIF ファイルのチェック機能．チェック用の定義ファイル（check.def）は最新版をダウンロードして使用すること． URL：http://www.cryst.chem.uu.nl/spek/platon/pl000601.html
IUCr checkCIF サービス	PLATON checkCIF を利用できるオンラインサービス． URL：http://checkcif.iucr.org/
IUCr printCIF サービス	CIF を論文形式の PDF ファイルに変換するオンラインサービス． URL：http://publcif.iucr.org/services/tools/printcif.php

解析結果の整理

　結晶構造の解析結果にはさまざまな有用な情報が含まれている．結晶の対称性は物性と密接に関連する情報であるし，結晶中の分子の構造は単純な分子の同定に使用できるだけでなく，分子間の相互作用などの情報も含まれている．この章では論文を発表するにあたり必要な情報と結果の解釈の注意点などについて述べる．

9・1　結晶構造解析結果に必要な情報

　結晶構造解析結果を発表するにあたり，多くの情報が必要となる．最低限必要なデータ①〜④については，8・9・3 節で述べた checkCIF の要求事項を埋めていけばそろうことになる．

① 空間群，格子定数などの結晶学データ
② 原子座標，占有率，温度パラメーターなどの値
③ 解析条件〔格子定数精密化に使用した回折点数，初期構造決定に使用したプログラム，精密化に使用したプログラム，精密化で使用したパラメーター，束縛条件の設定状況など〕
④ 解析に用いた $F_o(hkl)$ と，対応する $F_c(hkl)$ の表

　以上は純粋に結晶構造解析の結果を示すデータであるが，実際にはこれらのデータを整理し，見やすい形で構造の概略を提示していく必要がある．解析の目的によって取捨選択されるが，比較的共通のものを⑤〜⑦にあげておく．

⑤ 結合距離，結合角度，平面性など座標から計算されるさまざまな値の表や数値
⑥ 結晶構造図
⑦ 分子構造図，熱振動図（ORTEP 図）

　以下の節では解析データの解釈やこれらの図表を作成する際のヒントと注意点を記す．

9・1・1 分子構造や熱振動の作図,ORTEP 図

　分子構造を示すと共に,各原子の熱振動を一定の確率表面で描画した図が結晶構造解析の結果を示すときによく用いられる.その作図を行うソフトウェアの名称 **ORTEP**(オルテップ)より,ORTEP 図とよばれることが多い(5・3 節,7・3・3 節).ORTEP 図では熱振動の大きさを楕円体の大きさで表示しており,同じ確率を指定した場合,熱振動が大きいほど大きな楕円体として表示する.

　ORTEP は,テキストファイルで描画指示を与えて使用するプログラムであるが,描画方位や結合の指定が煩雑であり,直接使用することは少なくなっている.現在では同等の描画を行う各種のソフトウェアがあり,また,ORTEP を利用する場合も,回折装置付属のソフトウェアや各種支援ソフトウェアのほか,**ORTEP for Windows** などを介して使用するのが便利である(表8・4).

　熱振動楕円体の形状を描画することで,温度因子の簡易チェックを行うことができ,解析の精度を表す一つの指標となる.たとえば,結合した 2 原子がまったく異なる方位に大きく振動するのは不自然であるとか,極端に細長い楕円体があれば乱れた構造をうまく解析できていない可能性があることなどを ORTEP 図より読み取ることができる.論文投稿に不要な場合でも,解析結果のチェックのために描画して確認しておくべきである.異常な熱振動の一例を図 9・1 に示す.この例では矢印で示す原子のみが結合した周辺原子と異なる熱振動を示しており不自然である.

図 9・1　異常な熱振動を示す ORTEP 図の例　矢印で示す炭素原子が周囲の原子と異なる異常な熱振動を示している.

　一般には原子の重なりが少ない方位,たとえば分子の**最小二乗平面**(9・2・1 節で述べる)の垂直方向から描画する.水素原子は温度因子の精密化の有無や数値にかかわらず,小さめの一定半径の円で描画することが多い.複雑な構造の場合に

は，分子を分割する場合や水素原子などを省略することもある．また，対称要素上に分子が乗っている場合には，対称要素を展開し，分子全体を描画することが多いが，対称要素で展開した原子についてはラベルや色，楕円体の描画法などでもとの原子と区別できるようにしておく．また，描画時に指定した**存在確率**を表記しておく．

9・1・2 結晶構造図

分子の構造だけでなく，分子の配列を示す図として結晶構造図の描画を行うことも多い．通常は結晶の周期性がわかりやすい a, b, c 各軸の方向からの投影図を描画する．図 9・2 にタウリンの結晶構造図を示す．描画の際には投影方向と各軸の方向がわかるように 原点 o や a, b, c 軸などのラベルをつけておくか矢印などで軸方位を示し，投影方向を付記しておく．必要に応じて隣接格子まで描画範囲を拡大し，構造がわかりやすいように描画する．分子結晶の場合は，単位胞からはみ出す部分も描画し，分子全体が一つながりになるように描画することが多い．

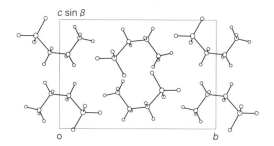

図 9・2 タウリンの結晶構造図（a 軸投影）

分子中に乱れた構造がある場合などで分子骨格がうまくつながらない場合などは，解析の途中で結晶構造図を描画すると部分構造間の関係を調べることができる．また，結晶構造図を描画することで，分子間の相互作用，たとえば水素結合などが明らかになることも多い．結晶中のチャネル構造や溶媒などが入る空間なども結晶構造図から見つけることができるので，論文に掲載しない場合でも一度は描画して検討すべきである．固体中や結晶中の反応を議論する場合には，分子単体ではなく分子間の関係のわかる図が必要であり，必要に応じて結晶構造図を部分的に抜き出した図や，**反応空間**（cavity）など派生する図を描画して解析することになる．

9・1・3 電子密度図・差電子密度図

溶媒がランダムに乱れて含まれる構造など複雑に乱れた構造の場合は，該当する場所の電子密度を表す図を描画することがある．通常の解析ではあまり論文などに掲載されることはないが，精密解析を行って結合電子の解析を行った場合などでは(差)電子密度図が使われている．

9・1・4 表の作成

近年では論文の電子化などに伴い構造データが前述の CIF 形式などの電子データとして提供される機会が増えており，論文本体に網羅的な原子座標や結合距離，角度の表などが掲載される機会は減っている．しかし，チェックに利用する場合や，議論で必要なデータをピックアップする場合など，いったん作表したほうが便利な場合も多い．

表の作成にあたっては，通常は必要な数値はすべて CIF に埋め込んでおく．SHELXL で精密化を行う場合は ACTA コマンドを使用すると自動的に BOND コマンドも実行され，結合距離や角度が CIF に埋め込まれる．

SHELXL の場合，RTAB (特定の原子間距離や角度を計算する)，HTAB (水素結合距離を計算する)，MPLA (最小二乗平面を計算する) コマンドなどを用いて任意の結合に関する計算を行うことができる．また，CONF コマンドでねじれ角 (9・2・1節) 一覧を出力することができる．配位結合などで結合情報が乱れる場合には，BIND (結合をつくる)，FREE (結合を削除する) コマンドを利用して結合情報を手動制御することができる．

publCIF プログラムや SHELX に含まれている CIFTAB プログラムは，CIF をもとに印刷可能な表を生成する．あらかじめ CIF 中に印刷するかどうかを指定しておくことで，一部だけの作表もできる．CIFTAB ではテキスト形式の表も生成可能なので，編集して他の文章に埋め込むこともできる．

IUCr の printCIF はオンラインで処理が行なわれるのでソフトウェアをインストールする必要がなく便利である．CIF を送信するだけで印刷可能な PDF などを取得でき，同時に CheckCIF によるチェックおよび作図も実行される．出力結果は簡易レポートとしてそのまま使用することができるが，一方で一部分を抜き出すなど出力を編集して利用することは困難である．また，構造データをインターネット上に平文で送信するため，盗用される危険もある．

9・2 構造解析結果の解釈
9・2・1 結合距離・結合角度の計算と束縛条件

得られた結晶構造の利用法の一つとして，分子内の結合距離や結合角など，分子構造の利用があげられる．これらの計算は，原子座標（**分率座標**）を**直交座標系**に変換してから行えばよい．標準偏差の値が必要な場合には7・2・3節で示したように，精密化プログラム内蔵の計算機能を利用する．

また，原子座標から計算できる数値の一つに**ねじれ角**（torsion angle），**二面角**（dihedral angle）がある．ねじれ角は結合した4原子 A−B−C−D について，B−C 方向に投影したときに A−B と C−D がなす角で定義された数値で，立体配座などを示す値として使用される．一般に，ねじれ角は符号を含めた −180°から 180°の範囲で値を示し，ねじれの方向の情報を含む値となっている．一方，二面角という場合には A−B−C を含む平面と B−C−D を含む平面のなす角で，符号をつけず，0°から 90°の範囲で値を表現する．

同様に，**最小二乗平面**（least squares plane）〔**最適平面**（best plane）〕も原子座標から計算することができる．これは，一連の原子について，平面からの距離の二乗の和が最小になるような平面である．分子図の作図の際の投影方位の目安となるほか，計算された距離の二乗の和は原子団の平面性を表す指標となる．

結合距離などの利用にあたっては，計算に使用された原子座標に束縛条件が設定されていないことが前提となる．直接束縛条件を設定しなくても，近傍の原子に束縛条件を設定しただけで目的原子の原子座標が動く場合があるので，影響を慎重に考慮する．また restraint を設定した場合には目標値と得られた計算値が大きく外れていないかもチェックしておく．最近の精密化プログラムには，結合距離・角度に加え，束縛条件の設定状況や結合表などを CIF に書き出す機能をもっている．しかし，束縛条件設定の意図や必要性までは書き出されないため，束縛条件に関する説明を別途論文や CIF に補足しておく必要がある．

得られた構造の結合距離や結合角は類似物質と比較し，妥当な値であるかを確認しておく．比較対象としては，「International Tables for Crystallography」Vol. C Part 9 や，「化学便覧 基礎編 II」（日本化学会 編，丸善）に記載されている結合距離などの標準値を利用するとよい．また，**ケンブリッジ結晶構造データベース**（Cambridge Structural Database, CSD）などの構造データベースを利用して類似物質の構造を入手し，比較する方法もある．

9・2・2 熱振動の剛体振動モデル

　有機物の結晶の場合，特に分子中に剛体的に振舞う部分構造がある場合（たとえばベンゼン環）には，剛体中に含まれる原子が独立に振動しているのではなく，全体が連動して振動するようなモデルを考える場合がある．また，特殊位置を挟んだ結合の両側の原子が連動して運動する場合もある．このような場合には，結合距離などの議論にも影響を及ぼす場合があり，注意が必要となる．

　たとえば，分子上の1点を支点として円弧状の振動（**秤動**（ひょうどう），libration）をしているというモデルがたつのであれば，末端にいくに従い大きな熱振動をしているような解析結果となっているはずである．また，Cp*（ペンタメチルシクロペンタジエニル）環のようなものでは，秤動により見かけ上環が収縮したように見えることがあり，結合距離の異常として現れる．

　剛体振動のモデルを直接精密化のパラメーターに取込むことは一般的でないが，精度の高い熱振動の解析結果をもとに直線的な熱振動と曲線的な剛体振動の合成としてモデル化を行うことができる．秤動が大きい場合，通常の解析では原子の熱振動モデルが直線的であることにより原子座標の誤差が大きくなるが，うまく秤動をモデルに入れることができれば末端部の原子座標や結合距離の補正が可能となる．

中性子構造解析

　中性子構造解析はその名のとおり，X線の代わりに中性子線を利用した構造解析法である．中性子構造解析は，X線構造解析に比べると手間と時間のかかる分析法で，中性子線源となる原子炉や加速器施設は，国内はもちろん世界中にも数えるほどしかなく，必要となる単結晶の大きさもX線と比べると非常に大きい．しかし，ある種の研究目的に対して，中性子構造解析は決定的な分析手法となることから，その存在価値はきわめて大きい．本章では，中性子構造解析がどういうもので何がわかるのか，X線構造解析とどこが同じでどこが異なるのか，そして実際に中性子構造解析が必要となったときに，どのように実験を進めたらいいかについて述べたい．

　なお，第11章と第12章では，X線による粉末構造解析や薄膜試料の構造解析を扱っているが，中性子を使った粉末構造解析や薄膜構造解析も当然可能であり，強力な分析手段となると思われる．しかし現段階では発展途上にあり，本章では単結晶中性子構造解析についてのみ述べる．

10・1　中性子の特徴

　X線が電磁波なのに対し，粒子である中性子線は**物質波**として振舞い，その波長 λ は**ド・ブロイの式**（de Broglie formula）に従って，

$$\lambda = h/mv \qquad (10・1)$$

と表すことができる．ここで h はプランク定数，m は中性子の質量，v は中性子の真空中での速度である．たとえば秒速 5561 m で運動する中性子は 0.07107 nm の波長をもつため，この速度の中性子を試料結晶に照射すると Mo Kα のX線と同様な回折を起こすことになる．

　では中性子とX線による構造解析の違いとは何か．そのおもなものを以下にあげる．

① X線がおもに電子によって散乱されるのに対し，中性子はおもに原子核によって散乱される．

② 各原子核の中性子に対する散乱能は原子番号に比例せず，ほぼ同じオーダーの値をもつ．また，原子核によっては「**負の散乱能**」をもつ．
③ 中性子に対する散乱能は，同じ元素であっても**同位体**（isotope）ごとに異なる．
④ 中性子は原子核だけでなく，**磁気スピン**（不対電子）によっても散乱される．
⑤ アルミニウムやバナジウムなどの金属に対して，非常に高い透過性をもつ．
⑥ X線に比べてビームの輝度が低く，比較的大きな単結晶試料（もしくは多量の粉末試料）を要する．

これらの特徴を生かすことで中性子構造解析ではどのようなことができるのか，以下で説明していきたい．

10・1・1 原子核の観察

中性子構造解析の最も基本的な特徴は，X線がおもに電子によって散乱されるのに対して中性子は原子核によって散乱されるという点である．すなわち，X線構造解析では結晶中の電子の分布が観察されるのに対し，中性子構造解析では結晶中の原子核の分布が観察される．このため，X線構造解析では結合電子の影響で結合長が実際よりも短く観察されてしまう場合でも，中性子構造解析では原子核間の距離を正しく観察することができる．特に水素原子は電子を1個しかもたないため，C−HやO−Hといった結合では水素原子の電子が結合方向に偏り，結果としてX線構造解析では実際の結合長よりも10 pm程度短く観察される．これに対して中性子では，C−HやO−Hといった結合の距離を正しく観察できる（図10・1）．同様に三重結合（C≡C）の結合距離についても，X線では結合電子の影響で短く観察されるのに対し，中性子では原子核間の結合距離を求めることができる．後に実例で示すように，一つの試料結晶に対して中性子構造解析で原子核の位置を，X線構造解析で電子の分布をそれぞれ求めることで，結合による電子の偏りを正確に求める試みも行われている．

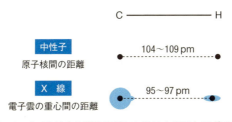

図 10・1 C−H結合の構造解析における中性子とX線の違い

10・1・2 各原子の見え方

X線は電子によって散乱されるため,電子を多くもつ重原子ほどよりはっきりと観察される.一方,先に述べたとおり中性子は原子核によって散乱されるため,中性子を多く散乱する原子核ほどはっきりと観察できる.各原子核がどれだけの中性子を散乱させるかは**中性子散乱長**(neutron scattering length)という数値で表される.中性子散乱長は長さの単位をもっており,その絶対値が大きい原子核ほど中性子構造解析では高い精度での構造決定が可能となる.

中性子散乱長は原子核の種類によって異なるが,その値は必ずしも原子番号と比例するわけではない.表10・1に一部の原子核の中性子散乱長を示す.この表からわかるように,軽元素である水素(H)原子の散乱長(の絶対値)は鉄(Fe)やコバルト(Co)や鉛(Pb)といった金属元素とほぼ同じオーダーの値をもっている.このため,たとえば金属近傍にある水素原子を観察する場合,X線では水素由来の電子が金属原子の電子に隠れてしまうために水素原子の構造パラメーターは精度,確度ともに低くなってしまうが,中性子では水素原子の構造パラメーターを金属原子と同程度の精度,確度で決定することができる.また,水素原子の占有率が1/2〜1/3程度であっても,差フーリエ合成によって水素原子由来の**原子核中性子散乱長密度**(nuclear neutron scattering length density)を観察することも十分に可能となる.このため,中性子構造解析は**ヒドリド錯体**(hydride complex)のように金属原子の近傍に水素原子が存在する系や,水素原子が乱れた構造をもつ系の構造決定において非常に強力な解析法となる.

さらに表10・1にある水素原子をはじめとする一部の原子核では,中性子散乱長

表 10・1 おもな原子の中性子散乱長

原子核	原子番号	中性子散乱長/ $(10^{-13}\,\text{cm})$
^{1}H	1	−3.74
^{2}H(D)	1	6.671
C	6	6.646
N	7	9.36
S	16	2.847
Fe	26	9.45
Co	27	2.49
Pb	82	9.405

が負の値をもつ．これは中性子が原子核によって散乱される際に位相が反転することを表したもので，フーリエ変換を行うとこれらの原子核は図10・2で示すように負の密度分布で表される．このため，水素原子をはじめとするこれら原子は他の原子との識別が非常に容易となる．なお，結晶化学において構造解析の対象となる主要な元素について，おもな核種の存在比とそれぞれの中性子散乱長およびその平均値を付録に掲載する．また，各元素，核種の中性子散乱長は**米国国立標準技術研究所**（National Institute of Standards and Technology, NIST）のウェブサイト（http://www.ncnr.nist.gov/resources/n-lengths/）に記載されているので，こちらも参照してほしい．

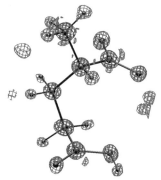

図 10・2 グルタミン酸の中性子構造解析結果 濃い青色が正，灰色が負の密度分布を示す．水素原子核が負の分布で表されていることがわかる．

10・1・3 同位体の識別

中性子散乱長は原子核の種類が異なれば同位体の間でも異なる値をもつ．このため，中性子構造解析では同位体の識別が可能となる．特に水素原子（H）とその同位体である重水素原子（D）の違いは顕著で，表10・1にあるように水素原子の散乱長が -3.74 と負の値なのに対し，重水素原子では 6.671 と正の値をもつため，中性子構造解析でHとDを識別することはきわめて容易である．後に実例で示すように，結晶中での水素移動を伴う反応に対して，特定の水素原子を重水素原子で標識化し，中性子構造解析を行うことで反応のメカニズムを探るという研究が行われている．また，DはHに比べて中性子散乱長の絶対値が大きく，観察がより容易なのに加え，Hと中性子の相互作用では干渉性のない散乱（**非干渉性散乱**）が起こって測定のバックグラウンドを上げるため，占有率の小さい水素原子を確実に観察するためや低バックグラウンドの測定を行うためにHをDで置換することも行われ

る．ただし，同じ部位に水素原子と重水素原子が混在すると負と正の散乱長同士で密度分布を打消し合い，かえって観察が難しくなってしまうので注意が必要である．

10・1・4 磁気スピンによる散乱

中性子はそれ自体がスピンをもっており，磁気スピンすなわち結晶中の不対電子によって散乱される．このため，結晶中の磁気スピンの向きが周期性をもつ場合（**強磁性，反強磁性，フェリ磁性**など）にはそれぞれの磁気スピンで散乱された中性子同士が干渉して回折現象を起こし，回折線として観察される．これを**磁気回折線**（magnetic diffraction）という．強磁性体の場合は磁気スピンの周期性が結晶格子の周期と同じであるため，磁気回折線は原子核由来の回折線である**核回折線**（nuclear diffraction）と重なって観察される．一方，反強磁性の場合は磁気スピンの周期性が格子の周期の 2 倍となるため，核回折線の間に磁気スピンのみに由来する回折線が観察される．また，入射中性子としてスピンの向きを 1 方向のみにそろえた**偏極中性子**（polarized neutron）を用いると，核回折線と磁気回折線が重なった場合でも磁気回折線の強度のみを求めることができる．磁性体の研究では中性子のこのような特徴を利用した**磁気構造解析**（magnetic structure analysis）が数多く行われている[1]．

磁気回折線は核回折線に比べて強度が小さいことが多く，また偏極中性子を生成する際にビーム強度がもとの半分未満になってしまう．そのため中性子磁気構造解析の対象は格子定数の小さい無機結晶に限られがちである．しかし，偏極中性子を用いた分子結晶の磁気構造解析では分子内の不対電子の分布が得られるため，たとえば分子性ラジカルや有機磁性体の研究においては強力な解析手法となり得るであろう．

10・1・5 高い透過性

中性子構造解析の原理とは直接関係ないが，実際に回折測定を行ううえでは非常に重要な中性子の特徴として，物質に対する大きな透過力があげられる．特に**アルミニウム**や**バナジウム**に対する透過力は大きく，可視光に対するガラス窓のように，中性子はこれらの物質を容易に透過することができる．

このため，中性子回折装置の中には試料位置も含めてダイレクトビームの経路をすべてアルミニウム製の真空タンクの中に入れることで，ダイレクトビームの空気散乱によるバックグラウンドを除いたものもある．中性子は試料位置と検出器の間

にある真空タンクの壁を透過するため,強度の測定にほとんど影響を及ぼさない.

また,中性子では試料結晶をアルミニウム製の試料セルで覆っても強度測定に大きく影響しないため,特殊な測定条件を比較的容易に実現できるという特徴がある.たとえば低温での回折測定の場合,**ギフォード・マクマホン（GM）冷凍機**（GM cryostat）のような**閉鎖系の冷凍機**（closed-cycle cryostat）を使うことで4K前後での測定を比較的簡便に行えるのに加え,**希釈冷凍機**（dilution refrigerator）を使えば100 mK前後での測定も可能である.これらの冷凍機では,アルミニウムセルの内部に試料がセットされる.X線でこのような極低温での回折測定を行う場合にはベリリウム窓をもつセルを用意する必要があるのに対し,安価で加工が容易なアルミニウムを利用できることは実験の簡便性の点で大きなメリットとなる.また,高温や高磁場,ガス雰囲気下といった**極端環境下での回折測定**もX線に比べて実現しやすい.このような極端条件下での中性子回折測定は,これまでおもに合金や金属酸化物を対象とした物性物理研究の分野で行われてきた.今後中性子構造解析がより身近になることで,これらの極端条件を利用した化学分野の実験が増えるであろう.

ただし,水はX線を容易に透過するために,試料まわりに水溶媒などがあってもあまり問題にならないが,表10・1に示すように水素の散乱能が比較的大きいために,水による中性子線の遮蔽やバックグラウンドの増加が逆に問題となる場合がある.試料結晶のマウントの際には注意が必要である.

10・1・6 中性子の強度

最後にネガティブな特徴をあげることになってしまうが,中性子回折測定に用いられる**中性子の輝度**はX線に比べて何桁も小さい.たとえば放射光施設の単結晶X線回折装置ではビームの輝度がフォトン数で1秒当たり10^{10}〜10^{15} mm^{-2} なのに対し,単結晶中性子回折装置の場合は最新のものでも1秒当たりの中性子数は10^{6} mm^{-2} 程度しかない.この強度差を補うために,単結晶中性子回折測定は必然的に大きな単結晶試料と長時間のマシンタイムを必要とし,特に前者は中性子構造解析の敷居を非常に高くしている.一昔前のように一辺が2〜3 mmの単結晶を必要としたころと比べると,現在の回折装置で必要な結晶のサイズは一辺が1 mm程度,体積で1 mm^3 程度にはなっており,最近では一辺が0.5 mm弱,体積で0.1 mm^3 という単結晶試料の回折測定も日本やフランスなどの中性子施設で試みられている.しかし,実験室系でも一辺がµmサイズの単結晶構造解析が可能なX線に比べる

と，中性子用の結晶ははるかに大きく，その分，試料調製が難しい．大きな単結晶を調製するためのコツは，①溶質の純度をできるだけ高めること，②傷のないガラス容器から再結晶させること，③大きな容器で多量の溶液から再結晶を行うこと，④種結晶を成長させること，などさまざまな方法があるが，大きな結晶を確実に調製する方法は残念ながら存在しない．研究内容によっては結晶が大きくなりやすい誘導体の調製も検討する価値がある．

10・2　中性子の発生

現在，中性子構造解析実験が可能となるような中性子発生源としては，**原子炉**（reactor）と**陽子加速器**（proton accelerator）があげられる．それぞれの中性子発生メカニズムについての詳細はここでは省くが，前者はウランを燃料とした核分裂反応によって生成する中性子を利用する．原子炉の中心（炉心）で生成した中性子はそのままではエネルギーが高すぎる（波長が短すぎる）ため，炉心周辺に配置された**減速材**（moderator）を通すことでエネルギーを落とし（減速し），実験に用いる．このとき用いる減速材の種類（重水，メタンなど）と温度によって，取出される中性子の波長分布が異なる．波長の短いものは**熱中性子**（thermal neutron），長いものは**冷中性子**（cold neutron）とよばれる．日本国内では茨城県東海村の**日本原子力研究開発機構**に **JRR-3**（Japan Research Reactor-3）という出力 20 MW の研究用原子炉があり，複数の単結晶および粉末中性子回折装置が設置されている．原子炉では実験室系の X 線発生装置と同様，運転中にメインシャッターを開けると常に中性子が出てくるため，**定常中性子線源**（steady neutron source）ともよばれている．

一方，後者の陽子加速器は，光速近くまで加速した陽子を金属標的と衝突させ，陽子との衝突によって標的の原子核が壊れることで起こる**核破砕反応**（nuclear spallation reaction）によって中性子を発生させる．これらの中性子線源は陽子が標的の金属と衝突したときにだけパルス状に中性子が発生するため，前述の定常中性子線源に対応して**パルス中性子線源**（pulsed neutron source）とよばれている．金属標的で発生した中性子はやはり減速材で減速してから実験に用いられる．減速材の種類や温度によって波長分布が決まるのは定常中性子線源と同じだが，加えて減速材はその構造によって，**結合型**（coupled moderator），**非結合型**（decoupled moderator），**ポイズンド非結合型**（poisoned decoupled moderator）に分類され，それぞれ取出される中性子のパルス幅およびパルス強度が異なる．結合型はパルス

の幅が広くかつ非対称だが特に長波長領域で強度が大きく，大強度を必要とする装置に用いられる．逆にポイズンド非結合型は，強度は小さいがパルス幅が狭くかつ対称性が高いため，高分解能を必要とする装置に用いられる．非結合型は両者の中間にあたる．国内では **J-PARC**（Japan Proton Accelerator Research Complex, 大強度陽子加速器施設，茨城県東海村）の**物質・生命科学実験施設**（MLF）に1 MW 級のパルス中性子線源が実用化されており，欧州では出力5 MW のパルス中性子線源をもつ**欧州核破砕中性子源施設**（European Spallation Source, ESS）の建設が進行している．表10・2と表10・3に世界のおもな定常中性子線源のおよびパルス中性子線源の一覧を示す．

表 10・2 稼働中の世界のおもな定常中性子線源（研究用原子炉）

中性子源（国）	研究機関	熱出力/MW	炉心の熱中性子束/$(n/cm^2/s)$	完成年
JRR-3（日本）	日本原子力研究開発機構（JAEA）	20	3×10^{14}	1963 年 1990 年改造
HFIR（米国）	オークリッジ国立研究所（ORNL）	85	2.1×10^{15}	1967 年
HFR（フランス）	ラウエ・ランジュバン研究所（ILL）	58	1.5×10^{15}	1972 年 1993 年改造
HANARO（韓国）	韓国原子力研究所（KAERI）	30	2×10^{14}	1997 年
FMR II（ドイツ）	ミュンヘン工科大学	20	8×10^{14}	2004 年
OPAL（オーストラリア）	オーストラリア原子力研究機構（ANSTO）	20	4×10^{14}	2006 年

表 10・3 稼働中の世界のおもなパルス中性子線源

中性子源（国）	研究機関	陽子ビーム出力/kW	積分速中性子数/(n/s)	完成年
LANSCE（米国）	ロスアラモス国立研究所（LANL）	56	206.7×10^{15}	1983 年
ISIS TS1（英国）	ラザフォード・アップルトン研究所（RAL）	160	501.8×10^{16}	1985 年
SNS（米国）	オークリッジ国立研究所（ORNL）	1400	601.8×10^{17}	2006 年
MLF（日本）	J-PARC	1000（予定）	251.25×10^{17}	2008 年

10・3 中性子回折装置

普段からX線回折装置を使っている研究者が原子炉や加速器に設置された中性子施設を訪れると，多くの人は中性子回折装置の大きさやその面妖な形に驚き，中性子構造解析は慣れ親しんだX線構造解析とは何から何まで違うのではないかという印象をもってしまう．実際，中性子回折装置はほとんどが人の背丈ほどの大きさで，パルス中性子施設ではさらに回折装置本体が巨大な実験ハッチにおさめられている．これは中性子用検出器のサイズ，ビーム径，冷凍機などの試料環境機器のサイズ，そして何より，実験者を放射線被曝から護るための遮蔽体のサイズによるものである（中性子は透過能が高いのに加え，特にパルス中性子源では中性子のピーク強度が大きいことから，装置まわりの遮蔽は不可欠である）．しかし，中性子構造解析は線源として中性子を用いているというだけで回折原理としてはX線構造解析と同じであり，したがって試料結晶をマウントするゴニオメーターの周囲を検出器で取囲むという回折装置の基本的な構造もX線と同じである．

10・3・1 原子炉施設における中性子回折装置

中性子構造解析では，**中性子イメージングプレート**（neutron imaging plate, NIP）[2] が開発されて以降，原子炉に設置される単結晶中性子回折装置としてはNIPをはじめとした大面積二次元検出器を使った装置が主流となっている．また，これらの回折装置の中には単色中性子を使うものだけではなく，白色中性子を使うものもある．一方，4軸型回折装置は，測定時間はかかるものの低バックグラウンドで精度の高い反射強度の測定ができるという特徴を生かして，比較的格子定数の小さい試料の構造解析や，試料の相転移に伴う特定の回折線の強度変化の追跡といった研究に活用されている．ここでは，単色および白色中性子を使った二次元検出器型中性子回折装置に加え，4軸型中性子回折装置について述べる．

■ **二次元検出器型回折装置（単色中性子）**　先にも述べたように，現在の中性子線源から得られる中性子ビームの輝度はX線と比べて非常に小さいので，複数の回折線を一度に測定することができる二次元検出器の開発が1990年代はじめから世界各地で進められてきた．その中で単結晶回折装置に適した大面積二次元検出器として最初に実用化されたのが，当時の日本原子力研究所と富士フイルムによって共同開発されたNIPである．NIPはX線用のIPに中性子をγ線に変換するコンバーター（ガドリニウムなど）を混ぜたもので，中性子が当たるとコンバーターに

よってγ線が発生し，これが IP に記録される．通常の IP 同様，大面積かつ高い空間分解能を実現できる．1999 年には NIP を使った**単結晶中性子回折装置 BIX-3**[3]が JRR-3 の炉室に設置された．BIX-3 はタンパク質や DNA といった生体高分子の中性子構造解析を主目的としてつくられた回折装置であるが，有機金属錯体の構造解析といった化学分野の研究にも用いられ，いくつもの成果を出している．

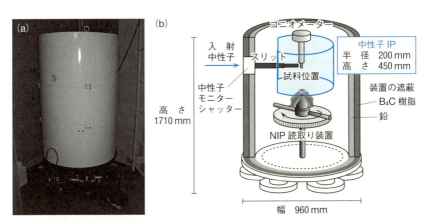

図 10・3 JRR-3 原子炉に設置された単結晶中性子回折装置 BIX-3 の写真 (a) および模式図 (b)

図 10・3 に BIX-3 の写真および構造の概略図を示す．BIX-3 本体の外見は人の背丈ほどの円筒形で，外側は隣接するビームラインからの中性子線やγ線によるバックグラウンドの増加を防ぐために遮蔽体で覆われている．BIX-3 は JRR-3 の 1G ポートに設置されており，ポートのメインシャッターから取出された白色中性子は直下にあるモノクロメーターによって単色化され，フライトチューブを通って BIX-3 本体へと導かれる．モノクロメーターとしては Si(111) 面もしくは Si(311) 面を選択することができ，Si(111) 面を使うとおもに生体高分子の構造解析に用いられる 0.29 nm の中性子を，Si(311) 面を使うと有機，有機金属結晶の構造解析用の 0.151 nm の中性子をそれぞれ取出すことができる．単色化された後，フライトチューブを通ってきた中性子は LiF 製のコリメーターで径 5 mm に整形され，試料に照射される．

BIX-3 では通常の測定で 2 mm 角程度の単結晶を用いる．試料結晶はアルミニウムの棒の先端にエポキシ樹脂接着剤などで固定し，専用のゴニオメーターの先端に

取付けてから,ゴニオメーターごと本体の上から吊り下げる.これは本体の側面がすべて遮蔽体で覆われており,本体上部からしか試料位置にアクセスできないためである.回折測定はX線回折装置同様,$\Delta\omega \fallingdotseq 1°$程度の振動回転法で行う.露光時間は試料のサイズや格子定数,結晶性に大きく依存するが,典型的な有機結晶の測定では振動写真1枚当たり20〜60分程度露光する.なお,BIX-3用のゴニオメーターはω軸のみの1軸型ゴニオメーターであるため,対称性の低い試料で独立な逆空間をすべてスキャンするには測定途中でいったん結晶をゴニオメーターごと取出し,アルミニウムの棒をペンチで曲げて結晶の方位を変える必要がある.一つの試料の測定では450〜600枚程度の振動写真を測定する必要があり,全測定時間は1試料当たり5〜10日程度となる.試料環境については室温に加え,近年**窒素ガス吹付け型低温装置**(nitrogen gas flow cryostat)を組込んだゴニオメーターが開発され,100K付近の温度での回折測定も可能となった.図10・4にBIX-3で得られた回折像の例を示す.

図 10・4 BIX-3で測定された有機金属錯体結晶の回折像

得られた回折像から構造解析に必要な回折強度データを抽出する.そのデータ処理ソフトウェアとして,**DENZO**[4]を使っている.これは放射光施設の単結晶X線回折装置で多く使われている**HKL-2000**[4]の一世代前のバージョンで,コマンド形式のユーザーインターフェースではあるが,HKL-2000の機能の多くをもっている.データ処理の内容については,中性子は物質波であるためX線回折で必要な偏光因子の補正が不必要だが,それ以外についてはX線の場合とほぼ同じである.

■ **二次元検出器型回折装置（白色中性子）**　ほとんどのX線構造解析では単色X線が用いられるが，中性子構造解析では中性子ビームの輝度の小ささを補って現実的な時間内での回折測定を実現するため，おもに海外の原子炉施設でラウエ法，すなわち白色中性子を採用した二次元検出器型回折装置が設置されている．

ラウエ法を採用した中性子回折装置としては，ラウエの名を冠したフランスのラウエ・ランジュバン研究所（ILL）において1990年代なかばに**生体高分子用単結晶回折装置 LADI**[5]が開発された．LADI は BIX-3 同様に試料位置のまわりを円筒形状の大面積 NIP で囲んだ形状の回折装置で，入射ビームとしては中性子フィルターで取出した白色中性子を使っていた．その後，ILL では LADI の後継機として生体高分子用の **LADI-Ⅲ**[6]を開発するとともに，有機，無機結晶用としても同じくラウエ法と大面積 NIP を採用した回折装置 **VIVALDI**[7]を設置している．また，VIVALDI と同型の回折装置はオーストラリアの OPAL や米国の HFIR にも輸出され，ラウエ法の回折計として稼働している．入射中性子の波長は LADI-Ⅲ では $0.3\,\mathrm{nm} < \lambda < 0.4\,\mathrm{nm}$ であり，VIVALDI では $0.08\,\mathrm{nm} < \lambda < 0.3\,\mathrm{nm}$ と $0.3\,\mathrm{nm} < \lambda < 0.45\,\mathrm{nm}$ を選択して使うことができる．

LADI-Ⅲ や VIVALDI でも BIX-3 と同様に専用ゴニオメーターに取付けた試料結晶を回折装置上部から吊り下げて中性子ビームを照射し，回折測定を行う．白色中性子を使っているので1回の露光でスキャンできる逆格子の体積が大きい．そのため，1試料当たりに必要となるラウエ写真の枚数は10枚程度と，単色中性子を使う場合に比べて少なくなる．測定したラウエ写真からは，データ処理用に開発された専用ソフトウェアを用いて各回折線の強度データが抽出される．

■ **4軸型回折装置**　4軸型回折装置は定常中性子線源における基本的な単結晶回折測定のための装置として，現在でもさまざまな研究に用いられており，日本国内でも JRR-3 に **FONDER**[8]という回折装置が設置されている．測定方法はX線の4軸型回折装置と基本的には変わらない．二次元検出器を使った回折装置と異なり，検出器直前のスリットを回折強度の S/N 比（シグナル/ノイズ比）が最高となるよう調整できるのに加え，回折線ごとに測定時間を調整できるため，測定時間は長くなるもののそれぞれの回折強度を非常に高い精度で測定することが可能となる．FONDER の場合，標準結晶として使われている NaCl の構造解析では $R = 0.68\%$ と，1%を切る信頼度因子（R因子）が得られている．このため，FONDER のような4軸型回折装置は，比較的格子体積が小さく独立な回折線が少ない結晶の構造解

析に用いられている．また，構造相転移や磁気相転移に伴う特定の回折線のわずかな強度変化を追跡するうえでも，特定の回折線を狙って測定できる4軸型回折装置の利用は非常に有効である．

10・3・2　加速器施設における中性子回折装置

■ **測定原理**　先に述べた原子炉，すなわち定常中性子線源での単結晶回折測定は，線源が異なる以外は単結晶X線回折測定とそれほど変わらない．一方，加速器施設のようなパルス中性子線源を使う場合には**飛行時間**（time-of-flight，TOF）**法**とよばれる測定方法を用いるため，X線はもちろん定常中性子線源の経験者であっても，パルス中性子線源を使ううえで最初にTOF法の測定原理を理解する必要がある．

TOF法とは，中性子では波長が異なると速度も異なることを利用した測定法である．中性子の波長 λ は中性子の速度 v に反比例するため，たとえば 0.1 nm 波長の中性子は 1 m 進むのに 253 µs かかるのに対し，0.2 nm 波長の中性子は2倍の 506 µs を要する．したがって線源から出る白色中性子のうち，波長の短い中性子は早く検出器に到達し，波長の長い中性子は到達が遅くなる．TOF法とは，中性子が線源を出てから回折装置の検出器に到達するまでに要した時間を測定することで，モノクロメーターによる単色化を使うことなく検出された中性子を波長ごとに識別するという実験手法である．TOF法は中性子が発生した時間を特定できるパルス中性子線源だからこそ可能な手法である．

パルス中性子線源での回折測定では，通常は白色中性子を用いたラウエ法にTOF法を組合わせて行う．その測定原理について，以下にエワルド球を水平面内に投影した図 10・5 を使って説明する．図 10・5 (a) に逆格子と入射中性子，入射白色中性子の λ_{max}（内側の円）と λ_{min}（外側の円）に対応したエワルド球，そしてそれぞれのエワルド球における結晶の位置（$C_{\lambda_{max}}$, $C_{\lambda_{min}}$）を示す．このとき，二つの円の間の白色の領域にある逆格子点がエワルドの回折条件を満たす．ここで $2\theta = \alpha$ の場所に置かれた検出器でスキャンできる逆空間を考えると，図 10・5 (b) で $A_{\lambda_{max}}$ および $A_{\lambda_{min}}$ で示す点がそれぞれ波長 λ_{max}, λ_{min} における逆空間上の検出器の位置となり，入射中性子の波長が $\lambda_{max} > \lambda > \lambda_{min}$ においてはこの検出器は線分 $A_{\lambda_{max}}A_{\lambda_{min}}$ 上をスキャンすることになる．定常中性子を用いた通常のラウエ法であれば，線分 $A_{\lambda_{max}}A_{\lambda_{min}}$ 上に存在する逆格子点は $2\theta = \alpha$ の検出器上で重なって観測されてしまい，個別の回折線の強度を測定することはできない．しかし，ここでパ

ルス中性子が発生してから検出器に到達するまでの時間 t でピクセル X 上のデータを並べると，中性子の波長によって t が異なるために図 10・5 (c) で記したように別々の回折線として観察でき，それぞれの強度を正確に測定することが可能となる．さらに，たとえば 2θ が 45° から 135° の領域を検出器で覆った場合には，図 10・5 (d) の青色の領域に含まれる回折線の強度を一度に測定することができる．このように TOF 法とラウエ法を組合わせた測定法は **TOF ラウエ法**（TOF Laue method）あるいは **time-sorted ラウエ法**（time-sorted Laue method）とよばれ，一度に広い逆空間を一気に測定できるラウエ法の利点とそれぞれの回折強度を正確に測定できる単色法の利点を併せもつ測定法といえる．

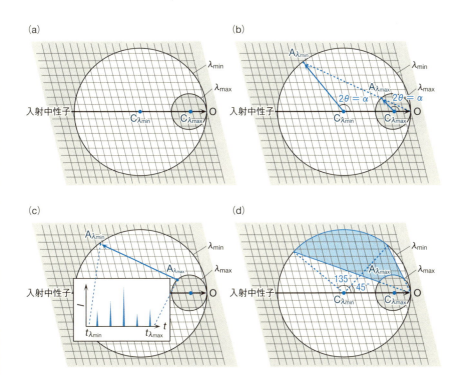

図 10・5　TOF ラウエ法の測定原理　(a) 入射中性子の長波長端 λ_{max} と短波長端 λ_{min} に相当するエワルド球の間の逆格子点が回折条件を満たす．(b) $2\theta = \alpha$ の位置に 0 次元検出器を置いた場合の測定範囲（線分 $A_{\lambda_{max}} A_{\lambda_{min}}$ 上）．(c) 線分 $A_{\lambda_{max}} A_{\lambda_{min}}$ 上を時間 t で並べたときの各ブラッグ回折線の見え方．(d) $2\theta = 45 \sim 135°$ の領域に検出器を並べた場合に 1 度にスキャンできる逆空間（青枠内）．

■ **検出器**　TOF 法を実現するためには中性子が発生してから到達するまでの時間を測定できる検出器，すなわち時間分解能をもつ検出器が必要不可欠となる．TOF ラウエ法で十分な波長識別能を得るためには μ 秒単位の時間分解能をもつ検出器が必要であり，数分あるいは数秒の読み取り時間を要する IP や CCD を使うことはできない．そのためパルス中性子実験施設ではおもに ^{3}He ガス検出器あるいはシンチレーション検出器が用いられており，単結晶回折装置では広い検出面積と細かなピクセルサイズを両立させた**シンチレーション二次元中性子検出器**（scintillation type 2D neutron detector）がおもに用いられている．

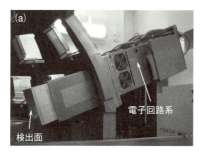

図 10・6　パルス中性子施設 **J-PARC** で用いられているシンチレーション二次元検出器　(a) iBIX 用，(b) SENJU 用．

シンチレーション二次元中性子検出器は，用途がほぼパルス中性子線源に限られるために，それぞれのパルス中性子実験施設で独自のものを開発しており，日本の J-PARC では**波長シフトファイバー**（wavelength shifting fiber，WLSF）を用いた方式を開発した[9]．図 10・6 に J-PARC の単結晶回折装置で実際に使われている二次元検出器を示す．これらの検出器では，検出面で中性子を可視光に変換する板状のシンチレーターがあり，その裏側に XY グリッド状の WLSF とその先につながった光電子増倍管（PMT），さらには PMT からの信号を処理する回路系が取付けられている．シンチレーターに中性子が当たると可視光が発生し，グリッド状に配置された WLSF の側面に入射する．WLSF は蛍光物質を混ぜ込んだ光ファイバーで，側面から光が入ることによってファイバー内で発生した蛍光が PMT へと伝達される．PMT で X 方向と Y 方向のどの WLSF が同時に光ったかを識別することで，シンチレーターのどの点に中性子が当たったかを検出するという仕組みである．検出面に入射した中性子を即座に検出できるため，TOF 法に必要な時間分解

が可能となる．WLSF 型のシンチレーション二次元検出器ではパルス中性子が発生してから検出器に到達するまでの時間を 1μ 秒単位で計測することが可能である．

WLSF 型を含め，シンチレーション二次元検出器は NIP にように大面積のものをつくることが技術的に難しい．このため，複数の検出器を並べることで広い検出面を実現している．J-PARC の回折装置の場合，iBIX では 13 cm × 13 cm の検出器を 30 台，SENJU では 26 cm × 26 cm の検出器を 37 台，それぞれ使用している．

■ **回折装置 iBIX および SENJU**　パルス中性子線源に設置された単結晶中性子回折装置は，中性子線源から回折測定に必要な中性子を切り出して試料位置まで輸送する中性子光学系と，試料をマウントするゴニオメーターおよびその周囲を上述の時間分解能付き二次元検出器で取囲んだ回折装置本体から構成される．中性子光学系は測定に必要な波長の中性子だけを切り出す**チョッパー**（chopper）という装置に加え，中性子を集光するための**スーパーミラー**（super mirror），中性子ビームを整形するための**可変スリット**（variable slit）などで構成され，回折実験に最適な中性子ビームを得られるよう回折装置ごとにさまざまな工夫がなされているが，実験の際にその構成を考える機会は多くない．一方，回折装置本体はどのような試料をおもな測定対象にするかによって試料位置周辺の構造が回折装置ごとに大きく異なり，実験の組立てにも大きく関わってくる．ここでは例として J-PARC/MLF に設置された **iBIX**[10] と **SENJU**[11] の 2 台の単結晶中性子回折装置を説明する．

図 10・7 に iBIX と SENJU の写真を示す．iBIX は 2008 年に稼働を開始した回折装置で，おもにタンパク質をはじめとした生体高分子の構造解析を目的としている．結合型減速材からの中性子を利用しており，特に波長の長い（$\lambda > 0.2$ nm）中性子の強度が大きい．また，実験室系の X 線回折装置と同様に試料位置に直接手が届くのに加えて窒素ガス吹付け型低温装置を備えているため，タンパク質のようなデリケートな単結晶試料でも比較的簡便に試料位置にセットすることができる．一方の SENJU は 2012 年に稼働を開始し，おもに物性物理分野における無機結晶の構造解析を目的としている．ポイズンド非結合型減速材からの中性子を利用するために観察される回折線がシャープであり，ブラッグ回折線だけでなくその近傍の弱い衛星回折線や散漫散乱の測定も可能である．また，波長の短い（$\lambda < 0.1$ nm）中性子も有効に使うことができる．試料を真空槽の中に入れて測定するため試料のセットに手間と時間がかかるが，空気散乱がないため低バックグラウンドの測定が

可能であり,さらに真空槽に極低温装置や高磁場装置などさまざまな大型の試料環境デバイスを組込める.このように同じ単結晶回折装置であっても装置の特徴は大きく異なる.化学分野における有機結晶の構造解析はiBIXとSENJUのいずれでも行うことができるが,試料の性質や実験の条件に適した回折装置を選ぶことが必要である.

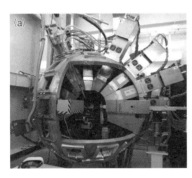

図 10・7 J-PARC に設置された 2 台の単結晶中性子回折装置 (a) iBIX (生物・化学研究用), (b) SENJU (物理・化学研究用).

iBIX および SENJU での測定では,通常 1 mm 角程度の単結晶試料が用いられる.iBIX の場合は X 線回折測定用のゴニオメーターに試料をマウントし,手で直接試料位置にセットしてからセンタリングを行う.一方,SENJU の場合は回折装置の脇にある専用の架台でゴニオメーター,あるいは冷凍機に試料をマウントしてセンタリングを行い,その後ゴニオメーターや冷凍機ごと試料を簡易クレーンで真空槽内へと移動させる.試料をセットした後,真空槽内をポンプで真空にひく.

試料をセットした後は必要に応じて測定温度の設定を行う.iBIX では X 線でも頻繁に使われる窒素ガス吹付け型低温装置を用いて,1 時間程度で 100 K 前後まで冷却できる.一方,SENJU は閉鎖系の冷凍機を使う.この場合,室温から 100 K までは 4 時間程度,4 K までは 6 時間程度を要する.SENJU のこの他の試料環境デバイスでも設定した測定条件に到達するまでに数時間を要するものは少なくない.

回折測定では結晶を静止させて中性子に 1〜10 時間程度露光し,露光が終わったらゴニオメーターで結晶の方位を変えてまた露光するということを繰返す.1 試料当たりで測定する方位の数は結晶の対称性に大きく左右されるが,おおよそ 5〜20 方位となる.入射中性子の波長や強度の関係上,iBIX では 1 方位当たりの露光時

間が短いが測定する方位の数が多い傾向があるのに対し，SENJU では 1 方位当たりの露光時間は長いが方位の数は少ない傾向がある．図 10・8 に SENJU で得られた回折データの例を示す．

図 10・8 SENJU で測定されたルビー単結晶の回折像 SENJU に設置された 37 台分の二次元検出器のデータを平面上に展開したもの〔提供: 著者 (大原高志)〕．

パルス中性子線源における回折データは空間方向の X 軸，Y 軸に加えて時間方向の t 軸の座標をもつ三次元データとなる．したがって X 線や定常中性子のためのデータ処理ソフトウェアをそのまま使うことができない．各パルス中性子施設ではそれぞれ独自に開発したデータ処理ソフトウェアを用い，回折データから各回折線の指数と回折強度を抽出する．iBIX および SENJU では **STARGazer**[12] という独自に開発したデータ処理ソフトウェアを用いている．

10・4　中性子構造解析による構造決定

10・4・1　一般的な構造精密化

単結晶中性子回折測定によって各回折線の指数とその強度データが得られたら，X 線同様に構造解析を行うことができる (第 7, 8 章)．X 線の場合は最初に直接法による初期構造の決定を行い，つづいて構造精密化というのが一般的だが，中性子の場合は初期構造として X 線構造解析で得られた構造を用いることがほとんどである．これは，中性子構造解析の対象となる試料はほとんどの場合 X 線構造解析がすでに行われているのに加え，中性子では直接法を使うことができないためである．直接法は電子密度が常に正の値をもつことを前提としているが，中性子の場合は水素原子をはじめとして原子核散乱長密度が負の値となる原子があるため，直接法の前提条件が成立しない．

構造精密化は X 線同様に **SHELXL**[13] や **GSAS**[14]，**JANA2006**[15] といった構造

精密化ソフトウェアを使って行うことができる．分子結晶の構造精密化で一般的に用いられている SHELXL で中性子回折のデータを扱う際には，図 10・9 (a) で示すように入力ファイル (*filename*.ins) の SFAC コマンドおよび FMAP コマンドを変更すればよい．SFAC は各原子の散乱因子 (中性子の場合は散乱長) を指定する命令で，X 線の場合はすでに値がプログラム内に入っているが，中性子の場合は図のように「International Tables for Crystallography」Vol. C, Table 4.4.4.1 に記載された値を入力する必要がある．また，FMAP コマンドも図のように入力することで，差フーリエ合成の際に負のピークも探し出してくれる．なお，2013 年の SHELXL のアップデートで新たに NEUT コマンドが設定され，これを図 10・9 (b) のように SFAC コマンドの前に入れるだけで散乱長を指定しなくても中性子構造解析に対応できるようになった．現行の SHELXL ではどちらの書式も使うことができる (8・3・5 節も参照)．

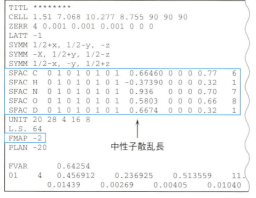
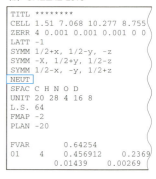

図 10・9　中性子構造解析を行う際の SHELXL 入力ファイルの例
(a) SHELXL-97, (b) SHELXL-2013.

これらの設定を行ったら，X 線同様に各原子の座標および温度因子の精密化を行う．ここでの注意点は水素原子の取扱いである．中性子では水素原子の散乱長も非水素原子と同程度のため，水素原子の座標については特に束縛をかけずに精密化することができ，加えて温度因子も異方性温度パラメーターで精密化を行う．結晶中の水素原子の振動は非水素原子に比べて大きいため，等方性温度パラメーターでの精密化では R 因子を十分に下げることができない．また，水素原子も異方性温度

パラメーターで精密化を行うため，X 線に比べて精密化の対象となるパラメーターの数が多くなる．したがって回折測定の際には可能な限り高角の回折線，できれば面間距離が 0.07 nm（Mo Kα 線で $2\theta \fallingdotseq 60°$ 相当）の回折線まで測定するのが望ましい．

結晶の外形が平板状や針状の場合は，中性子でも結晶による**吸収補正**を行う必要がある．単色中性子を用いた構造解析では，吸収補正は X 線同様に結晶の外形を使って行うか，あるいは等価回折線の強度が同じになるような経験的手法によって行う．前者の場合は各原子の結晶の**吸収係数** μ を以下の式に従って計算する．

$$\mu = Z \cdot \sum (\sigma_{\text{scat}} + \sigma_{\text{abs}})/V \qquad (10 \cdot 2)$$

ここで，Z は単位胞中の分子数，V は単位胞の体積を表し，$\sum$ は分子中の全原子での和を表す．σ_{scat} および σ_{abs} は各原子による中性子の**全散乱断面積**および**吸収断面積**である．これらの値は中性子散乱長と同様に，付録に記載した．また，前述の NIST のウェブサイト（http://www.ncnr.nist.gov/resources/n-lengths/）にも記載されている．一方，白色中性子を用いた構造解析では，単色中性子を前提としている**経験的吸収補正法**は使えない．このため，吸収補正を行う場合は**結晶外形による補正**が必要となる．なお，元素の中にはホウ素のように σ_{abs} がきわめて大きいものがある．このような元素を多く含む結晶の中性子回折測定では，たとえば ^{11}B のように σ_{abs} の小さい同位体を用いることで，吸収の問題を回避できる．

また，特に結晶が大きい場合や結晶のモザイク性が小さい場合には，X 線同様に**消衰効果の補正**を行う必要がある．単色中性子の場合は X 線と同様に行えるが，白色中性子の場合は補正式が単色の場合と異なるため，注意が必要である．残念ながら分子結晶の構造精密化で多く用いられる SHELXL には現段階で白色中性子の消衰効果補正式が組込まれていない．そのため補正を行う段階で GSAS あるいは JANA2006 を使う必要がある．

以上の精密化によって得られる最終的な R 因子〔$I > 2\sigma(I)$〕は 3～10％程度が目安となる．単色中性子を用いた構造解析に比べ，白色中性子を用いた場合は波長間の正確な補正が難しいのに加えて入射強度の小さい波長領域の統計に引きずられるため，最終的な R 因子は数％程度大きな値となる傾向がある．

10・4・2　十分な数の回折強度データが得られない場合の構造精密化

中性子は X 線に比べてビーム強度が小さいために大きな試料結晶を必要とする．しかし，mm 単位の単結晶試料の調製は難しく，必ずしも十分な大きさではない単

結晶試料で回折測定を行うことも少なくない．このような場合，割り当てられた測定時間では構造精密化に十分な数の回折強度が得られない．また，結晶のサイズが十分であっても，特に水素原子の熱振動が大きい場合には結晶全体の**温度因子**が大きくなり，結果として高角側の回折線がほとんど観察されず，そのために十分な数のブラッグ回折線が得られない．中性子の場合は事前に許可されたマシンタイムの中で測定を終わらせねばならず，仮に再測定ができたとしても半年，あるいは1年以上先になってしまう．そのため，たとえ測定できた回折線の数が不十分であっても，得られた回折データで構造精密化を行わねばならない．このような場合，さまざまな束縛条件を使って精密化パラメーターの数を減らすことが必要である．

　パラメーターの数を減らすために行われるのが，非水素原子の座標にX線構造解析の結果を使うことである．分子結晶の中性子構造解析は分子中の水素原子を観察するために行うことが多いが，分子中の非水素原子の構造についてはX線構造解析によって高い精度で求められていることがほとんどである．そこで，X線で求められた非水素原子の構造については"rigid body"として束縛条件をかけ，水素原子の構造についてのみ中性子回折データを使って精密化する．こうすることで全体のパラメーター数を減らすことができる．しかし，X線構造解析によって得られた非水素原子の構造は，結合電子の影響で本来の原子核の位置からわずかにずれている可能性がある．この差をなるべく小さくするため，結合電子の影響が小さいX線回折データの高角側（2θ が 35〜40°以上の回折データ）のみを使った構造精密化によって得られた非水素原子の構造を用いることが望ましい．また，温度因子についてもX線が電子分布の広がりなのに対して中性子が原子核分布の広がりを見ていることになる．したがって，回折線の数に余裕があれば中性子での精密化の際にも非水素原子の温度因子は精密化を行うことが必要である．このようにX線と中性子の両方の回折データを構造解析に用いる際には，X線と中性子では観察しているものが違う，すなわちX線では電子の分布を観察しているのに対して中性子では原子核の分布を観察しているということを常に意識しなければならない．

　試料結晶の大きさや品質によっては，上述のような構造精密化も難しいような数の回折線しか測定できないこともある．このような場合は水素原子の構造についてもさまざまな**束縛条件**をかけて構造精密化を行うことになる．ここでどのような束縛をかけるかについては，中性子構造解析によって何を知りたいかによって千差万別である．そのため，どのように精密化を進めればよいかについて，実験に協力した中性子回折装置の担当者と相談することも必要である．

10・5 単結晶中性子構造解析を用いた研究例

ここでは，中性子の特徴がよくわかる研究例を三つ示す．

10・5・1 ヒドリド錯体の構造解析

水素原子の観察が容易な中性子構造解析は，金属原子に水素原子が直接結合したヒドリド錯体の構造を調べる決定的な手法となる．なかでもその威力を如実に表す研究例はジルコニウム（Zr）二核ヒドリド錯体の構造解析である．この錯体は 2 個の Zr 原子の間に窒素原子 2 個と水素原子 2 個が挟まれた構造をもっている．この錯体の類似体が窒素分子をアミノ化する触媒として知られていることから，この Zr 二核ヒドリド錯体は**触媒反応**における**中間体のモデル化合物**としてその構造が注目されていた．単結晶 X 線構造解析から図 10・10 (a) の構造が報告されたが[16]，この構造では固体 NMR のピークを説明できないなどの問題が指摘された．

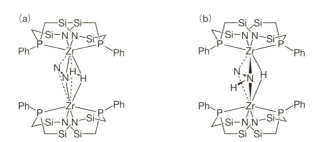

図 10・10　H. Basch らにより中性子構造解析が行われた Zr 二核ヒドリド錯体
X 線構造解析から (a) の構造が提唱されたが，その後の中性子構造解析で (b) が正しい構造であることが示された．

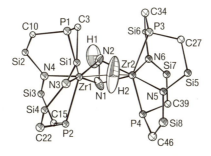

図 10・11　中性子構造解析で得られた Zr 二核ヒドリド錯体の ORTEP 図　2 個の Zr 原子を架橋する水素原子の温度因子を示す楕円体が Zr−Zr と垂直方向に伸びており，この方向に大きく振動していると推測される（文献 17 を参考に作成）．

そこで報告された構造を確認するため,単結晶中性子構造解析が行われた.その結果,先にX線で決められたものとは異なり,図10・10(b)に示すように2個の水素原子のうち1個はZr原子と結合せずにN原子と直接結合していることが明らかとなった[17].この中性子構造解析ではZr近傍の水素原子も異方性温度因子で精密化されており,図10・11にあるように1個の水素原子がZr-Zrと垂直な方向に大きく振動していた.X線構造解析ではこの大きく振動した1個の水素原子を2個の水素原子と誤認したものと思われる.

このように金属原子に結合した水素原子は炭素原子に結合した水素原子と異なり,非水素原子の構造からその位置を推測することが難しいことが多い.このような系でX線構造解析を行うと,上述のような間違った構造モデルを導きだしてしまうため,中性子構造解析で確かめるのは必須である.

10・5・2 分子内水素結合の構造研究

次の例はX線構造解析によって分子内の電子の分布を,中性子構造解析によって原子核の分布を観察することで水素結合中に存在する分極を観測し,物性との関わりを解明しようという試みである.5-メチル-9-ヒドロキシフェナレノン(図10・12)は三つの芳香環からなる分子骨格をもち,その分子骨格内に完全に孤立した分子内水素結合をもっている.この物質の結晶は42Kで**分子内水素結合**に起因すると思われる**常誘電-反強誘電構造相転移**を示すことから,水素結合部位の構造

図 10・12 5-メチル-9-ヒドロキシフェナレノン

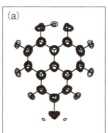
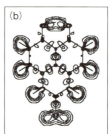
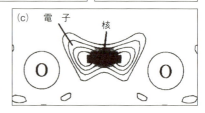

図 10・13 (a) 室温における5-メチル-9-ヒドロキシフェナレノンの中性子構造解析による原子核中性子散乱長密度,(b) X線構造解析による差電子密度,(c) 水素結合部位について両者を拡大して重ねた図〔鬼柳亮嗣ほか,日本結晶学会誌,**49**, 107-114 (2007) より抜粋〕.

を調べるために X 線および中性子による構造解析が行われた.図 10・13 に室温で測定した高温相の中性子構造解析結果（原子核中性子散乱長密度）および X 線構造解析結果（非水素原子の電子密度を差引いた差電子密度分布）と，両者の水素結合部位の拡大図を示す.中性子および X 線の両方で水素原子由来の密度分布を確認することができるが，水素結合部位に注目すると水素原子由来の密度分布が両者の間で大きく異なることがわかる.これは水素結合部位における水素原子の原子核の位置と電子雲の分布が大きく異なることを示している.そのためにこの水素原子は電子的に大きく分極しており，高温相における誘電応答の原因となっていると考えられる[18].

この物質における中性子と X 線の両方を利用した構造研究はここで紹介した高温相だけでなく低温相についても行われており[19]，構造相転移に伴う水素結合部位の構造変化も詳細に解析されている.

10・5・3 結晶相光異性化反応の中性子構造解析による反応機構解明

中性子では同位体，特に散乱長の正負が異なる水素原子と重水素原子の識別が容易である.このため，単結晶状態を壊さずに進行する化学反応である**結晶相反応**において，特定の水素原子を重水素原子で置換したうえで反応を進行させ，標識である重水素原子の移動先を中性子構造解析で特定することで反応のメカニズムを探るという研究が行われている[20].

ビタミン B_{12} のモデル化合物の一つである 4-シアノブチル基をもつ**コバロキシム錯体**（図 10・14）では，単結晶に可視光を照射することで分子中の 4-シアノブチル基が結晶相で 1-シアノブチル基へ光異性化する 4-1 **光異性化反応**が進行する.4-シアノブチル基が 3 段階で 1-シアノブチル基へと異性化すると考えられたが〔図 10・14 (a)〕，反応中間体と考えられる 3-シアノブチル基および 2-シアノブチル基が分光法などでほとんど観察されないことから，シアノ基のみが転移するメカニズム〔図 10・14 (b)〕や光照射で生じたアルキルラジカルが結晶中で上下反転するメカニズム〔図 10・14 (c)〕の可能性も示唆された.そこで，反応部位の α 位の水素原子を重水素原子で標識化したコバロキシム錯体の結晶を調製し，可視光を照射したのちに単結晶中性子構造解析を行って反応に伴う重水素原子の動きを追跡した.

構造解析の結果を図 10・15 に示す.この異性化反応が当初の予想どおり 3 段階で進行した場合，標識として導入した 2 個の重水素原子は反応後には図 10・14 (a)

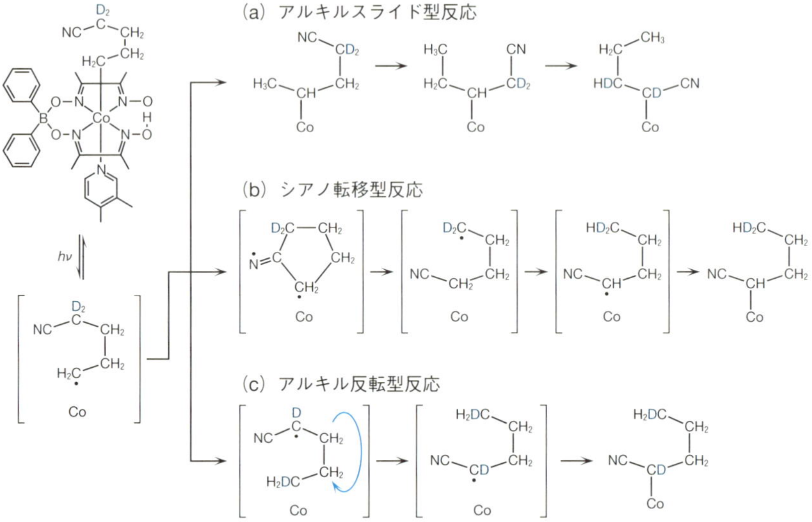

図 10・14 4-シアノブチル基をもつコバロキシム錯体（左上）の結晶相 4-1 光異性化反応で想定される反応機構とそれらに伴う重水素原子の移動.

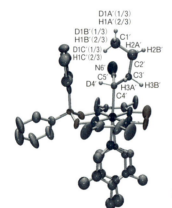

図 10・15 中性子構造解析によって得られた反応生成物の構造と重水素原子の分布

のようにシアノ基が結合している α 位と，隣接する β 位に移動するはずである．しかし，解析の結果は予想に反し，1 個の重水素原子はシアノ基が結合している α 位に，そしてもう 1 個はアルキル基の末端である δ 位のメチル基の 3 個の水素原子サイトにそれぞれ 1/3 の確率で存在することが明らかとなった．このことから，この反応は 3 段階で進行するのではなく，結晶格子中でアルキル基が図 10・14 (c)

のように上下反転するというメカニズムで進行することが明らかとなった[21]．

この研究例のような結晶相反応を従来の中性子構造解析で必要な数 mm 角の単結晶試料で行う場合，大きい結晶の内部まで十分に反応を進行させる必要があり，測定対象となる系は限られていた．しかし，近年の中性子線源および回折装置の発展によって 1 辺が 1 mm をきるような単結晶試料でも回折測定が可能になりつつあるため，より多くの結晶相反応の機構解明や，さらには反応の過程で生じる準安定化学種の中性子構造解析も可能になると期待できる．

10・6 中性子回折測定を行う前に

実際に中性子回折測定を行うまでの流れを簡単に述べる．中性子回折測定を行うためには，単結晶回折装置をもつ中性子実験施設に対して実験課題を申請し，採択される必要がある．表 10・2，表 10・3 にあげた中性子実験施設の多くでは，年に 1 回もしくは 2 回の定期課題募集を行っており，これに対して実験の意義や内容，期待される成果をまとめた課題申請書を提出し，無事採択されれば日程調整や事務手続きを経て，中性子回折測定を行うことができる．課題採択の倍率は回折装置によっては 2 倍を超えることも珍しくない．課題募集の締切りや申請書のフォーマットはそれぞれの中性子実験施設のウェブサイトから入手することができる．特に初めて中性子実験施設に申請する際には，申請しようとする回折装置の担当者と事前に実験内容について相談することが必須である．知りたいことが本当に中性子構造解析でわかるかどうかを再確認できることに加えて，試料調製や回折測定の際に注意すべきことを知ることができる．また，実験内容によってはより適した別の中性子散乱装置を紹介されることもあり，結果として完成度の高い課題申請書となることが多い．

申請課題が採択されたら，装置担当者と実験の日程や試料の取扱い，測定条件などについて打ち合わせることも必要である．これによって，中性子回折測定を行ううえでの細かな注意点について，事前に対処することができる．また，中性子回折用に調製した単結晶が双晶である場合や目的のものと異なる多形である場合などがあるので，測定する試料が X 線によって劣化する場合を除いて，可能な限り中性子回折測定に用いる結晶を事前に X 線測定しておくことが必要である．中性子回折測定では「限られたビームタイムを可能な限り有効利用する」ことを常に意識して実験準備を行うことが大切である．中性子構造解析は心理的なハードルが高い実験かもしれないが，装置担当者の丁寧な実験サポートが得られる．中性子では「**原**

子核の分布」という X 線とは異なる視点から結晶構造を調べることのできる唯一の手法であり，実験の困難さを補って余りある実り多い成果が得られるであろう．

■ 参考文献 ■

1) 日本化学会 編,「実験化学講座 11 物質の構造Ⅲ 回折（第 5 版）」, p. 374, 丸善 (2006).
2) N. Niimura ほか, *Nucl. Instrum. Methods Phys. Res.*, **A349**, 521 (1994).
3) I. Tanaka ほか, *J. Appl. Crystallogr.*, **35**, 34 (2002).
4) Z. Otwinowski and W. Minor, "Processing of X-ray Diffraction Data Collected in Oscillation Mode", Methods in Enzymology, Volume 276: Macromolecular Crystallography, part A (C. W. Carter, Jr. and R. M. Sweet eds.), p. 307-326, Academic Press (1997).
5) D. A. A. Myles ほか, *Physica B, Condens. Matter.*, **241-243**, 1122 (1998).
6) M. P. Blakeley ほか, *Acta Crystallogr.*, **D66**, 1198 (2010).
7) C. Wilkinson ほか, *Neutron News*, **13**, 37 (2002).
8) Y. Noda ほか, *J. Phys. Soc. Jpn.*, **70**, Suppl. A456 (2001).
9) T. Hosoya ほか, *Nucl. Instru. Methods Phys. Res.*, **A600**, 217 (2009).
10) I. Tanaka ほか, *Acta Crystallogr.*, **D66**, 1194 (2010).
11) I. Tamura ほか, *J. Phys. Conf. Ser.*, **340**, 012040 (2012).
12) T. Ohhara ほか, *Nucl. Instrum. Methods. Phys. Res.*, **A600**, 195 (2008).
13) G. M. Sheldrick, *Acta Crystallogr.*, **A64**, 112 (2008).
14) A. C. Larson and R. B. Von Dreele, *Los Alamos National Laboratory Report LAUR* 86-748 (2004).
15) http://jana.fzu.cz/
16) M. D. Fryzuk ほか, *Science*, **275**, 1445 (1997).
17) H. Basch ほか, *J. Am. Chem. Soc.*, **121**, 523 (1999).
18) R. Kiyanagi ほか, *J. Phys. Soc. Jpn.*, **72**, 2816 (2003).
19) R. Kiyanagi ほか, *J. Phys. Soc. Jpn.*, **74**, 613 (2005).
20) Y. Ohashi, T. Hosoya and T. Ohhara, *Crystallogr. Rev.*, **12**, 83 (2006).
21) T. Hosoya ほか, *Bull. Chem. Soc. Jpn.*, **79**, 692 (2006).

粉末構造解析

　結晶構造解析は適切な大きさの単結晶を必要とする点に限界がある．しかし，さらに細かい粉末結晶の回折データからでも，未知の結晶構造を解析するという粉末未知構造解析という手法が発展して，比較的複雑な分子結晶の構造が粉末X線回折データから解析できるようになった．これにより，結晶の大きさという限界を乗り越えて結晶構造の研究が広がりつつある．

11・1　粉末構造解析の発展

　比較的単純な無機化合物の粉末構造解析は1940年代から行われていた．しかし，有機化合物などの分子結晶は，一般に結晶の対称性が低く，また単位胞の体積も大きいため，多数の回折線が重なって**粉末X線回折**（powder X-ray diffraction, PXRD）パターンが複雑になることから，粉末未知構造解析は困難と考えられていた．しかし，1990年代になると，高分解能PXRDの測定が可能になり，さらに解析手法や高速な計算機の普及により，分子結晶の粉末解析が可能になった．

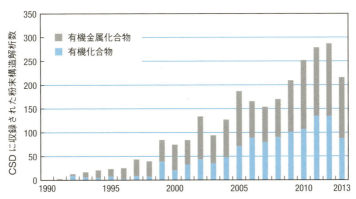

図11・1　ケンブリッジ結晶構造データベース（CSD）に収録された粉末構造解析数の変化

ケンブリッジ結晶構造データベース（CSD）を調べると，粉末構造解析の報告は1990年代から増えており，近年は年間200件もの報告があることがわかる（図11・1）．現在では粉末結晶しか得られない場合に検討すべき一つの手法となっているといえるだろう．

これまで粉末構造解析によって明らかにされた分子を図11・2に示す．これは解析例が出始めた1995年から5年おきに調査し，比較的大きいサイズのものを年別で列挙している．1995年の段階では，比較的サイズが小さく，自由度も少ない分子の結晶構造が解かれているが，それ以降は徐々に自由度が大きく，そして非対称単位中の独立分子数Z'が多い結晶についても構造解析ができるようになってきて

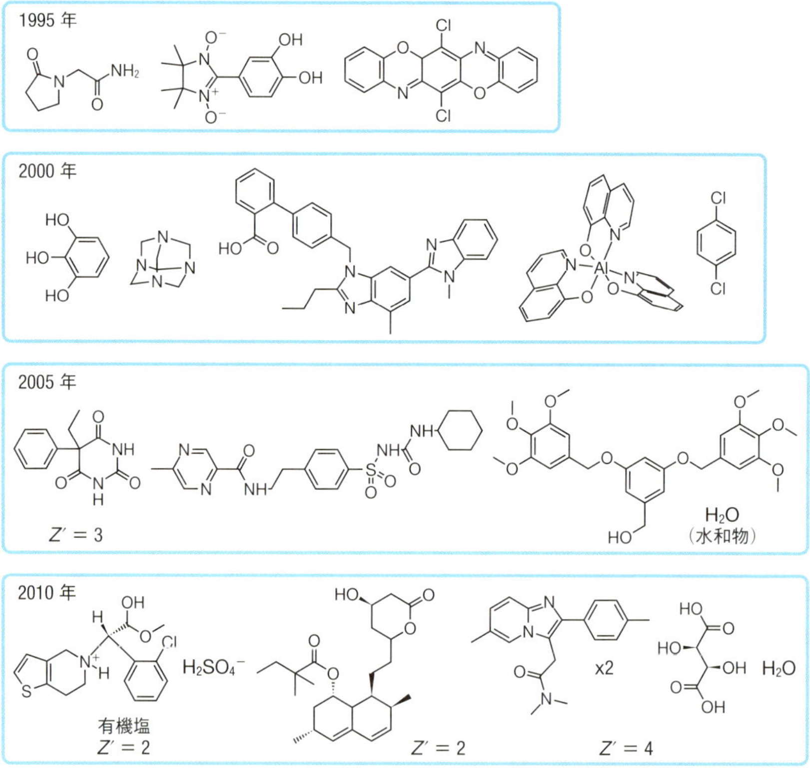

図11・2　1995年から2010年の間にPXRDデータから未知の結晶構造が解析された分子　5年おきに調査し，比較的大きいサイズのものを3例ずつ示した．Z'の値は非対称単位中の独立分子の数を表す．

いる様子がわかる．直鎖が伸びたような分子や，環がいくつもある化合物も解けるようになってきており，粉末X線結晶構造解析は，限られたサイズの分子の結晶でしか適用できない手法ではなく，幅広いターゲットに適用できるレベルになっているといえる．

この章では，有機化合物，金属錯体のような分子結晶の粉末構造解析について，その背景と概要を紹介する．セラミックスやゼオライトのような無機物でも粉末構造解析は行われており，各分野特有の解析法がある．なお手法や測定の詳細については巻末の参考図書に記載されている．

11・2 粉末構造解析が必要な理由

再結晶や結晶成長によって適切な大きさの程度の単結晶が得られない場合に，粉末構造解析が必要になる．近年は実験室系の測定装置でも 0.03 mm 程度の微小単結晶回折測定が可能であるので，粉末結晶試料は必ず顕微鏡観察を行い微小単結晶があれば単結晶構造解析を優先して検討する．しかし次のような特別な結晶作成や構造変化のために，粉末結晶しか得られない場合もある．

① 特別な結晶作成法：**スラリー法**は溶媒中に過剰量の溶質を入れて撹拌することによる結晶作成法で，粉末結晶が得られることが多い．また，**固体混合（粉砕）法**は固体状態に機械的な力を加えることで化学反応，結晶転移，共結晶作成を行う方法である．**そのまま混合（粉砕）する方法**（neat grinding），**ごく少量の溶媒を加える方法**（liquid assisted grinding，LAG）などが知られている．また，溶液中での化学反応により，難溶性化合物が粉末結晶として析出することもある．

② 結晶中の動的な現象：水和物結晶や溶媒和物結晶は結晶中に水分子・溶媒分子を含むが，結晶周囲の温度・湿度などにより脱水・脱溶媒が起こる．この際に残った分子は再配列し新しい結晶構造をとるが，結晶成長条件が悪いため，粉末結晶となることが多い．また，光や熱による結晶中の化学反応で，生成した化合物により，大きな結晶構造変化が起きる場合は，反応後は粉末結晶になる．このような動的な現象の研究では，反応後の粉末結晶の構造解析が必要となる．

11・3 粉末結晶からのX線回折像とその特徴

単色X線の回折では単結晶は三次元的に異なる特定の方向にX線を回折する．したがって回転結晶法によるX線回折図形では，それぞれの回折線は明確に分離

し,規則正しく整列した回折斑点として記録される.一方,粉末結晶では多数の小さな単結晶が任意の向きで集まっており,それぞれの単結晶の向きに応じた方位にX線を回折する.このため,粉末結晶からの回折図形ではランダムな方位の回折線が同時に記録され,同じ回折角をもつ回折線がリング状となり,多数のリングからなる回折図形(**デバイリング**)を形成する(図 11・3).通常見られる **PXRD パターン**は,このデバイリングの中心から半径方向に回折強度を記録したものである(図 11・4).エワルドの回折球(3・14 節)で考えれば,逆格子をその原点を中心にあらゆる方向に回転させたケースに相当する.

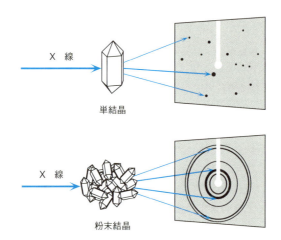

図 11・3 単結晶からの回折と粉末結晶からの回折

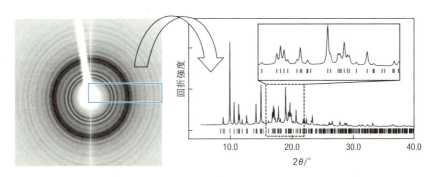

図 11・4 デバイリングと PXRD パターン PXRD パターン下部の短いティックマークは回折線の位置を示す.右上の拡大図を見ると,複数の回折線が重なって一つのピークに見えていることがわかる.

このように単結晶 X 線回折図形からは，分離して記録された回折線の指数の計算，回折強度の積分は容易であるが，PXRD パターンは各回折線の回折角情報のみで区別される圧縮データである．このため，回折角が近い回折線は指数が異なっていてもほとんど重なって一つのピークとして記録される（図 11・4 右上）．理論的に PXRD には単結晶回折データと同等の情報が含まれているが，この回折線の重なりのために，それぞれの回折線の回折角や回折強度を正確に決定できないことが多い．特に回折角が高い領域では重なりが激しく，回折強度の信頼性が低くなるため，単結晶回折データと比較して低分解能のデータを使った解析となる．このため，粉末未知結晶解析が発展するためには，回折線の重なりを減少させてピーク間の分離を高めた測定装置の開発と，**実空間法**（direct space method）という低分解能データに適した解析法の開発が必要であった．

11・4 粉末未知構造解析の手順

粉末構造解析の一般的な手順は以下のとおりである．① PXRD 測定：粉末結晶試料を作成し PXRD を測定する．② 指数付け：PXRD 上のピークの指数 hkl および，格子定数を決定する．③ 回折強度の抽出：指数付けした各回折線の強度を抽出する．同時に格子定数の精密化，**プロファイルパラメーター**（ピーク形状を記述するパラメーター）の決定を行う．強度統計と消滅則から空間群を決定する．④ 初期構造モデルの決定：分子モデルを用いた実空間法により結晶構造を決定する．直接法を用いることもある．⑤ 構造精密化：**リートベルト法**により，得られたモデル構造を精密化する．⑥ 構造の吟味：得られた構造が正しいかどうかを確認する．以下にそれぞれの項目について述べる．

11・4・1 PXRD 測定

粉末構造解析で用いる PXRD は定量的な解析が目的であり，ピーク分離のよい高分解能の回折データを測定する必要がある．このため放射光を用いた測定が適しているが，最近では実験室系でも，特別なモノクロメーターを用いた Cu Kα_1 線光学系や，**楕円面多層膜ミラー**〔elliptical (confocal) multilayer mirror〕により集光を行う光学系を用いた高分解能型装置があり，実験室系で測定した PXRD による解析も可能である．単純な結晶構造であれば，通常の粉末回折測定装置を使っても解析が可能なことがある．

粉末結晶の結晶粒の形状が板状や針状であると，結晶粒が向きをそろえて配向す

るため，特定の指数の回折強度が特に強く（弱く）測定されてしまうことがあり好ましくない．このような**選択配向効果**（preferred orientation effect）を避けるため，試料を回転させた**透過法測定**（transmission geometry measurement）が行われる．なお分子結晶の試料調整では，結晶性の劣下を避けるような丁寧な粉砕を行うなどの工夫を行う．

PXRD 測定は 0.01°程度の**ステップスキャン**で測定されている．ステップスキャンとは，2θ をある刻み（ステップ）で進めつつ，各 2θ の回折強度を測定することを指し，たとえば図 11・5 に示すとおり 2θ が 12.50°のときの回折強度が 405，12.51°のときが 450… などといった測定データとなる．このように各ステップ（各 2θ）の測定強度が意味をもち，**プロファイル強度**とよばれる．PXRD のピークは多数の測定点の集まりであり，指数 hkl の回折線強度はピーク面積の積分値として計算される（図 11・5）．

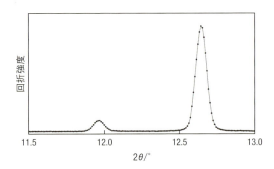

図 11・5　ステップスキャン測定された PXRD パターンの例

11・4・2　指 数 付 け

PXRD パターンに記録された回折線の回折角から指数 hkl を決定する．これは格子定数を求めることと同じである．PXRD パターンでは，回折線の重なりの問題から，各回折線の回折角が正確にわからない場合があり難易度が高い．正しい格子定数が求まると，例外なくすべての回折線に指数 hkl が付き，求めた格子定数から計算した回折角が実測値とよく一致する．一致度は $M(N)$，$F(N)$ とよばれる指標（figure of merit 値）として計算され，値が大きければ実測と計算の一致がよい．それぞれ下記のように定義されている．

$$M(N) = \frac{Q(N)}{2\langle|\Delta Q|\rangle_N N_{\text{pos}}} \quad (11\cdot1)$$

$$F(N) = \frac{1}{\langle |\Delta 2\theta| \rangle_N} \cdot \frac{N}{N_{\text{pos}}} \qquad (11 \cdot 2)$$

ここで N は計算に用いた回折線の数，$Q(N)$ は N 本目の回折線の $1/d^2$，$\langle |\Delta Q| \rangle_N$ は Q の実測値と計算値のずれの平均，$\langle |\Delta 2\theta| \rangle_N$ は 2θ の実測値と計算値のずれの平均，N_{pos} は N 本目の回折線までに存在する回折線の数の計算値である．なお，d は結晶面の面間距離である．いずれも値が大きければ，格子定数から計算した回折線の回折角度と実測値の一致がよいことを示す．

最も簡単な指数付けの例として，格子定数 a の立方格子では，ブラッグの式から回折角 2θ，X 線の波長 λ，指数 hkl の関係は次の二つの式となり，各回折線に適切な hkl を割り振ることができれば回折角から格子定数 a が計算できることがわかる．

$$2d_{hkl} \sin\theta = n\lambda \qquad (11 \cdot 3)$$

$$d_{hkl} = \frac{a}{\sqrt{h^2 + k^2 + l^2}} \qquad (11 \cdot 4)$$

一般には格子定数（ここでは逆格子定数 $a^*, b^*, c^*, \alpha^*, \beta^*, \gamma^*$），指数 hkl，回折角 θ との関係式は次式となり，ソフトウェアを使った計算で用いられる．

$$\begin{aligned}Q(hkl) &= \{2(\sin\theta)/\lambda\}^2 \\ &= h^2 a^{*2} + k^2 b^{*2} + l^2 c^{*2} + 2klb^*c^* \cos\alpha^* \\ &\quad + 2hla^*c^* \cos\beta^* + 2hka^*b^* \cos\gamma^* \end{aligned} \qquad (11 \cdot 5)$$

よく使われるソフトウェアとしては，**晶帯探索法**（zone axis search method）を用いる **ITO**，**試謬法**（try and error method）の **TREOR**，**二分法**（dichotomy method）による徹底探索法の **DICVOL** がある．たとえば二分法による探索では，格子定数がとりうる値の範囲を 1/2 に狭める操作を繰返しながら，PXRD 上のすべての回折線を説明できる格子定数を探索する．立方格子の例では，すべての回折線位置が 0.5〜0.6 nm の範囲の格子定数で説明できる場合，次は，0.5〜0.55 nm で説明できるのか 0.55〜0.60 nm なのかを判断する．もし前者としたら，その次は 0.500〜0.525 か 0.525〜0.550 nm かを判断する，という繰返しとなる．

最近ではプログラムの改良が進み，不純物に由来するピークの混入や装置のゼロ点の誤差なども考慮して指数付けが可能になっている．

11・4・3 回折強度の抽出

次の初期構造モデル決定のために PXRD パターンから各回折線の強度を計算する．格子定数と回折線の指数から計算されたすべての回折線位置に，ピーク形状を

関数で表す**プロファイル関数**（profile function）をおいて，PXRD パターン全体に合うように，格子定数，プロファイル関数の形状，測定装置などに依存するゼロ点のずれである**ゼロ点シフト**（zero point shift），バックグラウンド散乱強度などをパラメーターとした**パターンフィッティング**（pattern fitting）精密化を行う．回折強度はプロファイル関数の積分値として得られ，また精密化した格子定数が得られる．図 11・6 のように PXRD パターン全体をプロファイル関数に分解するため，**全パターン分解**（whole profile pattern decomposition）ともよばれる．

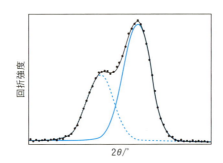

図 11・6　二つのプロファイル関数によるピークの分解

実測の PXRD パターン上のピーク形状は複雑で，低角側にやや尾を引くこともある．このため，対称的なプロファイル関数として，裾を引かず頭部がやや丸いガウス関数と裾を引き頭部がやや鋭いローレンツ関数の混合である**擬フォークト関数**（pseudo-Voigt function）がよく用いられる（図 11・7）．**半値幅やガウス関数成分**

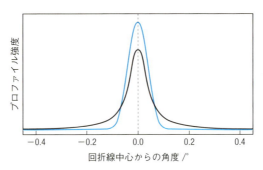

図 11・7　ガウス関数（黒線）とローレンツ関数（青線）によるプロファイル関数形状　擬フォークト関数は両者の間の形状をとることができる．

とローレンツ関数成分の混合比，**非対称性**などがプロファイル関数形状のパラメーターとなっている（図 11・8）．

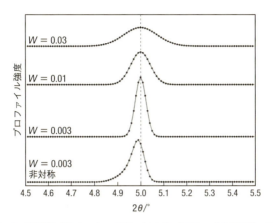

図 11・8 半値幅パラメーターの違いによるプロファイルの変化（半値幅 $W = 0.03 \sim 0.003$）と非対称性の効果（下の図）

計算は**ルベイル法**（LeBail method）や**ポウリー法**（Pawley method）を用い，前者は回折強度を反復改良で求め，後者は回折強度をパラメーターに含めて精密化する．フィッティングがよければ後で述べる（11・10）式，（11・12）式の R_{wp} や χ^2 などの指標が小さくなる．PXRD パターンに対して結晶構造モデル（原子座標など）を用いずに，プロファイル関数のみでフィッティングを行っており，その PXRD パターンに対して最も小さい R_{wp} の指標が得られるため，後に行うリートベルト精密化の結果を評価する目安となる．

さらに，得られた回折強度の消滅則，分子の対称性や単位胞中の分子数 Z なども参考に空間群の候補を決める．ただし，回折線の重なりの問題から，消滅則が明確にならず空間群が直ちに決まらないことがあり，構造解析では複数の空間群を試すこともある．

11・4・4 初期構造モデルの決定

これまでに得られた結晶学データ（格子定数，空間群）と回折強度から，初期結晶構造モデルを決定する．ここでは粉末未知構造解析に適した，**実空間法**を説明する．回折線の重なりが多い PXRD データは，基本的に分解能が比較的に低いデータと考えられ，構造に関する情報を補って未知構造解析を行う必要がある．実空間

法では,まず予測した分子構造モデルを空間群の対称性に従って単位胞に納めることで結晶構造を構築する.次にその結晶構造(原子座標)からPXRDパターンを計算し,実測のPXRDパターンと比較を行う.構築と比較の手順を繰返し,計算と実測のPXRDパターンが一致する結晶構造が正解である.この手法は実空間だけで構造モデルを構築するため実空間法とよばれる.単結晶構造解析で一般に使われる直接法や重原子法では,逆空間に属する結晶構造因子と位相からフーリエ合成により電子密度を計算して構造を導くため,実空間法はその対極にあるユニークな構造解析法である.

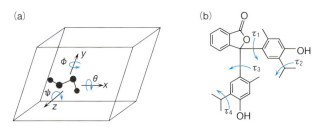

図 11・9 実空間法におけるパラメーターの模式図 (a) 分子の座標 (x, y, z) と方位 (θ, ϕ, ψ), (b) 分子内ねじれ角 $(\tau_1, \tau_2, \cdots)$.

実空間法では,図11・9(a)のように分子モデルを単位胞内におくため,**分子重心の位置** (x, y, z) と**分子の方位** (θ, ϕ, ψ) がパラメーターとなる.また,使われる分子モデルは結晶構造データベースや理論計算により作成され,図11・9(b)に示すように原子間距離・角度が固定されている剛体とみなすが,**ねじれ角** $(\tau_1 \sim \tau_4)$ はパラメーターとして自由に動くような性質をもつ.したがって,合計で $(6+n)$ 個 $(x, y, z, \theta, \phi, \psi, \tau_1 \sim \tau_n)$ のパラメーターを決定する必要がある.このように分子モデルを用いることで結晶構造の一部の情報を与えていることになる.非対称単位中の独立分子数が2個以上の場合や,結晶溶媒やカウンターイオンを含む場合は,決定すべきパラメーターが増える.水素原子はX線の散乱能が小さく実空間法による座標決定が難しいこと,また実空間法ではパラメーター数を減らす方が有利であるため,水素原子は分子構造モデル中のパラメーターから除くことが多く,たとえばメチル基に回転のねじれ角は設定しない.また分子が特殊位置にあることがわかっている場合はパラメーターを束縛できる.

 実際の結晶構造構築では,これらのパラメーターに乱数を与え,莫大な数の結晶構造を計算して,その中から正解を探すことになる.ただし,多数のパラメーター

をもつ系で**全体的な**最小値を探索する問題は，数理学分野で広く研究されており，ソフトウェアでは**焼きなまし法**や**遺伝的アルゴリズム法**（genetic algorithm method）などを使ってパラメーターの最適値を得ている．一方，パラメーター数が少ない場合には，各パラメーターの値を網羅的にすべて調べる**グリッド探索法**（grid search method）が用いられる場合もある．

焼きなまし法は，たとえば高温の金属をゆっくり冷却する過程で原子位置が最適化され，安定な構造に結晶化するという物理的な過程を模している．計算では，系の「温度」が高い状態ではパラメーターが**局所的な極小値**を逃れて多様な値をとることができ，全体的な最小値付近に到達することができる．その後，系が冷却され「温度」が低い状態になると，全体的な最小値に収束することが期待される．遺伝的アルゴリズム法は，パラメーターを遺伝子とみなし，生物の進化過程により優れた個体が生まれる状況を模している．計算では，乱数を用いて計算した結晶構造のグループを準備し，構造間でパラメーター値の交換（**遺伝子交差**）や，一部の値の改変（**突然変異**）を行った後に，よりよい結晶構造だけを選抜するという過程を繰返すことで，最も適した結晶構造にたどり着くことが期待される．

近年，単結晶構造解析で用いられる直接法のPXRDデータへの適応が進展し，また新しい構造解析法である**チャージフリッピング法**（6・5節）も使われることがあるが，これらは高角側までピーク分離のよい，つまり回折強度が正確に求まる高分解能PXRDデータを必要とする．一方，実空間法は分子構造モデルを使う方法で，結晶構造因子の位相決定やフーリエ合成による電子密度計算を行わないため，比較的分解能が低いPXRDデータでも可能である．

実空間法は既知の分子構造モデルが必要であるため，未知の分子に適用が難しく，実際には可能性のある分子構造をすべて計算する必要がある．この点はモデルに依存しない直接法による解析が有利である．一方，実空間法の複雑さは，分子内ねじれ角などのパラメーター数に依存しており，分子に剛体部分が多ければ原子数が多くても問題は複雑にはならないが，直接法では原子数に応じて解析が難しくなる．実空間法の現状ではパラメーター数が16個程度であれば，ほぼ問題なく解析が可能であり，24個より多くなると困難な解析といわれる．

11・4・5 構造精密化

初期構造モデルを**リートベルト法**（Rietveld method）により精密化する．各原子を独立に扱い，座標や温度因子を精密化するが，実空間法と同様に，分子をねじ

れ角をもつ剛体とみなす簡便な剛体精密化を行うこともある．原子に関するパラメーターと同時に，格子定数，プロファイル関数，ゼロ点シフト，バックグラウンドなどのパラメーターも精密化する．分子結晶のPXRDパターンは回折線の重なりの影響で精密化が発散しやすく，また局所的な極小値に陥りやすいため，結合距離・角度・分子の平面性などに**restraint**（抑制的束縛）をかけて構造情報を加味してゆっくりと精密化を行う．初期構造モデルの多少の誤りは精密化の際に修正され，水素原子位置も含めた構造決定となる．

一般的なリートベルト法は，観測強度 y_o と計算強度 y_c の重み付き残差二乗和 D が最小となるようにパラメーターを非線形の最小二乗法により精密化している．

$$D = \sum_{j=1}^{N} w_j (y_{j,o} - y_{j,c})^2 \tag{11・6}$$

y_j は図 11・5 で示した PXRD パターン中の一つの測定点の強度，w_j は重みである．つまり，回折線強度（I）ではなくプロファイル強度（y）を扱っている．

y_j は次の式で計算する．

$$y_{j,c} = s \sum_{K} |F_K|^2 G(2\theta_j - 2\theta_K) P_K Lp_K + y_b(2\theta_j) \tag{11・7}$$

$$F_K = \sum_{j} a_j f_j T_j \exp\{2\pi i (\boldsymbol{K} \cdot \boldsymbol{r})\} \tag{11・8}$$

$$\boldsymbol{K} = hkl, \quad \boldsymbol{r} = xyz \tag{11・9}$$

つまり，回折角が $2\theta_j$ である点のプロファイル強度 y_j は，その点が含まれる回折線の強度（$|F_K|^2$，原子座標や温度因子などのパラメーターを含む），回折線の回折角（$2\theta_K$）プロファイル関数〔$G(\Delta 2\theta)$，プロファイル形状のパラメーターを含む〕の和，およびバックグラウンド（y_b）から計算される．なお s は尺度因子，P_K は選択配向因子，Lp_K はローレンツ偏光因子であり，他にもサンプルや測定装置に依存する項を含むことがある．結晶構造因子（F_K）の計算は単結晶解析と同じ式である〔(3・35)式〕．

精密化が収束するとパラメーターのシフトが小さくなり，PXRDパターンの測定と上の式による計算の残差はパターン全体で小さくなり，ある角度範囲で大きく異なるといった特徴もなくなる．単結晶解析の R 因子に相当する指標として，R_{wp}, R_B, χ^2, S が次のように計算される．R_{wp} はプロファイル強度（各測定点の強度）に対する測定値（$y_{j,o}$）と計算値（$y_{j,c}$）の一致度であり，R_B は単結晶解析と同様に回折線強度（ピーク面積の積分値，I）に対する一致度である．

$$R_{wp} = \left[\sum_j w_j(y_{j,o} - y_{j,c})^2 / \sum_j w_j y_{j,o}^2\right]^{\frac{1}{2}} \qquad (11\cdot10)$$

$$R_B = \sum_K |I_{K,o} - I_{K,c}| / \sum_K I_{K,o} \qquad (11\cdot11)$$

$$\chi^2 = \sum_j w_j(y_{j,o} - y_{j,c})^2 / (N - P) \qquad (11\cdot12)$$

$$S = \chi, \quad \mathbf{K} = hkl \qquad (11\cdot13)$$

ただし，I_K は指数 hkl の回折線の積分強度，N は測定点の数，P は解析パラメーター数を示す．フィッティングがよい場合，R_{wp} は小さくなり，S は 1 に近づくが，PXRD の強度やバックグラウンド強度などに影響を受けることがあり，実際のフィッティングの良否は PXRD パターン上の残差を吟味する必要がある．分子結晶の PXRD に対するリートベルト法は，パラメーターの収束状況が悪く，パラメーター精密化の順番を考慮して丁寧に精密化を進める．最近はプロファイル関数に測定装置依存のパラメーターを導入することで，より安定した精密化が可能なソフトウェアもある．

11・4・6　構造の吟味

　得られた構造が正しいことを最終的に検証する．実空間法による構造決定では分子構造モデルを用いており，必ず分子構造が整って見える解析結果を与えるため，このことだけから解析の成否を決めることができない．実空間法による初期構造モデル決定に関しては，分子の配列に無理がないかを確認する．分子間距離が近すぎて接触していないか，遠すぎて結晶構造に**隙間**（void）がないか，水素結合の可能性があれば分子内や分子間で水素結合が正しく生成されているかを確認する．たとえばニコチン酸分子（図 11・10）を例にとると，実空間法では CH と N，＝O と OH の判別がやや困難なため，ピリジル基，カルボキシ基それぞれが左右反転した偽の解が存在しうる．図 11・10 に示すように正解の結晶構造では，分子間 OH···N 水素結合が存在するため，これが正解の目安となる．水素原子の位置は単結晶解析でも問題となるが，分子結晶の粉末解析では差電子密度計算から水素原子を見いだすことは難しく，水素原子位置の決定が関係する場合，たとえばカルボキシ基の C＝O と C−OH の判別，同じくカルボキシ基のイオン化（COO⁻），双性イオン生成の可能性などがあれば，慎重な吟味を要する．たとえば IR スペクトルや固体 NMR 測定の併用で，カルボキシ基のイオン化（COO⁻）が確認できる．結晶溶媒（結晶水）の有無や水和数は**熱重量分析**（TG 測定）により事前に確認するべきで，

差電子密度を過度に信用することはできない．結晶溶媒を見落とすと，解析された結晶構造に空間が残ることからも判明する．最近は結晶構造予測や結晶構造全体を理論計算で扱う方法で，解析結果の妥当性を評価することもできる．

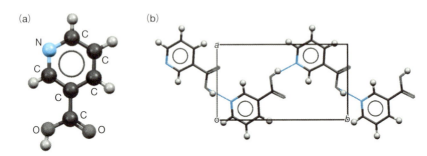

図 11・10　ニコチン酸分子図 (a) と正しく解析された結晶構造 (b)

　リートベルト法による結晶構造精密化では，PXRD パターンのフィッティングを過度に優先させると，分子構造に歪みが生じることがある．分子結晶の精密化では，個々の原子の温度因子を独立に扱うことが難しく，分子全体で共通の温度因子とする，または元素ごとに共通の温度因子とする方法がある．また，温度因子を異方性にすることは難しく，等方性温度パラメーターとする．無理に個々の原子の温度因子を精密化し，分子内で不ぞろいな温度因子や non positive definite（NPD，7・3・3節）となる温度因子となることは避ける．分子構造の結合距離，角度，平面性などに restraint をかけて精密化を進めることが普通であり，化学的な知見に合わない歪んだ構造に収束しないようにする．

　粉末未知構造解析により，単結晶成長が困難な系でも結晶構造解析し，構造の議論ができるようになった．しかし，得られた構造について，どこまで議論ができるかに注意する必要がある．構造の吟味が充分であれば，単位胞中の分子の位置やパッキング，分子間相互作用（水素結合など）を議論することは問題ないが，分子構造に restraint をかけており，結合距離，角度，平面性は束縛した値に大きく影響されている．したがって，これらの値が直接関係する議論，たとえば結合距離から結合次数を計算するような利用は避けるべきである．

　しかし粉末解析法は現在でも発展途上にある解析法であり，今後も粉末未知構造解析が広く行われ，その結果が科学の発展に使われることが期待される．

11・5 解析の実例

この節では実際にソフトウェアを使った典型的な解析の進行を紹介する．試料粉末結晶は**シチジン**（cytidine, $C_9H_{13}N_3O_5$, 図 11・11）を用い，PXRD は実験室系の装置で測定する．なお，この節ではソフトウェアにあわせて Å 単位（1Å = 0.1 nm）を用いている．

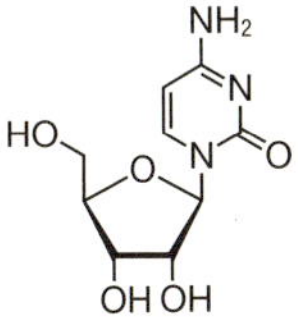

図 11・11　シチジンの分子構造図

11・5・1　モデル分子の準備

実空間法による粉末未知構造解析には三次元の分子構造モデルが必要となる．より現実に近いモデル構造として，CSD など，実際の結晶構造からモデルをとることが望ましい．データベースには，解析する化合物の**多形結晶**，**溶媒和物結晶**，**共結晶**，**錯体**などの構造が収録されていることがある．ただし R 因子が高いデータや構造に乱れがあるデータはできるだけ避ける．CSD に登録がない場合には，類似構造を探し分子構造を編集する方法と，理論計算から分子構造モデルを得る方法がある．できるだけ正確な分子構造を得るため，簡易的な力場計算より **DFT**（**密度汎関数理論**）**計算**などが適している．

今回のシチジン分子の例では，シトシン部分は平面六員環構造であるが，リボース環のコンホメーションは既知とはいえない．通常の実空間法では環構造にねじれ角を設定することができず，コンホメーションが異なる環構造が探索に含まれない．したがって分子構造モデルの環構造に誤りがあると，実空間法による初期構造モデル決定が失敗する可能性があり，環がとりうるコンホメーションをあらかじめよく検討する必要がある．図 11・12 に示した二つの分子構造は，実際の結晶構造中と力場計算によって得られた分子構造をそれぞれ示している．リボースのもつ五員環は結晶中とは異なるコンホメーションに計算されたため，力場計算で得られた分子構造をもちいて解析を進めると正しい結晶構造を導くことができない．ソフトウェアによっては環を切断したモデルを使用し，原子間距離に束縛（restraint）を適用することで環構造を保ちつつコンホメーションの異なる構造を探索できるものもある．

本例では，CSDに収録されているシチジンの結晶構造（REF：CYTIDI11）から，分子構造を取出して使用した．CIF形式で構造データをファイルに保存し，後で解析ソフトウェアに読み込ませる．

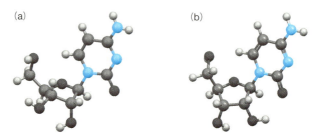

図 11・12　シチジン分子構造モデル　(a) 既知の結晶構造から得たモデル，(b) 力場計算によるモデル．

11・5・2　測　　定

■ **サンプルの準備**　粉末未知構造解析を行うためにはできる限り混ざりのない単相の試料を準備する．ここでいう単相とは結晶学的に純粋であることを意味し，多形や溶媒和物なども混ざらないように注意する．実際には不純物が混ざったPXRDの解析も可能であるが，難易度がかなり高くなる．脱水和転移や固相合成から得られた粉末試料は単相である保証がなく，熱分析や各種分光データ，粉末の顕微鏡観察などを充分に行い，混合物の有無を確認する．

■ **測　定**　粉末未知構造解析には高分解能のPXRDが必要であり，放射光を使った測定や高分解能型の実験室系の装置を使用する．ここでは，実験室系の装置であるRigaku SmartLabを使用して説明する．この装置の光学系（図11・13）では**ヨハンソン型Ge結晶**によりCuのX線を$CuK\alpha_1$に単色化することができる．これによりPXRDのピーク幅が狭くなってピーク分離が向上し，指数付けに用いるピークサーチがやりやすくなること，回折強度をより正確に抽出できることなどの利点があるが，X線強度は低下する．さらに，**楕円面多層膜ミラー**によりX線を検出器面に集光することで，高分解能を達成している．**平板試料透過法測定**であり，サンプルホルダーを水平面内で回転させて選択配向を防いでいる．

試料は約5分間，メノウ乳鉢と乳棒を使い軽くすり潰した．すり潰しすぎによる

結晶性の低下（回折線のピーク形状が広がってしまいピーク分離が低下すること，すなわち回折線のブロード化）には注意する．これを専用のサンプルホルダーに少量（スパチュラ1杯程度）挟んだ．X線が当たる位置はホルダーの中心部分の数 mm だけであるため，サンプル量は非常に少なくて済む．サンプル量を多くしすぎてしまうと，サンプルが厚くなってしまい，回折線が太くなったり，吸収の影響が大きくなったりする原因となるため注意する（図11・14）．

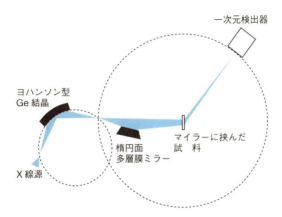

図 11・13　Rigaku SmartLab の光学系の模式図

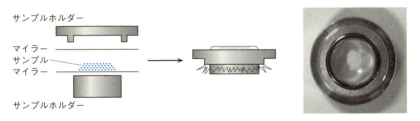

図 11・14　平板試料透過型測定用のサンプルホルダーとサンプルの詰め方

粉末未知構造解析では，指数付けの段階で可能な限り正確な回折線位置の情報を入力する必要がある．短時間で測定したデータは，弱い回折線がノイズに埋もれてしまう可能性があるため，可能な限り S/N 比（シグナル/ノイズ比）の大きいデータを用意することが望ましい．そのため長時間測定のデータが必要となる．さらに，低角側の回折線は正しい格子を導くために必要不可欠であるため，あらかじめ可能な限り低角から測定を行い最低角の回折線がどこにあるかを調べておく必要が

ある.今回は 2θ の測定範囲は 3~70°(さらに低角にピークが存在する場合には 1°あるいは 2°から測定する),ステップ幅 0.01°,スピード係数 0.1°min^{-1} であり,約 12 時間の測定を行った.

11・5・3 指数付けと回折強度の抽出

指数付けから初期構造モデル決定までは,ソフトウェア DASH (The Cambridge Crystallographic Data Centre 製品) を用いた.このソフトウェアには,指数付け,回折強度の抽出,実空間法による初期構造モデル決定,簡単なリートベルト法による構造精密化までが含まれている.

最初に粉末回折データを読み込み,指数付けに使うために低角から 21 本(程度)の回折ピークを選択した.その一部の様子を図 11・15 に示す.ピークを選択すると(図の灰色斜線部分),その範囲内で強度が最高の点がピーク位置となる.また,ピーク形状から判断して,できる限り回折線の重なりのないピークを選択している.

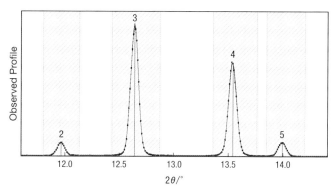

図 11・15　指数付け用のピークの選択

ソフトウエア DASH には指数付けソフトウェア DICVOL04 が含まれており,選択した 21 本のピークを使用し,**二分法**による指数付けを行い,格子定数の候補を得た.

figure of merit 値($M(N)$ および $F(N)$,11・4・2 節)が最も大きい候補番号 1 は,$M(N)$,$F(N)$ の絶対値も十分に大きく(実験室系で $M > 20$ 程度が目安),正しい格子が計算できたと判断した.

候補番号	晶系	a 軸/Å	b 軸/Å	c 軸/Å	α 角/°	β 角/°	γ 角/°
1	直方	14.7815	13.9926	5.1160	90.00	90.00	90.00

V(Å^3)	M(21)	F(21)
1058.15	54.5	142

この格子定数の妥当性を評価するために,単位胞に含まれる分子数(Z)を計算した.まず,非水素原子の体積を17Å^{3}として単位胞体積(V/Å^3)を除し,単位胞中の非水素原子数を求める(1058/17 ≒ 62個).シチジン分子の非水素原子数は17であるため,次に62/17 ≒ 3.6と計算し,$Z = 4$と推定できる.現在の候補は直方晶系であり,シチジン分子がキラルであることから,点群222とすれば$Z = 4$となることは自然であり,計算した格子定数が支持される.

決定された格子定数を使って,ポウリー法による全パターン分解フィッティングを行い,回折強度を抽出し,さらに消滅則から空間群を判定した.まず,**プロファイルパラメーター**(ピークの形状を記述するパラメーター)の初期値を低角,中角,高角から数本ずつピークを選んで決定し,最初の回折強度抽出を行った.

この強度データを使って,消滅則から空間群を判定する.各**消滅則シンボル**(extinction symbol)について**確からしさ**(log-probability score)を計算した結果,今回は下記のように,"P 21 21 21"という消滅則シンボルが最も確からしく,一義的に空間群 $P2_12_12_1$ が正解だろうと判断できた.

extinction symbol	log-probability score
P 21 21 21	24.8801
P 21 21 −	21.4515
P 21 − 21	14.3765
P − 21 21	13.9321
P 21 − −	10.9479
P − 21 −	10.5036
P − − 21	3.42857
P − − −	0
P b − −	−40.1265
P − n −	−93.1058

今回のシチジン結晶はキラル結晶で直方晶系であったが,単斜晶系に属する一般の有機結晶で"P − 21 −"というシンボルが最も確からしい場合は,可能性のある空間群としては $P2_1$, $P2_1/m$ が考えられ,空間群は一義的に決まらない.このよ

うな場合には，Z の計算や分子の対称性，単位胞体積などをもとに推定するか，両方共候補として解析に用いることになる．

空間群が $P2_12_12_1$ であるという情報を加えて最終的な回折強度を抽出した．R_{wp} 値が十分に小さくなり，実測値から計算値を引いた残差（図 11・16 の中段のグラフ）に特徴がなくなり，ほぼまっすぐになるまで精密化を繰返し行った．最終的なフィッティングを図 11・16 に示した．図上部のティックマークは，格子定数と空間群から計算した回折線位置で，実測のピーク位置と一対一に対応しているため，$P2_12_12_1$ の空間群が正しい確認できる．

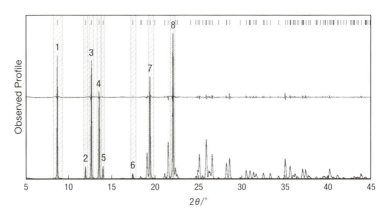

図 11・16　ポウリー法による全パターン分解フィッティングの最終的なフィッティングと残差（図中段）

なお，全パターン分解フィッティングの計算では，単位格子，ゼロ点シフト，バックグラウンド，回折線強度を精密化した．使用したのは $2\theta = 5\sim45°$ のデータで，最終的な指標は $R_{wp} = 12.07\%$，$\chi^2 = 11.737$ となった．ただし，R_{wp} はバックグラウンドを差し引いた PXRD パターンに対する値であり，やや大きめに計算されている．

11・5・4　実空間法による初期構造モデルの決定

最初に準備した分子構造モデルを読み込ませると，原子間の結合を自動的に判定し，ねじれ角のパラメーターを自動的に設定する．このモデルのパラメーター（分子重心の座標，分子の方向，ねじれ角）をさまざまに変更しながら，空間群対称に

11・5 解析の実例

より結晶構造を構築し、そこから計算されるPXRDパターンと実測パターンができる限り一致するような結晶構造を探す。DASHでは焼きなまし法を用いている。一つの「温度」（いわば探索の勢い）で、数千回の探索を行った後に「温度」を下げ、探索が収束するように進める。計算が進むにつれて実測と計算のPXRDパターンの一致（フィッティング）がよくなり、"Profile Chi-squared"の値が下がる（図 11・17）。収束の判断は、Profile Chi-squaredがポウリー法によるフィッティング結果に近くなったことで行う。図 11・17 の横軸の値から、**結晶構造構築（探索）** を 20 万回から 50 万回行って正解にたどり着いていることがわかる。

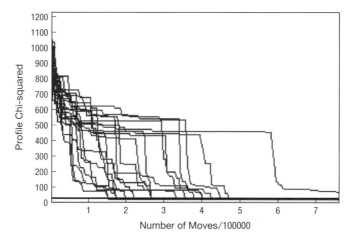

図 11・17 焼きなまし法の進行に伴う "Profile Chi-squared" の低下の様子　20 回分の試行をまとめて表示している。

今回は、この試行を 20 回繰返した。これは焼きなまし法で全体の最小値の見落としがないことを確認するため、必ず複数の試行を繰返す。20 回の試行を終了し、フィッティングが充分よく、Profile Chi-squared 値が十分に低くなり、複数の試行が同じ構造に収束していることを確認して、構造決定を終了した。ほぼすべての解が Profile Chi-squared = 20.35 に収束した。図 11・18 に最終的なフィッティングを示す。図 11・16 のポウリー法によるフィッティングと比較し、やや残差があるが、ほぼ同程度のよいフィッティングとなっている。

また、計算から得られた結晶構造を作図し、妥当性を確認した（図 11・19）。構造中に隙間（void）がなく、原子の衝突がなく、すべての水素結合部位が水素結合（図中の細線）を形成していた。

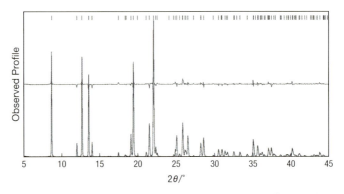

図 11・18　初期構造モデル決定段階での最終的なフィッティングと残差（図中段）

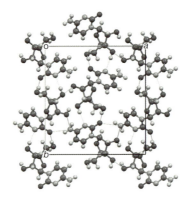

図 11・19　構造決定されたシチジンの結晶構造

11・5・5　構造精密化（GSAS）

　リートベルト法を用いて，結晶構造（初期構造）を精密化した．ソフトウェアは **GSAS** を用いて格子定数，バックグラウンド，ゼロ点シフト，プロファイルパラメーター，原子座標，温度因子などのパラメーターを精密化した．精密化挙動は不安定であり，パラメーターをすべて同時に精密化することは避ける．

　プロファイルパラメーターの精密化でよく使われるパラメーター GU, GV, GW はガウス関数成分，LX, LY はローレンツ関数成分の角度に依存するプロファイル形状のパラメーターである．今回は，回折プロファイルの対称性がよいため，非対称性パラメーター（asym）は使用しなかった．一方，有機物結晶でしばしば見ら

れる異方的なピークのブロードニングが観測されたため，L11～L23のパラメーターを精密化したが，ゼロ点以外のピークシフト（trns, shft）は使用していない．
　非水素原子は共通の等方性温度パラメーターを用い，水素原子はその1.2倍の値を用いた．原子座標については結合距離，結合角，平面性の束縛をかけて精密化を行った．

11・5・6　最終的な結果の評価

　リートベルト法による最終的なフィッティングを図11・20に示す．フィッティングがよく残差が小さいこと，R_{wp}値が低いこと（有機化合物であれば，バックグラウンドを含んだPXRDを使って計算したR_{wp}が10％以下が望ましい），さらに結晶構造が妥当であることを確認した．最終的な$R_{wp} = 5.31\%$，$R_B = 5.24\%$，$\chi^2 = 5.853$（$S = \sqrt{\chi^2} = 2.42$）である．分子構造，結晶構造は初期構造モデルとほぼ同じであり，単結晶構造解析の結果とも一致した．

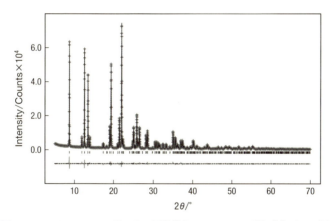

図 11・20　リートベルト法による最終的なフィッティングと残差（図下段）

11・6　代表的なソフトウェア

　粉末未知結晶構造解析でよく使われる代表的なソフトウェアを表11・1に紹介する．指数付け，強度抽出，初期構造モデル決定，リートベルト法精密化を行う統合的なソフトウェアは，最新の計算法を備えており，さらに統一された画面構成（GUI）や操作ガイドなど使いやすい工夫がなされている．多くの場合，有料である．

表 11・1　粉末未知結晶構造解析でよく使われるソフトウエア（2015 年 10 月現在）
URL アドレスは変更される場合がある．

統合ソフトウエア	
DASH	代表的なソフトウェア．リートベルト法は簡易的な剛体精密化となっている．The Cambridge Crystallographic Data Centre 社製品
PDXL	初期構造モデル決定で直接法やチャージフリッピング法も選択できる．リガク社製品
TOPAS	新しい指数付けのソフトウェアをもつ．リートベルト法の挙動を安定させる計算法を備える．ブルカー社製品
Materials Studio Reflex Plus	新しい指数付けのソフトウェア（X-CELL）が強力である．アクセルリス社製品
FOX[1]	実空間法による初期構造モデル決定で Parallel Tempering 法を用いる．リートベルト法は含まれていない．公開で開発が行われており，無料で使用できる．URL：http://fox.vincefn.net/
EXPO[2]	粉末回折データを用いて直接法による構造解析を行うことができる唯一のソフトウェア．指数付けには N-TREOR を使っている．URL：http://www.ba.ic.cnr.it/
Superflip[3]	チャージフリッピング法による初期構造モデル決定ソフトウェア．URL：http://superflip.fzu.cz/

指数付け	
WinPLOTR[4]	ITO，TREOR，DICVOL という代表的な指数付けソフトウェアを使うことができる．また，PXRD パターンの表示や操作を汎用的に行い，リートベルト法ソフトウェア FullProf に対する画面構成（GUI）の役割ももつ．URL：http://www-llb.cea.fr/winplotr/
Conograph[5]	新しい指数付けアルゴリズムに基づき最近開発された強力なソフトウェア．回折線位置の誤差，低角のピークの欠損にも強い．URL：http://research.kek.jp/people/rtomi/ConographGUI/web_page_JP.html

リートベルト法精密化	
GSAS[6]	有機物分子の構造精密化で使い勝手がよいとされる．EXPGUI という GUI ソフトウェアと一緒に使われる．URL：http://www.ncnr.nist.gov/xtal/software/gsas.html
RIETAN-FP[7]	機能が豊富で非常に強力なソフトウェア．最大エントロピー法（MEM）に基づくパターンフィッティングを含むなど高機能である．日本語による書籍や解説も多く，利用者数も多い．URL：http://fujioizumi.verse.jp
FullProf[8]	磁気構造解析に特徴がある．URL：http://www.ill.eu/sites/fullprof/
Z-Rietveld[9]	主として J-PARC の TOF 中性子粉末回折データ解析のために開発されているが，X 線回折データの解析も可能．URL：https://z-code.kek.jp/zrg/

■ 参考文献 ■

1) V. Favre-Nicolin and R. Černý, *J. Appl. Crystallogr.*, **35**, 734 (2002).
2) A. Altomare ほか, *J. Appl. Crystallogr.*, **46**, 1231 (2013).
3) L. Palatinus and G. Chapuis, *J. Appl. Crystallogr.*, **40**, 786 (2007).
4) T. Roisnel and J. Rodríguez-Carvajal, *Mater. Sci. Forum*, **378-381**, 118 (2001).
5) R. Oishi-Tomiyasu, *J. Appl. Crystallogr.*, **47**, 593 (2014).
6) A. C. Larson and R. B. Von Dreele, *Los Alamos National Laboratory Report LAUR 86-748* (2004); B. H. Toby, *J. Appl. Crystallogr.*, **34**, 210 (2001).
7) F. Izumi and K. Momma, *Solid State Phenomena.*, **130**, 15 (2007).
8) J. Rodríguez-Carvajal, *Physica B, Condens. Matter.*, **192**, 55 (1993).
9) R. Oishi ほか, *Nuc. Instrum. Methods Phys. Res.*, **A600**, 94 (2009).

薄膜の構造解析

　前章では結晶試料が単結晶として十分な大きさがなく，粉末状の集合体として試料を扱う粉末構造解析の方法を説明した．粉末試料内の個々の微結晶（結晶子）はあらゆる方位をもつので，三次元の回折データは同じ回折角 2θ で全方位を平均した一次元の回折データしか得られない．一次元の回折データであるから，確実に構造解析に成功することは難しいが，条件に恵まれれば，粉末試料でも三次元の構造解析が可能であることを説明した．本章ではさらに周期性の悪い二次元の膜構造を解析する方法について説明する．近年，有機薄膜を利用した半導体素子や太陽電池，エレクトロルミネセンスなどの機能性有機材料の開発が盛んになってきた．このような有機薄膜材料は，有機分子が結晶，非晶質，分散，凝集などの多様な構造形態をもってナノメートル程度の厚さの膜をつくってデバイスとしての機能を発揮する．最適の機能性を実現するには，薄膜中の多様な構造形態を解析し，さらに有用な機能を発揮する構造制御へと発展させることが重要である．単結晶構造解析のような確実な構造情報は得られないが，物質の示す機能と構造を直接関連づけることができる点が魅力的である．本章では有機薄膜構造の解析法とその構造制御への応用例について述べる．

12・1　有機薄膜デバイスと薄膜構造解析

　近年，**有機薄膜太陽電池**（organic photovoltaics，OPV），**有機薄膜トランジスター**（organic thin-film transistor，OTFT），さらには**有機エレクトロルミネセンス**（organic electroluminescence，OEL）をはじめとした，**有機薄膜**を利用した**デバイス開発**が世界的に盛んに行われている．これらのデバイスは半導体としての光電物性に加え，有機薄膜特有の機能性が注目されている．有機薄膜太陽電池では，軽量でフレキシブルな有機薄膜の特性を生かすことにより，従来の無機系太陽電池では困難な，湾曲した壁面への設置や自動車への搭載，さらには携帯型発電機としての利用などが可能になる．有機薄膜トランジスターも有機薄膜太陽電池同様

12・1 有機薄膜デバイスと薄膜構造解析

軽量かつ湾曲可能な利点を生かして，フレキシブルな超薄型ディスプレイとして市場に登場した．有機エレクトロルミネセンスは，有機 EL ディスプレイとして液晶やプラズマに代わる次世代の自発光薄型ディスプレイとしてすでに商品化されており，照明用途にも開発が進められている．このような薄膜デバイスの成膜過程では，薄膜の構造制御が非常に重要であり，必要に応じてより複雑な構造の**多層膜**を形成することにより，求められる性能を引出している．図 12・1 に代表的な有機デバイスの基本的な膜構成を示す．有機薄膜太陽電池の**発電層**（p 型＋n 型半導体層）は**バルクヘテロジャンクション**（bulk heterojunction, BHJ）[1]とよばれる結晶と非晶質からなる混合薄膜であり，有機薄膜トランジスターの**半導体層**の多くは**結晶性薄膜**であり，有機エレクトロルミネセンスの発光層および**電子・正孔輸送層**は**非晶質薄膜**となっている．有機デバイスの開発には材料の分子構造のみならず，薄膜という集合体としての構造を解析して制御することが不可欠である．

図 12・1　代表的な有機薄膜デバイスの基本薄膜層構成

有機薄膜の生成法としては，溶剤に溶かした有機材料を**スピンコート**（spin coating）や**バーコート**（bar coating）などの方法で塗布して乾燥させる**湿式法**と，材料を**真空蒸着**（vacuum coating）や**スパッタ**（sputtering）などで成膜する**乾式法**とがある．

乾式法は均一で高精度に膜厚を制御した薄膜を作製することが比較的容易であるが，材料の一部しか利用できないため無駄が大きく，さらには真空やイオン化するための設備や電力などのコスト増，蒸着では真空チャンバーの大きさの制限から大面積の薄膜を作製することが困難などの問題点がある．湿式法では有機物の溶剤への可溶性を利用していて，材料の無駄がなく大面積の塗布が可能である反面，乾燥

速度，溶媒種類，溶液濃度といった種々の成膜条件によって膜構造が変化してしまうおそれがあり，均一な薄膜を作製するためには高度な**塗布技術**が必要となる．今後は塗布技術を改良することにより，省エネルギーで低コストの湿式法による薄膜作製が主流になっていくと予想される．したがって湿式法による薄膜デバイスの開発が不可欠であるが，そのためには乾燥速度や溶媒の種類等の塗布条件の違いが薄膜構造へどのように影響するかを詳細に検討することが重要であり，薄膜構造解析技術の発展が重要な課題となる．

X線を用いて薄膜構造を解析する主な手法として，① **微小角入射X線回折法**（grazing incidence X-ray diffraction, GIXD），② **微小角入射小角X線散乱法**（grazing incidence small angle X-ray scattering, GI-SAXS）[†] および③ **X線反射率法**（X-ray reflectivity, XR）があげられる．微小角入射X線回折法では，薄膜からのX線回折を観測することにより，薄膜の**結晶性**，**配向性**を評価できる．微小角入射X線小角散乱法では，薄膜内の電子密度の疎密に由来するX線散乱を観測することにより，薄膜内部のナノオーダーの**凝集**や**分散構造**を解析することができる．X線反射率法では，薄膜表面および界面からの反射X線を観測することにより，多層膜の**表面および内部界面のラフネス**（凹凸），各層の密度および膜厚を求めることができる．GIXDは結晶性薄膜が評価対象となるが，GI-SAXSおよびXRは結晶・非晶質を問わず測定でき，解析することが可能である．

12・2 微小角入射X線回折法
12・2・1 薄膜からの回折

薄膜試料では，その名のとおり試料の厚さがnm～μmと非常に薄いため，図12・2に示す回折X線を検出器面に集光させた集中法粉末回折法（$\theta/2\theta$スキャン）ではX線は基板まで容易に達してしまう．$\theta/2\theta$スキャンでは，回折角度（2θ）のときのX線入射角はθとなる．有機物の回折角度範囲（2θ）は通常3～50°程度である．薄膜試料中にX線が侵入する距離すなわちX線行路長はθが大きいほど短くなるため，薄膜からの回折ピークを測定することは困難である．そこで図12・3に示すように，薄膜表面にすれすれに平行化したX線を入射することにより，薄

[†] 微小角入射X線回折（GIXD）および微小角入射小角X線散乱（GI-SAXS）は，それぞれ斜入射X線回折，斜入射小角X線散乱，もしくはすれすれ入射X線回折，すれすれ入射小角X線散乱と記述されることもあるが，本書では微小角入射X線回折および微小角入射小角X線散乱を用いる．

膜試料中の X 線行路長を稼いで測定する．X 線の入射角は，12・4 節で述べる全反射角付近のごく小さい値（0.2〜0.5°程度）である．d を膜厚，α を X 線入射角とすると，薄膜試料中の X 線行路長 l は，

$$l = d/\sin\alpha \tag{12・1}$$

となるので，膜厚が 20 nm，入射角が 0.5°の場合の行路長は膜厚の 100 倍以上の十分な長さとなり，検出器を 2θ 方向に走査することにより薄膜からの回折ピークを観測できる．このような測定法を**微小角入射 X 線回折法**（GIXD）とよぶ．

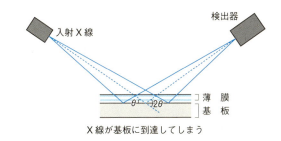

図 12・2　集中法粉末回折（$\theta/2\theta$ スキャン）

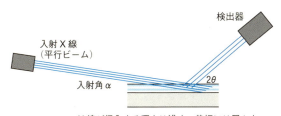

図 12・3　微小角入射 X 線回折（2θ スキャン）

　GIXD では 0.1〜1°程度の微小な X 線入射角を精密に制御しなければならないため，平行性の高い X 線と表面が平滑な薄膜試料が必要である．X 線管球などから発生する発散した X 線を，**人工多層膜ミラー**[2)]やモノクロメーターなどの光学素子を用いて単色で平行化した X 線を使用する．放射光は平行性が高くかつ高輝度の X 線であるので，薄膜回折測定には理想的な X 線源である．GIXD 測定用の薄膜試料は，平面性の高いシリコン基板もしくはガラス基板上にできるだけ膜ムラなく成膜したものが望ましい．表面の凹凸が大きい場合や表面が湾曲している試料の場合は，入射角を制御できず正確な測定ができない場合があるので注意が必要である．

12・2・2 面内 (in-plane) 法と面外 (out-of-plane) 法

結晶性の有機薄膜では,特定の結晶面がある方向にそろっている場合がある.これを**配向** (preferred orientation) とよび,結晶性と共に薄膜の構造を評価するうえで大事な要素となっている.有機薄膜デバイスでは配向によってデバイス特性が左右されることが多い.そこでデバイス開発では,電荷の流れる方向に導電性高分子の主鎖の向きをそろえたり,分子の π 電子平面を一定方向に並べたりすることによって,薄膜中の**電荷移動度**を上げるなどの試みが検討されている.

薄膜内で分子が規則的に並んで結晶性をもつと,回折ピークが観測される.図 12・4 に示すように,GIXD では検出器のスキャン方向を変えることにより,異なる向きの結晶面からの回折を観測することができる.in-plane 法では薄膜基板に垂直な結晶面を,out-of-plane 法では (12・2) 式で表されるように入射角を α とすると薄膜基板から $S°$ 傾いた結晶面からの回折をそれぞれ観測する.

$$S = \frac{\theta}{2} - \alpha \tag{12・2}$$

out-of-plane 法の検出器の走査軸は試料面外 (out-of-plane) 方向で,2θ スキャンとよばれる.なお,粉末試料を測定する際に用いる $\theta/2\theta$ スキャンも基板に平行な結晶面からの回折を観測する out-of-plane 法であるが,薄膜試料では前述のとおり X 線の行路長が短いため実際の測定には不適である.一方,in-plane 法の走査軸は試料面内 (in-plane) 方向で,試料の ϕ 回転と検出器の角度 $2\theta\chi$ を $\Delta\phi = \Delta\theta\chi$ の関係で連動させることにより,$\phi = 2\theta\chi = 0°$ のときに入射 X 線方向に平行でかつ基板に垂直な結晶面からの回折を測定する.つまり試料の回転角 ϕ の 2 倍の角度で

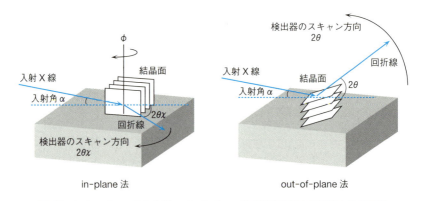

図 12・4 **in-plane 法および out-of-plane 法の測定配置と観測される結晶面**

検出器を走査する測定方法で，$2\theta\chi/\phi$ スキャンとよばれる．$\phi = 0°$ のとき（測定開始時）の試料の面内の向きを変えることにより，測定する結晶面の面内方向を任意に選ぶことができる．

実際の GIXD 測定においては，前述のとおり人工多層膜ミラーなどで平行化および単色化した入射 X 線を用いて，さらに検出器の前に**ソーラースリット**（soller slits）[3] などを置いて角度分解能を上げる．スリット幅を小さくすると角度分解能は上がるが検出強度が大きく落ちるので，測定の目的や試料の結晶性に合ったスリットを選ぶ必要がある．入射 X 線としてより平行で高輝度な放射光を用いれば，短時間で角度分解能の高いデータを得ることができる．ただし有機薄膜は高輝度 X 線によって試料損傷を受けやすいものが多いので，放射光 X 線に試料を長時間さらさないようにするなどの工夫が必要である．入射角は全反射臨界角（12・4 節参照）よりも少し大きめに調整する．膜厚 100 nm 程度の有機薄膜の場合，Cu Kα_1 線（波長 $\lambda = 0.15406$ nm）を使用したときの入射角は 0.2°くらいが一般的である．また各種薄膜回折測定においては，通常の粉末回折計（$\theta/2\theta$ スキャン）と比べて多くの走査軸が必要で，しかも平行 X 線が必須であるため，薄膜回折専用装置が用意されている．

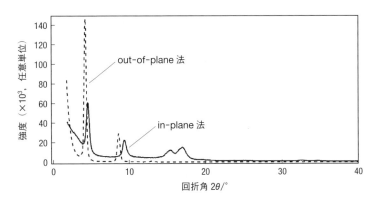

図 12・5　ベンゾポルフィリン準安定相薄膜の **in-plane** および **out-of-plane** 測定の結果

薄膜中の各結晶子の向きがランダムで配向のない試料の場合は in-plane 法と out-of-plane 法の回折パターンは同じなるはずであるが，有機薄膜では両者のピーク強度比は異なっており，配向している場合が多い．そこで両者の回折パターンを比較することにより薄膜中の各結晶面の結晶性や配向の有無を確認できる．図 12・5 に

ベンゾポルフィリン (benzoporphyrin, BP)[4] の準安定相薄膜の in-plane 法および out-of-plane 法による測定結果を示す．両者の回折パターンは大きく異なっており，薄膜中で BP の準安定結晶は配向していることがわかる．ただし，この準安定結晶は単結晶 X 線構造解析によって結晶構造が明らかになっていないため，現在のところ in-plane 法および out-of-plane 法で観測された各ピークに対応する結晶面を特定するなどの詳細な薄膜構造は得られていない．

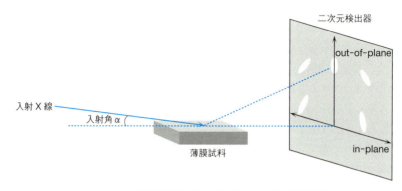

図 12・6 二次元検出器を用いた微小角入射 X 線回折測定

in-plane 法では薄膜基板に垂直な結晶面を観測できることから，薄膜構造解析においては有効な測定法といえる．さらに後で述べる in-plane の**ロッキングカーブ測定**を行うことにより特定の結晶面の配向度を求めることも可能である．また近年，**イメージングプレート**をはじめとする二次元検出器の普及により，図 12・6 に示すように，in-plane 法と out-of-plane 法の他にその中間の面外方向に傾いた結晶面，すなわち薄膜基板に対して 0°（基板に平行）から 90°（基板に垂直）の方向にある結晶面からの回折を同時に測定することが可能になっている．二次元検出器では受光側にスリットを入れることは難しいため，ピークの**半値幅**〔full width at half maximum, FWHM；半分のピーク強度におけるピーク幅（°）〕などの定量的な議論は困難であるが，薄膜試料からの回折の全体像（二次元）を視覚的につかむことができる．最近では CCD や半導体素子を使用した高速二次元検出器を用いることにより，温度変化などによる薄膜の構造変化を追跡（**ダイナミクス測定**）することも可能になってきている．高輝度の放射光と高速二次元検出器を組合わせて短時間露光の回折データを連続的に測定することにより，塗布乾燥過程や昇温過程などにおける秒単位以下で進行する速い構造変化も追跡できる．二次元検出器によ

るダイナミクスを含む全体的な構造評価と従来のシンチレーションカウンター検出器による定量的な構造評価の両面から,より詳細な薄膜構造解析が行われるようになってきている.

12・2・3 配向評価

薄膜内での特定の結晶面の配向を定量的に評価する方法として,**in-plane ロッキングカーブ法**(in-plane rocking curve scan)がある.これは図 12・7 に示すように検出器を特定の結晶面のピーク位置($2\theta\chi$)に固定して試料を試料面に垂直な軸(ϕ)を中心に回転させて強度変化を測定する.ピーク位置($2\theta\chi$)はあらかじめ in-plane 測定を行うことにより決定する.in-plane ロッキングカーブ測定では,基板に垂直な結晶面が薄膜中でどの方向にどの程度規則的に並んでいるか,すなわち配向を定量的に評価できるので,偏光フィルムや有機薄膜トランジスターのように面内配向がデバイス特性に大きな影響を及ぼす薄膜試料では有効な情報を得ることができる.

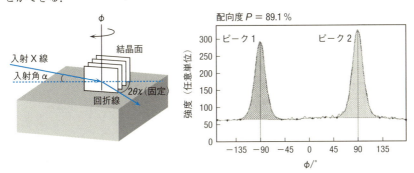

図 12・7 in-plane ロッキングカーブ測定配置図と測定例

結晶面の向きがランダムでまったく配向していない試料(配向度 = 0)の場合は,in-plane ロッキングカーブ測定でピークは観測されない.一方,配向している試料では ϕ を 360°回転させて強度測定すると 2 本のピーク(ピーク 1 およびピーク 2)が観測される.このときの配向度 P(%)はピーク 1 の半値幅を $b1$,ピーク 2 の半値幅を $b2$ とすると (12・3)式から算出できる.図 12・7 の測定例の配向度は 89.1 %($b1 = 19.68°$,$b2 = 19.62°$)となる.

$$P = \frac{360 - (b1 + b2)}{360} \times 100 \qquad (12・3)$$

また，配向の向き（結晶面の方向）は in-plane ロッキングカーブ測定の ϕ の値から見積もることができる．基板に平行な結晶面の面外配向（基板に対しての結晶面の傾き）については，二次元検出器を用いて in-plane と out-of-plane の間の回折を測定することで評価できる．たとえば out-of-plane 上の回折点がデバイリング上に弧を描くように裾を引いていたとすると，基板に平行な結晶面が傾いて面外方向に配向が乱れているといえる．粉末試料のようにランダムで面外配向がまったくない場合はリング状の回折が観測される．

12・2・4 構造解析例

GIXD では粉末 X 線回折と同様に本来三次元の回折情報が一次元に圧縮されており，さらには薄膜特有の配向の影響で観測されるピークの強度比が大きく変化するため，回折パターンから格子定数や結晶構造を求めることは非常に困難である．そのため実際の解析においては，単結晶 X 線構造解析や文献などによって結晶構造が既知の場合は，その構造データを利用して薄膜の配向や結晶性を解析することになる．したがって単結晶構造解析もしくは粉末構造解析で得られる結晶学データは薄膜構造解析においても重要な基礎データである．結晶構造が未知の場合は，観測された回折ピークの半価幅から結晶性を評価したり，面間距離（d 値）から薄膜中での**分子スタック**や**積層構造の方向**などを推定したりすることは可能であるが，詳細な構造解析は困難である．

■ **ベンゾポルフィリン（BP）薄膜の例**　　ここでは有機薄膜太陽電池（OPV）や有機薄膜トランジスター（OTFT）の **p 型半導体**材料として期待されている**ベンゾポルフィリン薄膜**の GIXD による配向解析例について紹介する．BP 結晶には二つの結晶多形が知られており，前述の準安定相は結晶構造が未知であるのに対して，安定相は単結晶 X 線構造解析による結晶構造が報告されている[5]．図 12・8 に示すように BP 分子は平面性が高く，安定相結晶では b 軸方向に強固な BP 分子の π 電子平面の積み重ね（**π スタック**）を形成している．このような特徴的な構造に由来する p 型半導体としての特性，すなわち正電荷の輸送に優れていることから，安定相 BP は OPV や OTFT の材料としての高いポテンシャルをもつ．つまり OPVや OTFT では薄膜中での BP 分子の π スタックの形成およびその配向制御が重要である．

BP 分子は有機溶剤への可溶性が低いため，通常の塗布プロセスで薄膜デバイスを作製することはできない．そこで BP の四つのベンゼン環部分にエチレン基を導入して溶解性を高めた BP 前駆体を溶剤に溶かして塗布した後，150℃ 以上に加熱することによりエチレン基を外して BP 薄膜を生成する方法（**塗布変換方式**）がある[6]．塗布した非晶質の BP 前駆体膜を加熱して BP に変換する過程で最初に図 12・5 で示した準安定相 BP が生成し，さらに加熱すると安定相の BP 薄膜が生成することが**昇温 GIXD 測定**および**示差走査熱量測定**（differential scanning calorimetry, DSC）によって確認された．図 12・9 に BP 前駆体から安定相 BP への変換過程を示す．なお，BP 前駆体および準安定相 BP は p 型半導体としての特性はもたない．

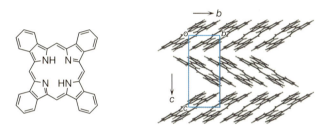

図 12・8　ベンゾポルフィリン（BP）分子構造式と安定相結晶構造

図 12・10 に安定相 BP 薄膜の GIXD パターン（in-plane 法）と安定相 BP 結晶構造から計算した XRD パターンを示す．配向しているためピーク強度は異なるが，ピーク位置は GIXD 結果と BP 結晶からの計算結果とは一致しており，塗布変換方式で成膜した BP 薄膜は既知の BP 結晶と同じ結晶構造であることが確認された．
　次に安定相 BP 薄膜の in-plane 法および out-of-plane 法による GIXD パターンを

比較してみる．in-plane 法のパターンには out-of-plane 法ではほとんど観測されない 113 ピーク，114 ピークが大きく見えている（図 12・11）．これらのピークは BP 平面の π スタックに由来するピークであることから（図 12・11），BP 平面の π スタックが基板に平行に並んでいる，つまり BP 結晶の b 軸が基板に平行であることがわかる．この配向は電荷を基板に平行に流す OTFT には望ましいが，電荷が基板に垂直方向に流れる OPV には不利といえる．さらに $10\bar{1}$，101，202 などのピークの in-plane 法と out-of-plane 法における強度の違いから，BP 平面の基板に対する角度を推定することができる．図 12・12 に安定相 BP 薄膜の配向推定図を示す．

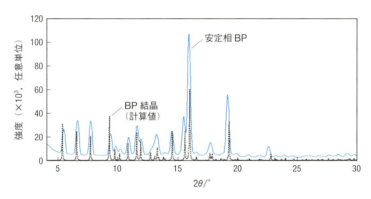

図 12・10 安定相 BP 薄膜の GIXD パターンと BP 結晶構造から計算した XRD パターン

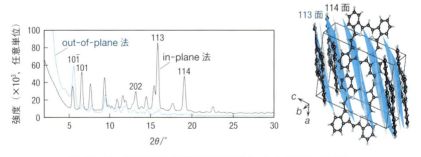

図 12・11 安定相 BP 薄膜の GIXD パターンと 113 面，114 面

以上の結果はある一定の条件で前駆体を塗布変換して BP 薄膜を生成させたものであり，BP 薄膜の GIXD パターンは成膜条件（前駆体の塗布条件，BP 変換のた

めの加熱温度，時間など）によって変化する．したがって GIXD による成膜条件の異なる一連の BP 薄膜の構造評価は，目的のデバイスに適した BP 成膜方法の確立するための強力な指標となるだろう．

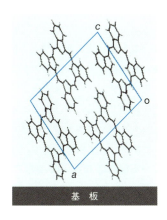

図 12・12　安定相 BP 薄膜の配向推定図　b 軸は紙面に垂直（基板に平行）．

■ **ポリチオフェン-フラーレン混合（P3HT-PCBM）薄膜の例**　次に紹介するのは有機薄膜太陽電池（OPV）の発電層として代表的なポリ（3-ヘキシルチオフェン）(P3HT) とフラーレン誘導体である [6,6]-フェニル-C_{61}-酪酸メチルエステル (PCBM) との混合薄膜の構造解析例である．P3HT と PCBM を有機溶媒に溶解させたインクを塗布・乾燥させて成膜すると，p 型半導体である P3HT と n 型半導体である PCBM とがバルクヘテロジャンクション（BHJ）構造とよばれるナノスケールの相分離構造を形成している[7]．**P3HT-PCBM 薄膜**に可視光を照射するとBHJ 構造の p/n 界面で電荷分離が起こり，生成した正と負の電荷はそれぞれ p 層（P3HT 部分），n 層（PCBM 部分）を通って各電極に至り発電する[8]．よって太陽電池としての性能を高めるためには，BHJ 構造の最適化，つまり電荷分離して発生した正と負の電荷が再結合せずに電極まで到達しやすいような薄膜構造を設計・形成することが重要である．

　P3HT は結晶性の導電性高分子であり，PCBM との混合薄膜においても GIXD によって P3HT 由来の回折ピークが観測される．図 12・13 に P3HT 分子構造図および P3HT 結晶構造図を示す．P3HT 主鎖のポリチオフェンは平面性が高く，結晶中で π スタックを形成するため，主鎖方向および π スタック方向に電荷移動が可能となり，高い電荷移動度を発現する．また側鎖にアルキル鎖を有するため有機溶媒への溶解性を示し，塗布成膜が可能である．P3HT 結晶では側鎖のアルキル基を

挟んだ主鎖間のスタックが a 軸方向に，ポリチオフェンの π スタックが b 軸方向にそれぞれのびている[9]．

図 12・14 に P3HT-PCBM 薄膜の二次元 GIXD パターンとそこから推定される P3HT の配向図を示す．out-of-plane 方向には P3HT の 100，200，300 など $h00$ ピークが観測され，in-plane 方向には 010 ピークが見られる．さらに PCBM 由来のブロードなピークがリング状に見えている．結晶構造と比較すると out-of-plane 方向に観測された $h00$ ピークは側鎖のアルキル基を挟んだ主鎖間のスタック由来であり，in-plane に観測された 010 ピークはポリチオフェンの π スタック由来であることがわかる．つまり P3HT-PCBM 薄膜中の P3HT 結晶のポリチオフェンの主鎖は基板に平行で，薄膜面内方向にポリチオフェンの π スタックが存在している．このような π 共役高分子の配向を **edge-on** とよぶ[10]．これに対してポリチオフェンの π スタックが基板に平行に積み重なっている配向は **face-on** と称する．

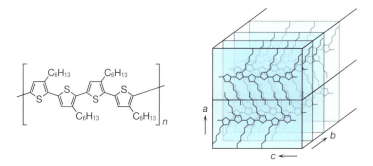

図 12・13　P3HT 分子構造図および P3HT 結晶構造模式図

図 12・14　P3HT-PCBM 薄膜の二次元 GIXD パターンと edge-on 配向

薄膜中の P3HT は高分子であるため上記で示した結晶性部分とともに GIXD では観測できない**アモルファス（非晶質）**部分も存在していると考えられる．P3HT

の結晶子サイズ D は回折ピークの半価幅 b から次の**シェラーの式**（Scherrer equation）[11] より算出すると 20～30 nm 程度と見積もることができる．このとき λ は X 線波長，θ は回折角，$K = 0.9$（シェラー定数）とする．

$$D = K\lambda/b\cos\theta \tag{12・4}$$

P3HT-PCBM 薄膜中では 20～30 nm 程度の P3HT 結晶が P3HT のアモルファス部分を介して点在していると考えられる．PCBM は P3HT のアモルファス部分の近傍に分散もしくは凝集していると推定されるが，その構造の詳細は次節で述べる**微小角入射小角 X 線散乱**（GI-SAXS）によって解析できる．GIXD では薄膜中で 20～30 nm 程度の結晶子サイズの P3HT が edge-on 配向していることが明らかになった．成膜後にアニール（加熱）処理を施すと OPV の発電効率が向上することが知られている[12]．150°C でアニールすると P3HT の結晶性がさらに高くなるが，配向性はほとんど変化しないか若干低下する．今後は各種成膜法による薄膜構造の違いを GIXD および GI-SAXS によって評価することにより，最適な BHJ 構造の設計に寄与することが期待される．

12・3　微小角入射小角 X 線散乱法

12・3・1　小角 X 線散乱とは

小角散乱（small angle scattering, SAS）はナノスケールの平均構造を評価する代表的な手法であり，**小角 X 線散乱**（small angle X-ray scattering, SAXS）では試料中の電子密度の粗密を反映する X 線散乱強度を測定することにより，粒子（凝集体）の大きさ，形状および粒子表面の形態を解析することができる．X 線回折の測定領域は回折角（2θ）で通常 5°以上であるのに対して，SAXS では名前のとおり 2θ でおよそ 3°以下の小角領域の X 線散乱・回折を測定する．ブラッグの式で理解されるように，より低角（小角）まで測定するほど実空間でのスケール（d 値）は大きくなり，通常の SAXS では 1～100 nm 程度の構造を評価することになる．小角領域の X 線散乱を測定するためには平行 X 線を用いて，かつ試料と検出器との距離（カメラ長）を数十 cm～数 m 程度と X 線回折測定よりも長くする必要がある．回折と比べて微小な散乱を観測するため，X 線源から検出器までの試料台を含む X 線の行路をすべて真空にしてバックグラウンドとなる空気散乱を抑えることが望ましい．放射光は輝度が高く波長可変の平行 X 線を利用できるので，SAXS 測定に適した光源といえる．放射光施設ではカメラ長が数 10 m 以上の装置で，μm 程度のより大きなスケールの構造を評価できるビームラインが利用できる．

試料中の孤立粒子からの散乱X線を考えてみる（図12·15）．原点をOとして，原点からrの位置P点の電子密度を$\rho(r)$とする．入射X線の方向をs_0とし，散乱X線の方向をsとして，原点Oからs_0方向とs方向に下ろした垂線をOMとONとする．第3章で説明したように，原点を通って同方向に散乱されるX線とは行路差がMP + PN = $r \cdot (s_0 - s)$だけ生じるので，位相差は，

$$位相差 = (2\pi/\lambda)\{r \cdot (s_0 - s)\} \tag{12·5}$$

となる．(3·16)式では，**散乱ベクトルを** $K = (s - s_0)/\lambda$ と定義したが，小角散乱では通常次式のqを用いる．

$$q = 2\pi(s - s_0)/\lambda \tag{12·6}$$

qはKの2π倍だから，(3·17)式より，

$$|q| = (2\pi)\{2(\sin\theta)/\lambda\} = 4\pi(\sin\theta)/\lambda \tag{12·7}$$

となる．粒子全体からのs方向への散乱因子$F(q)$は，粒子内r点近傍の電子密度$\rho(r)\,dv$についてその位相差を考慮して積分すればよいので，(3·22)式を参考にすれば，下式と表される．

$$F(q) = \int_V \rho(r)\exp\{-i(q \cdot r)\}\,dv \tag{12·8}$$

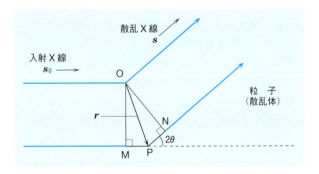

図12·15　粒子中の二つの原子からの散乱

実際の散乱測定により観測されるのは散乱強度$I(q)$であり，

$$I(q) \propto |F(q)|^2 \tag{12·9}$$

の関係があるため，結晶構造解析と同様に位相を決定できないと構造（$\rho(r)$）をフーリエ変換により一義的に求めることはできないが，実際の解析では粒子の大きさ，形状などの妥当な構造モデルを次項12·3·2で述べる手法などにより推定し，

構造モデルを初期構造として散乱強度の実測値と一致させるように構造を精密化して，より真に近い構造を求める．

12・3・2 散乱から得られる階層構造

散乱体が粒子系である場合，散乱角つまり散乱ベクトル q 領域に応じて粒子の大きさ，形状，粒子表面・界面の形状など，さまざまな**構造情報**を得ることができる．図 12・16 に散乱領域として得られる構造情報を，図 12・17 に**階層構造**の概念図をそれぞれ示す．

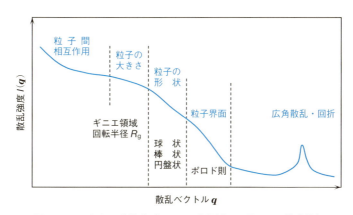

図 12・16　小角 X 線散乱パターンの各領域から得られる構造情報

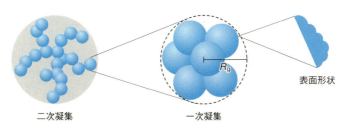

図 12・17　ナノスケール凝集体の階層構造

試料中の粒子（= 一次凝集）のおおまかな大きさは，**ギニエ領域**（Guinier region）とよばれる q 領域の X 線散乱から，粒子の**回転半径**（radius of gyration, R_g）として求めることができる．**ギニエの法則**（Guinier's law）[13] から，

$$\ln I(q) = \ln I(0) - (R_g^2/3)|q|^2 \qquad (12・10)$$

と表すことができる．したがって，散乱強度 $I(\boldsymbol{q})$ の自然対数を散乱ベクトル $\boldsymbol{q}$ の二乗に対してプロットすると〔**ギニエプロット**（Guinier plot）とよばれる〕，その傾きが $-R_g^2/3$ となる．回転半径 R_g は粒子の実際の半径 R とは異なり，たとえば球状粒子の場合は半径が 0 から R までの連続的な無数の球の**平均半径**が R_g であり，粒子の実際の半径 R との間には

$$R_g^2 = \frac{3}{5} R^2 \qquad (12\cdot 11)$$

の関係がある．ギニエプロットは SAXS で粒子の大きさを求めるのに広く使われている手法であるが，ギニエ領域で，しかも粒子間の相互作用がない希薄な系でのみ成り立つ関係式であるので注意が必要である．

$|\boldsymbol{q}|$ が $1/R_g$ よりも少し広角の領域では，粒子の形状に関する情報を得られる[14]．散乱強度 $I(\boldsymbol{q})$ と散乱ベクトル $|\boldsymbol{q}|$ を両対数プロットしたときの傾きと粒子の形状との間には，表 12・1 に示すような**極限則**が知られている．棒の太さや長さなどの粒子の形状の詳細を求めるには，傾きから推定される形状をもとに，実測値との**フィッティング解析**を行う．

表 12・1 粒子の形状を表す極限則

粒子の形状	傾き（両対数プロット）
球	-4
無限に細長い棒	-1
無限に薄い棒	-2

さらに広角領域では粒子の表面形状に関する情報が得られる．平面が平滑な粒子では散乱強度は $|\boldsymbol{q}|^{-4}$ に比例することが**ポロド**（G. Porod）によって示された[15]．つまり散乱強度 $I(\boldsymbol{q})$ と $|\boldsymbol{q}|$ を両対数プロットすると，その傾き（**ポロド勾配**）は -4 となる．粒子表面が平滑ではなく入れ子構造のように，すなわちフラクタル状に乱れると，ポロド勾配は -3 と -4 の間の値になる．**表面フラクタル次元**（fractal dimension of surface）D_s はポロド勾配を $-\alpha$ とすると，

$$D_s = 6 - \alpha \qquad (12\cdot 12)$$

で表される．つまり $2 \leqq D_s \leqq 3$ となり，粒子表面が平滑なときは二次元であるの

に対して，表面が荒れてくるにしたがって三次元的構造（凹凸）に近づくことがわかる．

以上のようにSAXSでは小角領域の**散乱コントラスト**の違いを測定することにより，試料中にランダムに存在する粒子の大きさ，形状，界面の情報を解析することができる．試料中の粒子の濃度が高い場合や凝集している場合には，粒子間干渉の寄与が大きいため，試験中の粒子の濃度が高い場合や凝集している場合には，図12・16で粒子の大きさや粒子の形状を表す $F(q)$ の他に，粒子間相互作用も無視できなくなり，$I(q)$ は $F(q)$ と**粒子間相互作用を表す因子** $S(q)$ の積となる[16]．この場合は $F(q)$ と $S(q)$ との分離が必要となるため，ギニエの法則が適用困難になるなど解析はより複雑になる．しかし，**超小角 X 線散乱**（ultra small angle X-ray scattering, USAXS）を含んだ，より広いスケール領域の X 線散乱を測定して $S(q)$ を求めることにより，凝集体同士の二次的な凝集構造などの粒子間相互作用についての情報を得ることができる．

12・3・3 薄膜試料への適用

薄膜試料のナノ構造を評価するためには，**微小角入射小角 X 線散乱**（GI-SAXS）が有効である．粉体や薄膜などの SAXS では透過配置で測定するのに対して，GI-SAXS では 12・2 節で述べた微小角入射 X 線回折（GIXD）と同様，薄膜表面にすれすれに X 線を入射して，面内（in-plane）方向および面外（out-of-plane）方向への散乱 X 線を観測する．その際，in-plane（Q_y）方向への散乱と out-of-plane（Q_z）方向への散乱を同時に測定できる二次元検出器を用いるのが一般的である．なお，散乱の分野では微小角入射小角散乱（GI-SAXS）に対応させて，微小角入射 X 線回折（GIXD）を**微小角入射広角散乱**（grazing incidence wide angle X-ray scattering, GI-WAXS）と表記することがある．

GI-SAXS では全反射条件に近い入射角の X 線を薄膜表面に入射させるため，次節で述べる X 線反射率と同様に薄膜表面・界面での屈折や反射の影響を受ける．このような薄膜表面からの散乱の原理については，**DWBA**（distorted-wave Born approximation）**法**[17] による散乱歪曲波の波動方程式の厳密解を用いて説明することができるが，ここでは詳細は省略する．GI-SAXS の測定配置図を図 12・18 に示す．

Q_y および Q_z 方向の散乱ベクトル q_y および q_z は，入射角を α_i，Q_y 方向の散乱角を 2θ，Q_z 方向の出射角を α_f とすると，

$$|\boldsymbol{q}_y| = \frac{2\pi}{\lambda} \sin 2\theta \cos \alpha_i \qquad (12 \cdot 13)$$

$$|\boldsymbol{q}_z| = \frac{2\pi}{\lambda} \sin \alpha_f + \sin \alpha_i \qquad (12 \cdot 14)$$

でそれぞれ表される．入射角 α_i は通常 0.1～0.2°と小さい値であるため，Q_y 方向の散乱強度プロファイルは，測定強度 I を $\boldsymbol{q}_y$ に対してそのままプロットすることにより得られる．in-plane 方向の小角散乱の構造解析は 12・3・2 節で述べた方法で行うことができる．Q_z 方向の強度プロファイルは，反射 X 線の影響を大きく受けるためデータの取扱いには注意が必要である．なお，Q_y 方向の GI-SAXS から得られる構造情報は基板面内すなわち基板に平行方向の粒子（凝集体）の大きさ，形状などであり，Q_z 方向の GI-SAXS からは薄膜の深さ方向の構造情報が得られる．

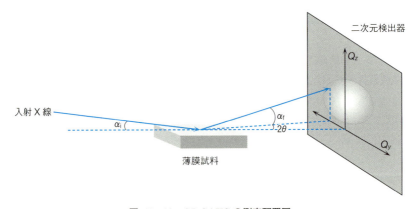

図 12・18　**GI-SAXS の測定配置図**

12・3・4　構造解析例

■ **ポリチオフェン-フラーレン混合薄膜**　GI-SAXS による構造解析例として，有機太陽電池薄膜（OPV）の発電層で **n 型半導体** として機能するフラーレン分子の薄膜中での凝集構造の解析例を示す．この発電層はポリ-3-ヘキシルチオフェン（P3HT）と［6,6］-フェニル-C_{61}-酪酸メチルエステル（PCBM）とを溶剤に溶かして塗布成膜したものであり，12・2・4 節では GIXD による P3HT（p 型半導体）の結晶性，配向性の評価について述べた．P3HT-PCBM 薄膜中の PCBM（n 型半導体）は結晶性が低く，GIXD では図 12・14 に示すようなブロードなピークしか観

測されない．一方 GI-SAXS では in-plane 方向の散乱曲線について球状モデル〔形状因子 $F(q)$ と構造因子 $S(q)$ を分離して解析〕[16) を用いてプロファイルフィッティングしたところ，半径約 8 nm の凝集体が存在することが示唆された（図 12・19）．P3HT 単膜では凝集構造を示すパターンは見られず，表面のフラクタル的なラフネス（凹凸）構造を示唆する表面フラクタル次元（D_s）2.8 を示す散乱曲線（右下がりの直線的なパターン）が観測された．これらの結果から P3HT-PCBM 薄膜の凝集体は PCBM 由来であると推定される[18)．

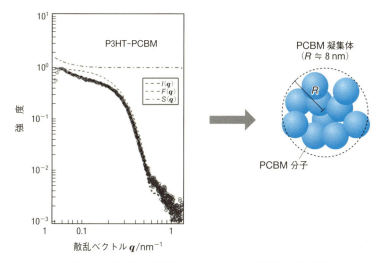

図 12・19　**P3HT-PCBM 薄膜の in-plane 散乱曲線と PCBM 凝集体**

GIXD と GI-SAXS の結果から，P3HT-PCBM 薄膜は配向した結晶性の P3HT と PCBM のナノ凝集体が混在していることが示唆された．P3HT と PCBM の界面で OPV としての電荷分離が起こり，発生した正と負の電荷は P3HT 部分（正電荷）および PCBM 部分（負電荷）を通って各電極に到達すると推定される．PCBM は凝集構造をとっているため，図 12・16 に示すような二次凝集を形成すれば薄膜内で負電荷の通り道が確保されて電荷輸送に有利になると考えられる．PCBM の二次凝集の解明については，GI-SAXS よりもさらに小角領域を測定する微小角入射超小角 X 線散乱（GI-USAXS）による解析が今後期待される．

最近では OPV としての性能を左右する成膜条件（溶媒種類，乾燥雰囲気，熱ア

ニールなど）による薄膜構造の変化を解明するため，塗布乾燥過程や加熱過程の GI-WAXS を中心とした**時分割測定**よる**その場観察**が報告されている[19,20]．通常の成膜条件では，数十秒から数分以内で乾燥して薄膜が形成されるため，放射光を用いた秒単位の時分割測定が必要である．P3HT：PCBM ＝ 1：1（重量比）のキシレン溶液をバーコート塗布した直後から 3 秒おきに GI-SAXS/WAXS 同時測定したところ，塗布後 80〜150 秒でキシレンが蒸発して，図 12・20 に示すように，P3HT-PCBM 薄膜が形成する過程で P3HT の結晶化（edge-on 配向）と PCBM の凝集がほぼ同時に起こることが確認された[21]．

図 12・20　塗布乾燥過程における **P3HT-PCBM** 薄膜形成模式図

上記 P3HT-PCBM 薄膜の GI-SAXS では，in-plane 方向の散乱パターンから面内の PCBM 凝集を評価したが，膜の深さ方向の構造理解も重要である．深さ方向の構造解析については out-of-plane 方向の散乱解析および反射率測定が有効であり，今後の研究課題として挙げられる．

12・4　X 線反射率法

12・4・1　X 線反射率法とは

X 線反射率法（XR）では，薄膜からの反射 X 線を測定することにより，多層膜を含む薄膜の各層の**膜厚**，**膜密度**，**表面および界面ラフネス**（凹凸）を評価することができる．X 線の反射率が物質の密度などと関係していることを利用して，反射率の**入射角度依存性**を測定し，上記の膜構造パラメーターを求める．本手法では，薄膜の表面や多層膜の埋もれた界面，さらには膜厚方向の情報についての構造情報を結晶・非晶質の形態を問わず得られることが特色である．

j 個の原子からなる試料の X 線に対する屈折率 n は以下の式で表すことができる．ここで，r_e は古典的な電子半径（2.818×10^{-15} m），N_A はアボガドロ数（6.022×10^{23} mol^{-1}），λ は X 線波長，ρ は密度（g・cm^{-3}），z_j, M_j, x_j はそれぞれ j 番目の原

子の原子番号,原子量および原子数比(モル比),f_j' および f_j'' は j 番目の原子の原子散乱因子の異常分散項である.

$$n = 1 - \delta - i\beta \tag{12・15}$$

$$\delta = \left(\frac{r_e\lambda^2}{2\pi}\right) N_A \rho \sum_j x_j(z_j + f_j') / \sum_j x_j M_j \tag{12・16}$$

$$\beta = \left(\frac{r_e\lambda^2}{2\pi}\right) N_A \rho \sum_j x_j f_j'' / \sum_j x_j M_j \tag{12・17}$$

δ は屈折率 ($n = 1$) からのずれを,β は **X 線異常散乱の効果**をそれぞれ表し,物質を構成する原子種と密度および X 線の波長によって決まる定数である.δ は X 線領域の波長においては 10^{-5} 程度と非常に小さい値であるため屈折率 n は 1 にほぼ等しくなり,β が十分に小さい場合には全反射現象が起こりうることを示している.図 12・21 で示す X 線入射角 α_0 が一定角度以下のときには,薄膜内部に X 線は進入せずに反射 X 線と入射 X 線の強度はほぼ等しくなる(反射率 ≒ 1).このときの X 線入射角を**全反射臨界角** α_c とよぶ.全反射臨界角 α_c と δ との間には次式の関係が成り立ち,α_c の値から表面密度を求めることができる.

$$\alpha_c = \sqrt{2\delta} \tag{12・18}$$

全反射臨界角以上で入射された X 線は図 12・21 のように反射 X 線と屈折 X 線に別れる.図 21・22 で示すように屈折 X 線はさらに基板から反射して,反射 X 線と干渉現象を起こす.この現象は反射率のプロファイルに**フリンジ** (Kiessig fringe)[22]とよばれる振動パターンとして表れる.このような多層膜の反射率は**パラットの漸化式** (Parratt's recursion formula)[23] によって求めることができる.フリンジの周期から膜厚を,振幅から薄膜内部の密度を見積もることができる.

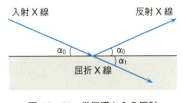

図 12・21 単層膜からの反射および屈折 X 線

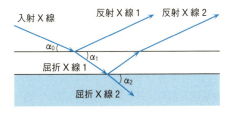

図 12・22 2 層膜からの反射および屈折 X 線

今までは薄膜表面,界面が平坦であることを前提に述べてきたが,実際の試料では面内に凹凸が存在することがほとんどである.凹凸がある薄膜表面に X 線を入

射した場合は,X線照射面に凹凸によるさまざまな傾きがあるため入射角 α_i と出射角とは α_f は必ずしも一致しない.この場合,観測されるX線は鏡面反射に加えてブロードな**散漫散乱**を含む.散漫散乱の強度は表面の凹凸に依存することから,凹凸の平均的な高さ〔**表面ラフネス**(surface roughness)〕を評価することができる.膜表面が平坦の場合は入射角度のほぼ -4 乗に比例して減少するが[24],膜表面に凹凸がある場合は入射角に対する反射率強度の減衰は平坦な場合に比べてさらに大きくなる.図 12・23 に **X線反射率プロファイル**の例を示す.

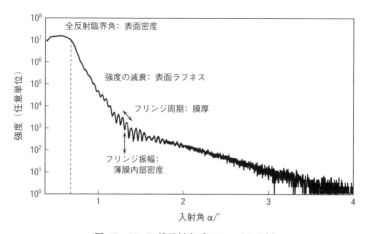

図 12・23 X線反射率プロファイルの例

　測定して得られたX線反射率プロファイルから各層の膜密度,膜厚,表面・界面ラフネスを解析するためには,モデル構造を最小二乗法などのフィッティング計算によって最適化するのが一般的であり,初期のモデル構造が必要である.モデルフィッティングではモデル構造の j 番目の層の膜密度 ρ_j,膜厚 d_j および表面・界面ラフネス σ_j を初期値パラメーターとして,測定した入射角 α に対する反射強度を再現する各パラメーターを得るまで繰返し計算を行う.一般に単層膜や2層膜など単純な構造では比較的簡単にフィッティングが可能であるが,3層膜以上の複雑な構造では初期値(モデル構造)が不適当であると収束せずに結果が得られない場合や,間違った解(構造)に落ちこむ場合がある.正しいモデル構造を構築するためには材料や薄膜作製法に関する知識や経験が必要であり,実際の解析に際してはどのパラメーターから最適化していくかなどのテクニックや経験が有用である.

12・4・2　X線反射率の測定

　X線反射率プロファイルは，X線入射角を全反射臨界角以下から5°程度までの低角の薄膜からの反射X線強度を測定することによって得られる．図12・22で示したように全反射領域では強い反射X線が観測されるが，全反射臨界角より高角では急激に反射X線強度は減少する．より高角まで測定したい場合は高輝度X線を使用する必要がある．またX線入射角を正確に規定するためにはGIXDやGI-SAXSと同様に平行性の高いX線が必要である．さらに1°以下の低角入射ではX線が薄膜表面上で入射方向に広がってしまう**フットプリント**（footprint）という現象が起こる．フットプリント F はX線のビーム幅を W，入射角を α とすると，

$$F = W/\sin \alpha \qquad (12・19)$$

と表される．フットプリントが試料からはみ出すと正確な測定ができないため，X線が通る方向に十分な面積の試料を用意するとともに，ビーム幅の小さいX線を用いる必要がある．以上のような条件を満たす理想的なX線源としては放射光があるが，実験室の装置でもGIXD装置と同様の平行光学系で適切なスリット条件を選べば測定は十分可能である．なお，GIXDおよびGI-SAXS測定においてもXR同様にフットプリントについての注意が必要である．

12・4・3　反射率法による有機薄膜デバイスの構造評価

　有機薄膜デバイスの物性は，薄膜全体の平均構造に加えて表面，界面の構造に大きく左右される．基板に結晶性の有機半導体を成膜する場合，薄膜全体としては規則的な結晶構造を有しているが，薄膜表面や基板との界面では構造の乱れが生じる場合がある．一般的に界面で上下の2層がはっきりと分かれていて分離がシャープであるほどデバイス特性は向上することが多い．界面構造が乱れていると，界面付近での電荷注入が阻害されたり，電荷の移動度がバルクと比べて低くなったりして，材料本来の特性を発揮できなくなる．XR法で界面ラフネスを評価することにより，界面の構造を推定することができる．近年，GIXDやGI-SAXSなどでの薄膜内部の結晶性，凝集性などの構造評価に加えてXR法で薄膜表面・界面の構造を明らかにすることにより，より高性能な有機薄膜デバイス開発の設計指針を得る研究が活発になってきている．特に有機エレクトロルミネッセンスのように非晶質の積層薄膜で構成されるデバイスの場合は，回折法でピークが観測されないため構造情報は得られないが，XRは有力な構造解析手法の一つとなりうる．

また有機物のみからなる薄膜の場合は，X線では材料間の散乱密度の差が小さいため，XR法の測定や解析が困難な場合があるが，このような試料においては**中性子反射率法**（neutron reflectivity, NR）が威力を発揮する可能性がある．12・2・4節でGIXDを，12・3・4節でGI-SAXSの解析例を紹介したOPV発電層のP3HT-PCBM薄膜では，P3HTとPCBMの散乱長密度の違いを利用した界面および深さ方向の構造解析例が報告されている[25]．今後はNR法による発電層と電極との界面構造評価や，電極に挟まれた発電層すなわち実際に発電している状態での *in-situ* 薄膜太陽電池構造評価などへの発展が期待される．

■ 参考文献 ■

1) G. Yu ほか, *Science*, **270**, 1789 (1995).
2) 原田仁平, 構造生物, **10**, 20 (2004).
3) W. Soller, *Phys. Rev.*, **24**, 158 (1924).
4) S. Ito ほか, *Chem. Commun.*, 1661 (1998).
5) S. Aramaki and J. Mizuguchi, *Acta Crystallogr.*, **E59**, o1556 (2003).
6) S. Aramaki, Y. Sakai and N. Ono, *Appl. Phys. Lett.*, **84**, 2085 (2004).
7) M. A. Ruderer and P. Müller-Buschbaum, *Soft Matter*, **7**, 5482 (2011).
8) W. Chen ほか, *Nano Lett.*, **11**, 3707 (2011).
9) D. H. Kim ほか, *Adv. Mater.*, **18**, 719 (2006).
10) Y. Hosokawa ほか, *Appl. Phys. Lett.*, **100**, 203305 (2012).
11) A. L. Patterson, *Phys. Rev.*, **56**, 978 (1939).
12) T. Agostinelli ほか, *Adv. Funct. Mater.*, 21 1701 (2011).
13) A. Guinier and G. Fournet eds., "Small-Angle Scattering of X-rays", J. Wiely and Sons (1955).
14) J. E. Martin and A. J. Hurd, *J. Appl. Crystallogr.*, **20**, 61 (1987).
15) G. Porod, *Kolloid Z.*, **124**, 83 (1951).
16) T. Freltoft, J. K. Kjems and S. K. Sinha, *Phys. Rev. B*, **33**, 269 (1986).
17) S. K. Sinha ほか, *Phys. Rev. B*, **38**, 2297 (1988).
18) M.-S. Su ほか, *Adv. Mater.*, **23**, 3315 (2011).
19) T. Wang ほか, *Soft Matter*, **6**, 4128 (2010).
20) M. Sanyal ほか, *Macromolecules*, **44**, 3795 (2011).
21) 小島優子, ぶんせき, **5**, 244 (2014).
22) R. de L. Kronig, *J. Opt. Soc. Am.*, **12**, 547 (1926).
23) L. G. Parratt, *Phys. Rev.*, **95** 359 (1954).
24) S. Ino, *J. Phys. Soc. Jpn.*, **65**, 3248 (1996).
25) A. J. Parnell ほか, *Adv. Mater.*, **22**, 2444 (2010).

付録　おもな元素における核種の存在比率と中性子散乱に関するパラメーター

各元素の最上段の値は全核種の平均値を示す. Neutron News, 3, 26-37 (1992) より抜粋.

元素	原子番号	同位体	存在比率	中性子散乱長 $(b_c)^\dagger$/ $(10^{-13}\,\mathrm{cm})$	全散乱断面積 (σ_{scat})/barn	吸収断面積 (σ_{abs})/barn
H	1			−3.7390(11)	82.02 (6)	0.3326 (7)
		1	99.985	−3.7406(11)	82.03 (6)	0.3326 (7)
		2	0.015	6.671 (4)	7.64 (3)	0.000519(7)
		3	—	4.792 (27)	3.03 (5)	0
He	2			3.26 (3)	1.34 (2)	0.00747 (1)
		3	0.00014	5.74(7)−1.483(2)i	6.0 (4)	5333 (7)
		4	99.99986	3.26 (3)	1.34 (2)	0
Li	3			−1.90 (2)	1.37 (3)	70.5 (3)
		6	7.5	2.00(11)−0.261(1)i	0.97 (7)	940 (4)
		7	92.5	−2.22 (2)	1.40 (3)	0.0454 (3)
Be	4	9	100	7.79 (1)	7.63 (2)	0.0076 (8)
B	5			5.30(4)−0.213(2)i	5.24 (11)	767 (8)
		10	20	−0.1(3)−1.066(3)i	3.1 (4)	3835 (9)
		11	80	6.65 (4)	5.77 (10)	0.0055 (33)
C	6			6.6460(12)	5.551 (3)	0.00350 (7)
		12	98.90	6.6511(16)	5.559 (3)	0.00353 (7)
		13	1.10	6.19 (9)	4.84 (14)	0.00137 (4)
N	7			9.36 (2)	11.51 (11)	1.90 (3)
		14	99.63	9.37 (2)	11.53 (11)	1.91 (3)
		15	0.37	6.44 (3)	5.21 (5)	0.000024(8)
O	8			5.803 (4)	4.232 (6)	0.00019 (2)
		16	99.762	5.803 (4)	4.232 (6)	0.00010 (2)
		17	0.038	5.78 (15)	4.20 (22)	0.236 (10)
		18	0.200	5.84 (7)	4.29 (10)	0.00016 (1)
F	9	19	100	5.654 (10)	4.018 (14)	0.0096 (5)
Ne	10			4.566 (6)	2.628 (6)	0.039 (4)
		20	90.51	4.631 (6)	2.695 (7)	0.036 (4)
		21	0.27	6.66 (19)	5.7 (3)	0.67 (11)
		22	9.22	3.87 (1)	1.88 (1)	0.046 (6)
Na	11	23	100	3.63 (2)	3.28 (4)	0.530 (5)
Mg	12			5.375 (4)	3.71 (4)	0.063 (3)
		24	78.99	5.66 (3)	4.03 (4)	0.050 (5)
		25	10.00	3.62 (14)	1.93 (14)	0.19 (3)
		26	11.01	4.89 (15)	3.00 (18)	0.0382 (8)
Al	13	27	100	3.449 (5)	1.503 (4)	0.231 (3)
Si	14			4.1491(10)	2.167 (8)	0.171 (3)
		28	92.23	4.107 (6)	2.120 (6)	0.177 (3)
		29	4.67	4.70 (10)	2.78 (12)	0.101 (14)

† 虚数項は異常散乱項を示す.

元素	原子番号	同位体	存在比率	中性子散乱長$(b_c)^\dagger$/ $(10^{-13}$ cm)	全散乱断面積 (σ_{scat})/barn	吸収断面積 (σ_{abs})/barn
(Si)	(14)	30	3.10	4.58 (8)	2.64 (9)	0.107 (2)
P	15	31	100	5.13 (1)	3.312 (16)	0.172 (6)
S	16			2.847 (1)	1.026 (5)	0.53 (1)
		32	95.02	2.804 (2)	0.9880 (14)	0.54 (4)
		33	0.75	4.74 (19)	3.1 (6)	0.54 (4)
		34	4.21	3.48 (3)	1.52 (3)	0.227 (5)
		36	0.02	3 (1)	1.1 (8)	0.15 (3)
Cl	17			9.5770 (8)	16.8 (5)	33.5 (3)
		35	75.77	11.65 (2)	21.8 (6)	44.1 (4)
		37	24.23	3.08 (6)	1.19 (5)	0.433 (6)
Ar	18			1.909 (6)	0.683 (4)	0.675 (9)
		36	0.337	24.90 (7)	77.9 (4)	5.2 (5)
		38	0.063	3.5 (35)	1.5 (31)	0.8 (2)
		40	99.600	1.830 (6)	0.421 (3)	0.660 (9)
K	19			3.67 (2)	1.96 (11)	2.1 (1)
		39	93.258	3.74 (2)	2.01 (11)	2.1 (1)
		40	0.012	3 (1)	1.6 (9)	35 (8)
		41	6.730	2.69 (8)	1.2 (6)	1.46 (3)
Ca	20			4.70 (2)	2.83 (2)	0.43 (2)
		40	96.941	4.80 (2)	2.90 (2)	0.41 (2)
		42	0.647	3.36 (10)	1.42 (8)	0.68 (7)
		43	0.135	-1.56 (9)	0.8 (5)	6.2 (6)
		44	2.086	1.42 (6)	0.25 (6)	0.88 (5)
		46	0.004	3.6 (2)	1.6 (6)	0.74 (7)
		48	0.187	0.39 (9)	0.019 (9)	1.09 (14)
Sc	21	45	100	12.29 (11)	23.5 (6)	27.5 (2)
Ti	22			-3.438 (2)	4.35 (3)	6.09 (13)
		46	8.2	4.93 (6)	3.05 (7)	0.59 (18)
		47	7.4	3.63 (12)	3.2 (2)	1.7 (2)
		48	73.8	-6.08 (2)	4.65 (3)	7.84 (25)
		49	5.4	1.04 (5)	3.4 (3)	2.2 (3)
		50	5.2	6.18 (8)	4.80 (12)	0.179 (3)
V	23			-0.3824 (12)	5.10 (6)	5.08 (4)
		50	0.250	7.6 (6)	7.8 (10)	60 (40)
		51	99.750	-0.402 (2)	5.09 (6)	4.9 (1)
Cr	24			3.635 (7)	3.49 (2)	3.05 (8)
		50	4.35	-4.50 (5)	2.54 (6)	15.8 (2)
		52	83.79	4.920 (10)	3.042 (12)	0.76 (6)
		53	9.50	-4.20 (3)	8.15 (17)	18.1 (15)
		54	2.36	4.55 (10)	2.60 (11)	0.36 (4)
Mn	25	55	100	-3.73 (2)	2.15 (3)	13.3 (2)

元素	原子番号	同位体	存在比率	中性子散乱長$(b_c)^\dagger$/ $(10^{-13}\,\text{cm})$		全散乱断面積 (σ_scat)/barn		吸収断面積 (σ_abs)/barn	
Fe	26			9.45	(2)	11.62	(10)	2.56	(3)
		54	5.8	4.2	(1)	2.2	(1)	2.25	(18)
		56	91.7	9.94	(3)	12.42	(7)	2.59	(14)
		57	2.2	2.3	(1)	1.0	(3)	2.48	(30)
		58	0.3	15	(7)	28	(26)	1.28	(5)
Co	27	59	100	2.49	(2)	5.6	(3)	37.18	(6)
Ni	28			10.3	(1)	18.5	(3)	4.49	(16)
		58	68.27	14.4	(1)	26.1	(4)	4.6	(3)
		60	26.10	2.8	(1)	0.99	(7)	2.9	(2)
		61	1.13	7.60	(6)	9.2	(3)	2.5	(8)
		62	3.59	-8.7	(2)	9.5	(4)	14.5	(3)
		64	0.91	-0.37	(7)	0.017	(7)	1.52	(3)
Cu	29			7.718	(4)	8.03	(3)	3.78	(2)
		63	69.17	6.43	(15)	5.2	(2)	4.50	(2)
		65	30.83	10.61	(19)	14.5	(5)	2.17	(3)
Zn	30			5.680	(5)	4.131	(10)	1.11	(2)
		64	48.6	5.22	(4)	3.42	(5)	0.93	(9)
		66	27.9	5.97	(5)	4.48	(8)	0.62	(6)
		67	4.1	7.56	(8)	7.46	(15)	6.8	(8)
		68	18.8	6.03	(3)	4.57	(5)	1.1	(1)
		70	0.6	6	(1)	4.5	(15)	0.092	(5)
Ga	31			7.288	(2)	6.83	(3)	2.75	(3)
		69	60.1	7.88	(2)	7.89	(4)	2.18	(5)
		71	39.9	6.40	(3)	5.23	(5)	3.61	(10)
Ge	32			8.185	(20)	8.60	(6)	2.20	(4)
		70	20.5	10.0	(1)	12.6	(3)	3.0	(2)
		72	27.4	8.51	(10)	9.1	(2)	0.8	(2)
		73	7.8	5.02	(4)	4.7	(3)	15.1	(4)
		74	36.5	7.58	(10)	7.2	(2)	0.4	(2)
		76	7.8	8.2	(15)	8	(3)	0.16	(2)
As	33	75	100	6.58	(1)	5.50	(2)	4.5	(1)
Se	34			7.970	(9)	8.30	(6)	11.7	(2)
		74	0.9	0.8	(30)	0.1	(6)	51.8	(12)
		76	9.0	12.2	(1)	18.7	(3)	85	(7)
		77	7.6	8.25	(8)	8.65	(16)	42	(4)
		78	23.5	8.24	(9)	8.5	(2)	0.43	(2)
		80	49.6	7.48	(3)	7.03	(6)	0.61	(5)
		82	9.4	6.34	(8)	5.05	(13)	0.044	(3)
Br	35			6.795	(15)	5.90	(9)	6.9	(2)
		79	50.69	6.80	(7)	5.96	(13)	11.0	(7)
		81	49.31	6.79	(7)	5.84	(12)	2.7	(2)

元 素	原子番号	同位体	存在比率	中性子散乱長$(b_c)^\dagger$/ $(10^{-13}\,\mathrm{cm})$		全散乱断面積 (σ_{scat})/barn		吸収断面積 (σ_{abs})/barn	
Kr	36			7.81	(2)	7.68	(13)	25	(1)
		78	0.35	—		—		6.4	(9)
		80	2.25	—		—		11.8	(5)
		82	11.6	—		—		29	(20)
		83	11.5	—		—		185	(30)
		84	57.0	—		—		0.113	(15)
		86	17.3	8.1	(2)	8.2	(4)	0.003	(2)
Rb	37			7.09	(2)	6.8	(4)	0.38	(1)
		85	72.17	7.03	(10)	6.7	(5)	0.48	(1)
		87	27.83	7.23	(12)	7.1	(5)	0.12	(3)
Sr	38			7.02	(2)	6.25	(10)	1.28	(6)
		84	0.56	7	(1)	6	(2)	0.87	(7)
		86	9.86	5.67	(5)	4.04	(7)	1.04	(7)
		87	7.00	7.40	(7)	7.4	(5)	16	(3)
		88	82.58	7.15	(6)	6.42	(11)	0.058	(4)
Y	39	89	100	7.75	(2)	7.70	(9)	1.28	(2)
Zr	40			7.16	(3)	6.46	(14)	0.185	(3)
		90	51.45	6.4	(1)	5.1	(2)	0.011	(5)
		91	11.32	8.7	(1)	9.7	(2)	1.17	(10)
		92	17.19	7.4	(2)	6.9	(4)	0.22	(6)
		94	17.28	8.2	(2)	8.4	(4)	0.0499	(24)
		96	2.76	5.5	(1)	3.8	(1)	0.0229	(10)
Nb	41	93	100	7.054	(3)	6.255	(5)	1.15	(5)
Mo	42			6.715	(20)	5.71	(4)	2.48	(4)
		92	14.84	6.91	(8)	6.00	(14)	0.019	(2)
		94	9.25	6.80	(7)	5.81	(12)	0.015	(2)
		95	15.92	6.91	(6)	6.5	(5)	13.1	(3)
		96	16.68	6.20	(6)	4.83	(9)	0.5	(2)
		97	9.55	7.24	(8)	7.1	(5)	2.5	(2)
		98	24.13	6.58	(7)	5.44	(12)	0.127	(6)
		100	9.63	6.73	(7)	5.69	(12)	0.4	(2)
Tc	43	99	—	6.8	(3)	6.3	(7)	20	(1)
Ru	44			7.03	(3)	6.6	(1)	2.56	(13)
		96	5.5	—		—		0.28	(2)
		98	1.9	—		—		< 8	
		99	12.7	—		—		6.9	(10)
		100	12.6	—		—		4.8	(6)
		101	17.0	—		—		3.3	(9)
		102	31.6	—		—		1.17	(7)
		104	18.7	—		—		0.31	(2)
Rh	45	103	100	5.88	(4)	4.6	(3)	144.8	(7)

元 素	原子番号	同位体	存在比率	中性子散乱長 $(b_c)^\dagger$/ $(10^{-13}\,\mathrm{cm})$	全散乱断面積 (σ_{scat})/barn	吸収断面積 (σ_{abs})/barn
Pd	46			5.91 (6)	4.48 (9)	6.9 (4)
		102	1.02	7.7 (7)	7.5 (14)	3.4 (3)
		104	11.14	7.7 (7)	7.5 (14)	0.6 (3)
		105	22.33	5.5 (3)	4.6 (11)	20 (3)
		106	27.33	6.4 (4)	5.1 (6)	0.304 (29)
		108	26.46	4.1 (3)	2.1 (3)	8.5 (5)
		110	11.72	7.7 (7)	7.5 (14)	0.226 (31)
Ag	47			5.922 (7)	4.99 (3)	63.3 (4)
		107	51.83	7.555 (11)	7.30 (4)	37.6 (12)
		109	48.17	4.165 (11)	2.50 (5)	91.0 (10)
Cd	48			$4.87(5)-0.70(1)i$	6.50 (12)	2520 (50)
		106	1.25	5 (2)	3.1 (25)	1
		108	0.89	5.4 (1)	3.7 (1)	1.1 (3)
		110	12.51	5.9 (1)	4.4 (1)	11 (1)
		111	12.81	6.5 (1)	5.6 (4)	24 (3)
		112	24.13	6.4 (1)	5.1 (2)	2.2 (5)
		113	12.22	$-8.0(2)-5.73(11)i$	12.4 (5)	20600 (400)
		114	28.72	7.5 (1)	7.1 (2)	0.34 (2)
		116	7.47	6.3 (1)	5.0 (2)	0.075 (13)
In	49			$4.065(20)-0.0539(4)i$	2.62 (11)	193.8 (15)
		113	4.3	5.39 (6)	3.65 (8)	12.0 (11)
		115	95.7	$4.01(2)-0.0562(6)i$	2.57 (11)	202 (2)
Sn	50			6.225 (2)	4.892 (6)	0.626 (9)
		112	1.0	6 (1)	4.5 (15)	1.00 (11)
		114	0.7	6.2 (3)	4.8 (5)	0.114 (30)
		115	0.4	6 (1)	4.8 (15)	30 (7)
		116	14.7	5.93 (5)	4.42 (7)	0.14 (3)
		117	7.7	6.48 (5)	5.6 (3)	2.3 (5)
		118	24.3	6.07 (5)	4.63 (8)	0.22 (5)
		119	8.6	6.12 (5)	5.0 (5)	2.2 (5)
		120	32.4	6.49 (5)	5.29 (8)	0.14 (3)
		122	4.6	5.74 (5)	4.14 (7)	0.18 (2)
		124	5.6	5.97 (5)	4.48 (8)	0.133 (5)
Sb	51			5.57 (3)	3.90 (6)	4.91 (5)
		121	57.3	5.71 (6)	4.10 (9)	5.75 (12)
		123	42.7	5.38 (7)	3.64 (9)	3.8 (2)
Te	52			5.80 (3)	4.32 (5)	4.7 (1)
		120	0.096	5.3 (5)	3.5 (7)	2.3 (3)
		122	2.60	3.8 (2)	1.8 (2)	3.4 (5)
		123	0.908	$-0.05(25)-0.116(8)i$	0.52 (5)	418 (30)
		124	4.816	7.96 (10)	8.0 (2)	6.8 (13)
		125	7.14	5.02 (8)	3.18 (10)	1.55 (16)
		126	18.95	5.56 (7)	3.88 (10)	1.04 (15)

元素	原子番号	同位体	存在比率	中性子散乱長 $(b_c)^\dagger$/ $(10^{-13}\,\text{cm})$		全散乱断面積 (σ_{scat})/barn		吸収断面積 (σ_{abs})/barn	
(Te)	(52)	128	31.69	5.89	(7)	4.36	(10)	0.215	(8)
		130	33.80	6.02	(7)	4.55	(11)	0.29	(6)
I	53	127	100	5.28	(2)	3.81	(7)	6.15	(6)
Xe	54			4.92	(3)	—		23.9	(12)
		124	0.10	—		—		165	(20)
		126	0.09	—		—		3.5	(8)
		128	1.91	—		—		< 8	
		129	26.4	—		—		21	(5)
		130	4.1	—		—		< 26	
		131	21.2	—		—		85	(10)
		132	26.9	—		—		0.45	(6)
		134	10.4	—		—		0.265	(20)
		136	8.9	—		—		0.26	(2)
Cs	55	133	100	5.42	(2)	3.90	(6)	29.0	(15)
Ba	56			5.07	(3)	3.38	(10)	1.1	(1)
		130	0.11	−3.6	(6)	1.6	(5)	30	(5)
		132	0.10	7.8	(3)	7.6	(6)	7.0	(8)
		134	2.42	5.7	(1)	4.08	(14)	2.0	(16)
		135	6.59	4.67	(10)	3.2	(5)	5.8	(9)
		136	7.85	4.91	(8)	3.03	(10)	0.68	(17)
		137	11.23	6.83	(10)	6.4	(5)	3.6	(2)
		138	71.70	4.84	(8)	2.94	(10)	0.27	(14)
La	57			8.24	(4)	9.66	(17)	8.97	(4)
		138	0.09	8	(2)	8.5	(40)	57	(6)
		139	99.91	8.24	(4)	9.66	(17)	8.93	(4)
Ce	58			4.84	(2)	2.94	(10)	0.63	(4)
		136	0.19	5.80	(9)	4.23	(13)	7.3	(15)
		138	0.25	6.70	(9)	5.64	(15)	1.1	(3)
		140	88.48	4.84	(9)	2.94	(11)	0.57	(4)
		142	11.08	4.75	(9)	2.84	(11)	0.95	(5)
Pr	59	141	100	4.58	(5)	2.66	(6)	11.5	(3)
Nd	60			7.69	(5)	16.6	(8)	50.5	(12)
		142	27.16	7.7	(3)	7.5	(6)	18.7	(7)
		143	12.18	14	(2)	80	(2)	334	(10)
		144	23.80	2.8	(3)	1.0	(2)	3.6	(3)
		145	8.29	14	(2)	30	(9)	42	(2)
		146	17.19	8.7	(2)	9.5	(4)	1.4	(1)
		148	5.75	5.7	(3)	4.1	(4)	2.5	(2)
		150	5.63	5.3	(2)	3.5	(3)	1.2	(2)
Pm	61	147	—	12.6	(4)	21.3	(15)	168.4	(35)
Sm	62			$0.80(2)-1.65(2)i$		39	(3)	5922	(56)
		144	3.1	−3	(4)	1	(3)	0.7	(3)

付　　　　録

元　素	原子番号	同位体	存在比率	中性子散乱長$(b_c)^{\dagger}/$ $(10^{-13}$ cm)		全散乱断面積 $(\sigma_{scat})/$barn		吸収断面積 $(\sigma_{abs})/$barn	
(Sm)	(62)	147	15.1	14	(3)	39	(16)	57	(3)
		148	11.3	-3	(4)	1	(3)	2.4	(6)
		149	13.9	$-19.2(1)-11.7(1)i$		200	(5)	42080	(400)
		150	7.4	14	(3)	25	(11)	104	(4)
		152	26.6	-5.0	(6)	3.1	(8)	206	(6)
		154	22.6	9.3	(10)	11	(2)	8.4	(5)
Eu	63			$7.22(2)-1.26(1)i$		9.2	(4)	4530	(40)
		151	47.8	$6.13(14)-2.53(3)i$		8.6	(4)	9100	(100)
		153	52.2	8.22	(12)	9.8	(7)	312	(7)
Gd	64			$6.5(5)-13.82(3)i$		180	(2)	49700	(125)
		152	0.2	10	(3)	13	(8)	735	(20)
		154	2.1	10	(3)	13	(8)	85	(12)
		155	14.8	$6.0(1)-17.0(1)i$		66	(6)	61100	(400)
		156	20.6	6.3	(4)	5.0	(6)	1.5	(12)
		157	15.7	$-1.14(2)-71.9(2)i$		1044	(8)	259000	(700)
		158	24.8	9	(2)	10	(5)	2.2	(2)
		160	21.8	9.15	(5)	10.52	(11)	0.77	(2)
Tb	65	159	100	7.38	(3)	6.84	(6)	23.4	(4)
Dy	66			$16.9(2)-0.276(4)i$		90.3	(9)	994	(13)
		156	0.06	6.1	(5)	4.7	(8)	33	(3)
		158	0.10	6	(4)	5	(6)	43	(6)
		160	2.34	6.7	(4)	5.6	(7)	56	(5)
		161	19.0	10.3	(4)	16	(1)	600	(25)
		162	25.5	-1.4	(5)	0.25	(18)	194	(10)
		163	24.9	5.0	(4)	3.3	(5)	124	(7)
		164	28.1	$49.4(2)-0.79(1)i$		307	(3)	2840	(40)
Ho	67	165	100	8.01	(8)	8.42	(16)	64.7	(12)
Er	68			7.79	(2)	8.7	(3)	159	(4)
		162	0.14	8.8	(2)	9.7	(4)	19	(2)
		164	1.56	8.2	(2)	8.4	(4)	13	(2)
		166	33.4	10.6	(2)	14.1	(5)	19.6	(15)
		167	22.9	3.0	(3)	1.2	(2)	659	(16)
		168	27.1	7.4	(4)	6.9	(7)	2.74	(8)
		170	14.9	9.6	(5)	11.6	(12)	5.8	(3)
Tm	69	169	100	7.07	(3)	6.38	(9)	100	(2)
Yb	70			12.43	(3)	23.4	(2)	34.8	(8)
		168	0.14	$-4.07(2)-0.62(1)i$		2.13	(2)	2230	(40)
		170	3.06	6.77	(10)	5.8	(2)	11.4	(10)
		171	14.3	9.66	(10)	15.6	(3)	48.6	(25)
		172	21.9	9.43	(10)	11.2	(2)	0.8	(4)
		173	16.1	9.56	(7)	15.0	(4)	17.1	(13)
		174	31.8	19.3	(1)	46.8	(5)	69.4	(50)
		176	12.7	8.72	(10)	9.6	(2)	2.85	(5)

元素	原子番号	同位体	存在比率	中性子散乱長 $(b_c)^\dagger$/ $(10^{-13}\,\mathrm{cm})$		全散乱断面積 (σ_scat)/barn		吸収断面積 (σ_abs)/barn	
Lu	71			7.21	(3)	7.2	(4)	74	(2)
		175	97.39	7.24	(3)	7.2	(4)	21	(3)
		176	2.61	$6.1(1)-0.57(1)i$		5.9	(4)	2065	(35)
Hf	72			7.77	(14)	10.2	(4)	104.1	(5)
		174	0.2	10.9	(11)	15	(3)	561	(35)
		176	5.2	6.61	(18)	5.5	(3)	23.5	(31)
		177	18.6	0.8	(10)	0.2	(2)	373	(10)
		178	27.1	5.9	(2)	4.4	(3)	84	(4)
		179	13.7	7.46	(16)	7.1	(3)	41	(3)
		180	35.2	13.2	(3)	21.9	(10)	13.04	(7)
Ta	73			6.91	(7)	6.01	(12)	20.6	(5)
		180	0.012	7	(2)	7	(4)	563	(60)
		181	99.988	6.91	(7)	6.01	(12)	20.5	(5)
W	74			4.86	(2)	4.60	(6)	18.3	(2)
		180	0.1	5	(3)	3	(4)	30	(20)
		182	26.3	6.97	(4)	6.10	(7)	20.7	(5)
		183	14.3	6.53	(4)	5.7	(3)	10.1	(3)
		184	30.7	7.48	(6)	7.03	(11)	1.7	(1)
		186	28.6	-0.72	(4)	0.065	(7)	37.9	(6)
Re	75			9.2	(2)	11.5	(3)	89.7	(10)
		185	37.40	9.0	(3)	10.7	(6)	112	(2)
		187	62.60	9.3	(3)	11.9	(4)	76.4	(10)
Os	76			10.7	(2)	14.7	(6)	16.0	(4)
		184	0.02	10	(2)	13	(5)	3000	(150)
		186	1.58	11.6	(17)	17	(5)	80	(13)
		187	1.6	10	(2)	13	(5)	320	(10)
		188	13.3	7.6	(3)	7.3	(6)	4.7	(5)
		189	16.1	10.7	(3)	14.9	(9)	25	(4)
		190	26.4	11.0	(3)	15.2	(8)	13.1	(3)
		192	41.0	11.5	(4)	16.6	(12)	2.0	(1)
Ir	77			10.6	(3)	14	(3)	425	(2)
		191	37.3	—		—		954	(10)
		193	62.7	—		—		111	(5)
Pt	78			9.60	(1)	11.71	(11)	10.3	(3)
		190	0.01	9.0	(10)	10	(2)	152	(4)
		192	0.79	9.9	(5)	12.3	(12)	10.0	(25)
		194	32.9	10.55	(8)	14.0	(2)	1.44	(19)
		195	33.8	8.83	(11)	9.9	(2)	27.5	(12)
		196	25.3	9.89	(8)	12.3	(2)	0.72	(4)
		198	7.2	7.8	(1)	7.6	(2)	3.66	(19)
Au	79	197	100	7.63	(6)	7.75	(13)	98.65	(9)

元素	原子番号	同位体	存在比率	中性子散乱長 $(b_c)^\dagger$/ (10^{-13}cm)		全散乱断面積 (σ_{scat})/barn		吸収断面積 (σ_{abs})/barn	
Hg	80			12.692	(15)	26.8	(1)	372.3	(40)
		196	0.2	30.3	(10)	115	(8)	3080	(180)
		198	10.1	—		—		2.0	(3)
		199	17.0	16.9	(4)	66	(2)	2150	(48)
		200	23.1	—		—		< 60	
		201	13.2	—		—		7.8	(20)
		202	29.6	—		—		4.89	(5)
		204	6.8	—		—		0.43	(10)
Tl	81			8.776	(5)	9.89	(15)	3.43	(6)
		203	29.524	6.99	(16)	6.28	(28)	11.4	(2)
		205	70.476	9.52	(7)	11.40	(17)	0.104	(17)
Pb	82			9.405	(3)	11.118	(7)	0.171	(2)
		204	1.4	9.90	(10)	12.3	(2)	0.65	(7)
		206	24.1	9.22	(5)	10.68	(12)	0.0300	(8)
		207	22.1	9.28	(4)	10.82	(9)	0.699	(10)
		208	52.4	9.50	(2)	11.34	(5)	0.00048	(3)
Bi	83	209	100	8.532	(2)	9.156	(4)	0.0338	(7)

参 考 図 書

X線・中性子回折 全般
- W. Massa ed., R. O. Gould trans., "Crystal Structure Determination", 2nd ed., Springer (2004).
- 大橋裕二 著,「X線結晶構造解析」, 裳華房 (2005).
- 日本化学会 編,「実験化学講座 11 物質の構造 III 回折（第 5 版）」, 丸善 (2006).
- J. P. Glusker and K. N. Trueblood 著, 廣瀬千秋 訳,「結晶構造解析入門（第 3 版）」, 森北出版 (2011).
- C. Giacovazzo et al. eds., "Fundamentals of Crystallography", 3rd ed., International Union of Crystallography/Oxford Science Publications (2011).
- M. Ladd and R. Palmer eds., "Structure Determination by X-ray Crystallography", 5th ed., Springer (2013).
- D. S. Sivia 著, 竹中章郎・藤井保彦 訳,「X線・中性子の散乱理論入門」, 森北出版 (2014).
- 大場 茂・植草秀裕 著,「X線結晶構造解析入門」, 化学同人 (2014).

粉末構造解析
- 中井 泉・泉富士夫 編著,「粉末X線解析の実際（第 2 版）」(12 章粉末結晶構造解析), 朝倉書店 (2009).
- "連載企画 有機粉末構造解析をはじめよう!", 日本結晶学会誌, **53**, No. 3-5 (2011).

薄膜構造解析
- M. Tolan ed., "X-Ray Scattering from Soft-Matter Thin Films: Materials Science and Basic Research", Springer (1999).
- U. Pietsch, V. Holy and T. Baumbach eds., "High-Resolution X-Ray Scattering: From Thin Films to Lateral Nanostructures", 2nd ed., Springer (2004).
- M. Birkholz ed., "Thin Film Analysis by X-Ray Scattering", Wiley (2005).
- J. Daillant and A. Gibaud eds., "X-ray and Neutron Reflectivity: Principles and Applications", Springer (2009).
- 桜井健次 編,「X線反射率法入門」, 講談社サイエンティフィク (2009).

和文索引

あ～う

iBIX（アイビックス） 213
IUCr 15, 184
アウイ 2
out-of-plane 法 254
アボガドロの法則 6
アリストテレス 1
R 因子 132, 180
アンジュレーター 17

ESRF 17
esd 131
イオン結合 12
異常散乱 91, 138
異常散乱項 128
異常散乱効果 91, 124
異常散乱法 124
　　多波長— 125
　　単一波長— 125
位　相 68, 96, 130
位相差 50
位相問題 68, 96
一次の消衰効果 86
遺伝的アルゴリズム法 235
異方性温度パラメーター
　　　　　　　82, 134, 167
異方性熱振動 82, 167
E-マップ 114
イメージングプレート 141, 256
陰極線 3
インサーション・デバイス 17
International Tables 15
in-plane 法 254
in-plane ロッキングカーブ法
　　　　　　　　　257

VLD 法 152
ウィグラー 17
ウィルソン 81
ウィルソン統計 81
ウラストン 2
ウールフソン 104
運動学的散乱 87

え，お

a 映進面 39
映進面 35, 39
映進面の判定 73
H-M の記号 25
APS 17
ABSFOM 116
SIR 140, 152～154
S 値 133
S の記号 25
X 線異常散乱の効果 271
X 線管球 7
X 線発生装置 141
X 線反射率プロファイル 272
X 線反射率法 252, 270
edge-on 262
NaCl 構造 2, 8
n 映進面 39
n 回回転軸 18
n 個の電子による散乱因子 52
NPD 135, 167
Lα 線 13
L 線 12
エワルド 6, 61
エワルドの回折球 65, 66
塩化ナトリウム構造 2, 8
円偏光 48

欧州核破砕中性子源施設 205
重み付け 129, 133
ORTEP（オルテップ）
　　　　　　　134, 193
ORTEP 図 134, 193
温度因子 79, 80, 128, 134
温度因子の異常 173
温度パラメーター 80, 82, 134,
　　　　　　　167, 174

か

χ^2 検定 95
解析ソフトウェア 140
回　折 4, 5, 47, 65
回折球
　　エワルドの— 65, 66
回折強度 68, 79
回折強度の対称性 69
回折線 60
回折斑点 60
回転関数 122
回転軸 18
回転写真法 142
回転操作 18
回転半径 265
回反軸 18, 19
回反心 19
ガウス関数成分 232
核回折線 202
核破砕反応 204
確率密度図 114
加速器 204, 210
可変スリット 213
カール 104
カール夫妻 113

和文索引

乾式法　251
干渉　4, 5, 47, 48
完全結晶　86

き

規格化構造因子　98
規格化座標　32
記号間の関係式　115
記号和の方法　113, 114
希釈冷凍機　203
偽対称　77, 182
期待値　106
ギニエの法則　265
ギニエプロット　266
ギニエ領域　265
擬フォークト関数　232
ギフォード・マクマホン冷凍機　203
偽並進　182
逆空間　61
逆格子　61, 63
逆フーリエ変換　67
吸収因子　86
吸収係数　14
吸収端　14
級数打ち切り誤差　170
強制的束縛　137
極限則　266
局所的な極小値　131, 235
極性のある空間群　138
キラリティのある空間群　138

く

空間群　3
　　極性のある——　138
　　キラリティのある——　138
　　対称心をもたない——　138
　　点——　34, 35
　　230の——　40, 41
空間群の判定　69, 76, 77
空間格子　3, 29, 30, 34
空間格子の判定　72
屈折率　271
goodness of fit 値　133
クニッピング　7

グリッド探索法　235
グリッド法　117

け

Kα線　12
蛍光X線　14
蛍光X線分析　14
蛍光板　67
K線　12
系統誤差　132
Kβ線　13
結合角度　167, 196
結合距離　167, 196
結晶系　28
結晶格子　25, 26
結晶構造構築（探索）　245
結晶構造図　194
結晶の構造因子　56
結晶面　8, 31, 32, 58
ケプラー　1
限界球　67
原子核中性子散乱長密度　200
原子間距離　174
原子間ベクトルの集合　118
原子座標　158, 170
原子散乱因子　53, 128
検出器　141
原子炉　204, 206
減速材　204
原点の指定　102
ケンブリッジ結晶構造データベース　196, 226

こ

高エネルギー加速器研究機構　16
高エネルギー物理学研究所　16
格子欠陥　87
格子線　26
格子点　25, 26
合成波　48
構造因子　56, 79, 96
　　規格化——　98
　　結晶の——　56
構造精密化　127

構造の乱れ　84
構造モデル　180
剛体振動モデル　197
行路差　50
国際結晶学連合　15, 184
コスター　93
ゴニオメーター　141
constraint　137, 172, 175, 177

さ

最小二乗平面　193, 196
最小二乗法　129, 158
　　非線形——　130
最小二乗法の収束　130, 132
最短波長　12
最適平面　196
差電子密度図　131, 195
差フーリエ合成　131, 158
左右像の選択　104
3回らせん軸　36
残差の二乗和　129
三斜晶系　28
三方晶系　28
散漫散乱　272
散乱因子
　　n個の電子による——　52
　　原子——　53, 128
　　分子——　55
散乱角　50
散乱コントラスト　267
散乱能　86
散乱ベクトル　52, 264

し

c映進面　39
J-PARC（ジェイパーク）　205
GSAS　215, 246
CSD　196, 226
CFOM　150
GM冷凍機　203
シェラーの式　263
SHELX　140
SHELXL　140, 158〜180, 195, 215
SHELXD　140, 144〜150

和文索引

SHELXT 140, 150〜152
シェーンフリース 3
シェーンフリースの記号 25
磁気回折線 202
磁気構造解析 202
磁気スピン 199, 202
Σ_1 式 112
Σ_2 式 104
Σ_3 式 112
Σ_4 式 112
自己たたみ込み関数 98
示差走査熱量測定 259
実空間 61
実空間法 229, 233, 244
実格子 62, 63
湿式法 251
質量吸収係数 14
試謬法 231
shift/error 132
CIF（シフ）183〜189, 195
CIF 編集用ソフトウェア 186
尺度因子 81
　全体の—— 129
斜方晶系 28
周期的な微小単位の配列 2
重原子法 120
収 束 130, 132
集中法粉末回折法 252
$CuSO_4 \cdot 5H_2O$ 結晶 7
Cu $K\alpha_1$ 線 13
Cu $K\alpha_2$ 線 13
Cu $K\beta$ 線 13
酒石酸塩 94
小角 X 線散乱 263
小角散乱 263
晶 系 2, 26
消衰効果 86
　一次の—— 86
　二次の—— 86
晶 族 2, 25
晶 帯 33, 34
晶帯軸 33
晶帯探索法 231
乗馬モデル 137, 170, 172
消滅則 69, 72
消滅則シンボル 243
初期位相の決定 143
初期構造モデル 143
初期値 129
真空蒸着 251
人工多層膜エラー 253

シンチレーション二次元中性子
　　　　　　　　検出器 212
振動写真法 142
信頼度因子 116, 132, 143, 167,
　　　　　　　　　　　180

す〜そ

水素原子の座標決定 170
隙 間 237
STARGazer（スターゲイザー）
　　　　　　　　　　　215
ステップスキャン 230
ステノ 1
スパッタ 251
Superflip 140, 154〜155
スーパーミラー 213
スピネル結晶の構造解析 46
スピンコート 251
SPring-8（スプリングエイト）
　　　　　　　　　　　17
静的構造の乱れ 84
静的ディスオーダー 84
正方晶系 28
セイヤー 97
セイヤーの等式 97, 98
絶対構造 93, 138
ZnS 結晶 7, 60, 92
ゼロ点シフト 232
閃亜鉛鉱結晶 7, 60, 92
先鋭化パターソン法 119, 156
線吸収係数 14
線形加速器 16
SENJU（センジュ）213
全体的な最小値 131, 235
全体の尺度因子 129
選択配向効果 230
センタリング 142
全パターン分解 232
全反射臨界角 271
占有率 84, 128, 174
相 関 97
相関係数 136, 181
双 晶 77
束縛条件 137, 172, 174, 175,
　　　　　　　　177, 196, 218
束縛条件コマンド 173
素数組 103

ソーラースリット 255
存在確率 82, 194
ゾンマーフェルト 6

た

第三世代の放射光 17
対称心の有無の判定 75
対称心をもたない空間群 138
対称性 18, 181
　回折強度の—— 69
対称操作 18
対称要素 18, 21
体 心 29
体心格子 29
第二世代の放射光 16
time-sorted ラウエ法 211
ダイヤモンド映進面 39
楕円体 82, 134
楕円面多層膜ミラー 229, 240
多結晶同形置換法 124
確からしさ 243
多重解法 113, 116
多重散乱 183
多重度 84
多波長異常散乱法 125
単位格子 26
単一結晶同形置換法 123
単一波長異常散乱法 125
単位胞 26
タンジェント式 111
単斜晶系 28
単純格子 29
単色 X 線 12

ち

checkCIF（チェックシフ）
　　　　　　　　187〜189
逐次フーリエ法 121, 159
蓄積リング 16
窒素ガス吹付け型低温装置 208
チャージフリッピング法
　　　　　　126, 154, 235
中心極限定理 100
中性子イメージングプレート
　　　　　　　　　　　206

和文索引

中性子構造解析 166, 198〜224
中性子散乱長 200
中性子線源 204, 205
中性子反射率法 274
長周期構造 90, 182
超小角 X 線散乱 267
調節因子 131
重複測定 89
直接法 96, 143, 152
直方晶系 28
直交座標 196
チョッパー 213

て, と

d 映進面 39
TOF 法 210
TOF ラウエ法 211
定常中性子線源 204
底心 29
底心格子 29
ディスオーダー 84, 135, 173
DWBA 法 267
デバイリング 228
デュアルスペース法 125, 143, 154
寺田寅彦 67
点空間群 34, 35
点群 21, 25, 34
電子雲 53
電子密度 47, 67, 130, 158
電子密度図 195
同位 18
同位体 199, 201
投影図 194
等価点 19, 44, 71, 183
等価点座標 44
等価等方性温度パラメーター 83, 134, 158, 170
透過法測定 230
同形結晶 122
同形置換法 122
　　多結晶—— 124
　　単一結晶—— 123
統計分布 101
統計法 96
動的構造の乱れ 84
動的ディスオーダー 84

等方性温度パラメーター 80, 134, 158
動力学的散乱 87
特性 X 線 12
塗布技術 252
ド・ブロイの式 198
トムソン 4

な 行

2 回らせん軸 36
西川正治 46, 92
二次元検出器 141
二次の消衰効果 86
二重散乱 78, 88
二重の回折条件 88
230 の空間群 40, 41
二分法 231, 242
日本原子力研究開発機構 204
二面角 196
ねじれ角 196
熱散漫散乱 89, 90
熱振動 79, 82, 134, 167, 181
熱振動図 193
熱振動楕円体 193
熱振動楕円体パラメーター 134, 173
熱中性子 204
non positive definite 134, 167

は

配向 254
バイフット 94
ハウプトマン 104
ハーカー 120
ハーカー・ピーク 120
白色 X 線 12
薄膜構造解析 250〜274
バークラ 12
バーコート 251
パスツール 94
パターソン 118
パターソン関数 118
パターソン法 117, 152, 156
　先鋭化—— 119, 156

パターンフィッティング 232
波長 6, 48
波長シフトファイバー 212
ハミルトン 95
パラットの漸化式 271
バルクヘテロジャンクション 251
パルス中性子線源 204
バーロー 2, 3
ハロゲン化アルカリ 11
反射 8, 58
半値幅 232, 256
反応空間 194

ひ

b 映進面 39
PXRD パターン 228
非干渉性散乱 201
飛行時間法 210
微小角入射 X 線回折法 252, 253
微小角入射広角散乱 267
微小角入射小角 X 線散乱 267
微小角入射小角 X 線散乱法 252, 263
P3HT-PCBM 薄膜 261
非線形最小二乗法 130
非対称性 233
非対称単位 46
左結晶 94
ヒドリド錯体 200, 219
ひび割れ 87
標準偏差 111, 131
秤動 197
表面フラクタル次元 266
表面ラフネス 272

ふ

ファント・ホッフ 94
figure of merit 値 230
フィッシャー 94
フィッティング解析 266
フィルター法 15
face-on 262
フェドロフ 3
複合格子 30, 72
複素共役 50

和文索引

不斉分子 75
物質・生命科学実験施設 205
フットプリント 273
ブラッグの式 60
ブラッグの条件 65
フラックパラメーター 95, 138
ブラッグ父子 8
ブラッグ法 60, 61
PLATON（プラトン） 157, 182, 187
ブラベ 3
ブラベ格子 3, 29, 30
ブラベ格子の判定 72
フランケンハイム 2
フーリエ合成 131, 158
フーリエ変換 67
フリーデル則 69, 91
フリーデル対 138
フリードリッヒ 7
フリンジ 271
プロファイル関数 232
プロファイル強度 230
プロファイルパラメーター 229, 243
分 散 100
分子構造図 193
分子骨格の精密化 158
分子散乱因子 55
分子置換法 122
粉末X線回折 225
粉末結晶 227
粉末構造解析 225〜249
分率座標 67, 128, 196

へ, ほ

平均二乗変位 79
平均値 99
平均半径 266
閉鎖系の冷凍機 203
並進関数 122
平板試料透過法測定 240
ベクトルサーチ法 119, 256
ベクトルの外積 63
ベッセル関数 110, 111

^{3}He ガス検出器 212
ペルツ 122
ヘルマン-モーガンの記号 25
偏極中性子 202
偏 光 16
偏光因子 50, 86
ベンゾポルフィリン 256
変分量 129
ヘンリー 8
放射光 15, 16
　第二世代の—— 16
　第三世代の—— 17
ポウリー法 233
補正項 102
ボロド 266
ボロド勾配 266

ま 行

右結晶 94
右手系 29
乱れた構造 84, 135, 173
ミラー 3
ミラー指数 3, 32, 58
面外法 254
面角一定の法則 2
面間距離 58
面型 32
面心 29
面心格子 29
面内法 254
モザイク結晶 87
モンテカルロ法 117

や〜わ

焼きなまし法 152, 156, 235
有機エレクトロルミネセンス 250

有機薄膜太陽電池 250
有機薄膜トランジスター 250
有理指数の法則 3
陽子加速器 204, 210
抑制的束縛 137, 236
ヨハンソン型 Ge 結晶 240
4 回らせん軸 37
4 軸型回折装置 141
riding model 137, 170, 172
ラウエ 6
ラウエ関数 57
ラウエ群 70
ラウエ対称 70
ラウエの条件 58
ラウエ法 60
らせん軸 35〜38
らせん軸の判定 73
ランダム誤差 132
restraint 137, 172, 179, 236
立方晶系 28
リートベルト法 229, 235
硫酸銅・五水和物結晶 7
粒子間相互作用因子 267
菱面体型 28
ルベイル法 233
冷中性子 204
レニンガー効果 78, 88
連続X線 12
レントゲン 3
レントゲン線 4
6 回らせん軸 38
ロッキングカーブ測定 265
六方型 28
六方晶系 28
ロメ・ド・リール 2
ローレンス 8
ローレンツ因子 86
ローレンツ関数成分 233
ワイス 2

欧文索引

A, B

absolute figure of merit　116
absorption edge　14
Advanced Photon Source　17
anisotropic temperature parameter　82
anisotropic thermal parameter　82
anomalous scattering　128
anomalous scattering effect　91
Aristotle　1
asymmetric unit　46
atomic scattering factor　53

bar coating　251
Barkla, C. G.　12
Barlow, W.　2
base-centered lattice　29
benzoporphyrin　256
best plane　196
Bijvoet, J. M.　94
body-centered lattice　29
Bragg method　61
Bragg, W. H.　8
Bragg, W. L.　8
Bravais, A.　3
Bravais lattice　3
bulk heterojunction　251

C

Cambridge Structural Database　196, 226
cavity　194
centering　142
characteristic X-ray　12
charge flipping method　126
checkCIF　187
chiral space group　138
chopper　213
CIF　183, 195
circular polarization　48
closed-cycle cryostat　203
cold neutron　204
combined figure of merit　150
complex lattice　30
constraint　137
continuous X-rays　12
correlation coefficient　136
Coster, D.　93
cracking　87
crystal class　2
crystal lattice　26
crystal line　26
crystallografic information file　183
crystallografic information framework　183
crystal plane　31
crystal system　2
CSD　196, 226

D～F

damping factor　131
de Broglie formula　198
detector　141
dichotomy method　231
difference fourier synthesis　131
differential scanning calorimetry　259
diffraction　5
dihedral angle　196
dilution refrigerator　203
direct method　96
direct space method　229
disordered structure　135
distorted-wave Born approximation　267
dual-space method　125

dynamical disorder　84
dynamical scattering　87
edge-on　262
elliptical (confocal) multilayer mirror　229
enantiomorph　104
equivalent isotropic temperature parameter　83
equivalent isotropic thermal parameter　83
equivalent position　19
esd　131
estimated standard deviation　131
European Spallation Source　205
European Synchrotron Radiation Facility　17
Ewald, P. P.　6
Ewald's diffraction sphere　66
extinction effect　86
extinction rule　72
extinction symbol　243

face-centered lattice　29
face-on　262
Fedorov, E. S.　3
figure of merit　116, 150, 230
filter method　15
Fischer, E. H.　94
Flack's parameter　95
fluorescent X-rays　14
footprint　273
form　32
Fourier synthesis　131
fractal dimension of surface　266
Frankenheim, M. L.　2
Friedel's law　69
Friedrich, W.　7
full width at half maximum　256

欧文索引

G, H

genetic algorithm method 235
glide plane 35, 39
global minimum 131
GM cryostat 203
goniometer 141
goodness of fit 133
grazing incidence small angle
　　X-ray scattering 252, 267
grazing incidence wide angle
　　X-ray scattering 267
grazing incidence X-ray
　　diffraction 252, 253
grid method 117
grid search method 235
GSAS 246
Guinier plot 266
Guinier region 265
Guinier's law 265

Hamilton, W. C. 95
Harker, D. 120
Harker peak 120
Hauptman, H. A. 104
Haüy, R. J. 2
heavy atom method 120
Hermann–Mauguin symbol 25
hydride complex 200

I ~ K

iBIX 213
imaging plate 142
indistinguishable state 18
in-plane 254
in-plane rocking curve scan 257
insertion device 17
interference 5
International Tables for
　　Crystallography 15
International Union of
　　Crystallography 15
isomorphous crystal 122
isomorphous replacement
　　method 122
isotope 199
isotropic temperature
　　parameter 80

isotropic thermal parameter 80
IUCr 15

Japan Proton Accelerator
　　Research Complex 205
J-PARC 205

Karle, I. 113
Karle, J. 104, 113
Kepler, J. 1
Kiessig fringe 271
kinematical scattering 87
Knipping, P. 7

L

lattice defect 87
lattice point 26
Laue condition 58
Laue function 57
Laue group 70
Laue method 60
law of constancy of interfacial
　　angles 2
law of decrements 2
law of rational indices 3
least squares plane 196
LeBail method 233
libration 197
limiting sphere 67
linear absorption coefficient 14
linear accelerator 16
local minimum 131
log-probability score 243

M

magnetic diffraction 202
magnetic structure analysis 202
mass absorption coefficient 14
Miller indices 3
Miller, W. H. 3
moderator 204
molecular replacement
　　method 122
molecular scattering factor 55
monochromatic X-ray 12
Monte Carlo method 117

mosaic crystal 87
multiple isomorphous
　　replacement 124
multiplicity 84
multi-wavelength anomalous
　　dispersion method 125

N, O

neutron imaging plate 206
Neutron reflectivity 274
neutron scattering length 200
nitrogen gas flow cryostat 208
non-centrosymmetric space
　　group 138
non positive definite 134, 167
NPD 135, 167
nuclear diffraction 202
nuclear neutron scattering
　　length density 200
nuclear spallation reaction 204

occupancy factor 84
organic electroluminescence 250
organic photovoltaics 250
organic thin-film transistor 250
ORTEP 134, 193
oscillation method 142
out-of-plane 254
overall scale factor 129

P

Parratt's recursion formula 271
Pasteur, L. 94
pattern fitting 232
Patterson, A. L. 118
Pawley method 233
perfect crystal 86
Perutz, M. 122
phase problem 68
P3HT-PCBM 261
PLATON 187
point group 25
point space group 35
polarization 16
polarization factor 50
polarized neutron 202

polar space group 138
Porod, G. 266
powder X-ray diffraction 225
preferred orientation 254
preferred orientation effect 230
primitive lattice 29
primitive set 103
profile function 232
proton accelerator 204
pseudosymmetry 77
pseudo-Voigt function 232
pulsed neutron source 204

R

radius of gyration 265
random error 132
reactor 204
redundancy 89
reliability factor 116, 132
restraint 137
riding model 137
Rietveld method 235
Romé de l'Isle, J-B. L. 2
Röntgen, W. C. 3
rotating-crystal method 142
rotation axis 18
rotation function 122
rotation operation 18
rotatory-inversion axis 19
rotatory-inversion center 19

S

Sayre, D. 97
Sayre's equation 98
scale factor 81
scattering factor 52
scattering power 86
Scherrer equation 263
Schönflies, A. M. 3
Schönflies symbol 25
scintillation type 2D neutron detector 212
screw axis 35～38
self-convolution 98
SENJU 213
sharpened Patterson method 119

SHELX 140
SHELXD 140
SHELXL 140, 195, 215
SHELXT 140
shift/error 132
simulated annealing method 152
single isomorphous replacement 123
single-wavelength anomalous dispersion method 125
SIR 140
small angle scattering 263
small angle X-ray scattering 263
soller slits 255
Sommerfeld, A. J. W. 6
space group 3
space lattice 3
spin coating 251
SPring-8 17
sputtering 251
standard uncertainty 131
STARGazer 215
static disorder 84
statistical method 96
steady neutron source 204
Steno, N. 1
storage ring 16
structure factor 56
structure factor of crystal 56
successive Fourier method 121
Superflip 140
super mirror 213
super periodic structure 90
Super Photon ring-8 GeV 17
surface roughness 272
symmetry element 18
symmetry operation 18
synchrotron radiation 16
systematic error 132

T, U

temperature factor 80
termination error 170
thermal diffuse scattering 90
thermal ellipsoid paramator 134

thermal factor 80
thermal neutron 204
thermal vibration 79
Thomson, J. J. 4
time-of-flight 210
time-sorted Laue method 211
TOF 210
TOF Laue method 211
torsion angle 196
translation function 122
transmission geometry measurement 230
try and error method 231
twin crystal 77

ultra small angle X-ray scattering 267
undulator 17
unit cell 26
unit lattice 26

V～Z

vacuum coating 251
van 't Hoff, J. H. 94
variable slit 213
vector search method 119
vive la différence 152
void 237
von Laue, M. T. F. 6

wavelength 6
wavelength shifting fiber 212
weight 129
Weiss, C. S. 2
white X-rays 12
whole profile pattern decomposition 232
wiggler 17
Wilson, A. J. C. 81
Wollaston, W. H. 2
Woolfson, M. M. 104

X-ray fluorescence analysis 14
X-ray generator 141
X-ray reflectivity 252, 270

zero point shift 232
zone 34
zone axis 33
zone axis search method 231

おおはし　ゆう　じ
大　橋　裕　二
　　1941 年 福井県に生まれる
　　1964 年 東京大学理学部 卒
　　1968 年 東京大学大学院理学系研究科 博士課程中退
　　2005 年 東京工業大学大学院理工学研究科 教授 定年退職・名誉教授
　　SPring-8 コーディネーター，J-PARC コーディネーターを経て，
　　現在 茨城県中性子ビームライン技術顧問
　　専攻 結晶化学
　　理学博士

うえ　くさ　ひで　ひろ
植　草　秀　裕
　　1964 年 東京に生まれる
　　1992 年 慶應義塾大学大学院
　　　　　　理工学研究科 博士課程修了
　　現 東京工業大学大学院理工学研究科 准教授
　　専攻 結晶化学
　　博士(理学)

こ　じま　ゆう　こ
小　島　優　子
　　1967 年 東京に生まれる
　　1989 年 お茶の水女子大学理学部 卒
　　2000 年 東京工業大学大学院
　　　　　　理工学研究科 博士課程修了
　　現 (株)三菱化学科学技術研究センター
　　　　　　　　　　　　　　　　主任研究員
　　専攻 結晶化学，材料科学
　　博士(理学)

おお　はら　たか　し
大　原　高　志
　　1972 年 愛知県に生まれる
　　2001 年 東京工業大学大学院
　　　　　　理工学研究科 博士課程修了
　　現 日本原子力研究開発機構
　　　　J-PARC センター 研究副主幹
　　専攻 中性子回折，結晶化学
　　博士(理学)

ね　もと　たかし
根　本　　　隆
　　1969 年 東京に生まれる
　　1997 年 東京工業大学大学院
　　　　　　理工学研究科 博士課程修了
　　現 京都大学化学研究所 助教
　　専攻 結晶化学
　　博士(理学)

第 1 版 第 1 刷 2015 年 12 月 1 日 発行

X 線・中性子による構造解析

Ⓒ 2015

編 著 者　　大　橋　裕　二
発 行 者　　小　澤　美 奈 子
発　　　行　　株式会社 東京化学同人
　　　　　　東京都文京区千石 3-36-7(〒112-0011)
　　　　　　電話 03-3946-5311・FAX 03-3946-5317
　　　　　　URL: http://www.tkd-pbl.com/

印　刷　　中央印刷株式会社
製　本　　株式会社 松岳社

ISBN978-4-8079-0798-4
Printed in Japan

無断転載および複製物（コピー，電子データなど）の配布，配信を禁じます。